国家科学技术学术著作出版基金资助出版

磁场调制电机

曲荣海　李大伟　任　翔　著

科学出版社

北　京

内 容 简 介

磁场调制电机是近年来新兴的电机族。相较于各种常规电机类型，其增加了调制单元这一新结构，拓扑结构更加多样化，且具备高转矩密度、低转矩波动、无刷励磁等独特优势，在航空航天、新能源发电、伺服加工和重型工业生产等众多领域拥有广阔的应用前景。本书主要介绍磁场调制电机的概念、原理、结构和性能特点，全书共 6 章。第 1 章给出磁场调制电机的定义，并介绍其基本类型；第 2 章介绍磁场调制理论以及不同电机拓扑气隙磁场的计算方法；第 3 章以拓扑演变为基础，对磁场调制电机族进行详细分类；第 4 章对各类电机的主要性能特征进行理论分析；第 5 章介绍磁场调制电机新型拓扑的研发思路及其性能特点；第 6 章对磁场调制电机发展现状进行总结，并简要探索磁场调制电机未来的方向。

本书可供从事电机研究的科研工作者参考，也可作为高等院校电机与电器等专业本科生和研究生的教材，还可供从事电机设计、制造与试验等相关工作的工程技术人员参阅。

图书在版编目（CIP）数据

磁场调制电机 / 曲荣海，李大伟，任翔著. —北京：科学出版社，2022.6
ISBN 978-7-03-067733-4

Ⅰ. ①磁…　Ⅱ. ①曲…　②李…　③任…　Ⅲ. ①永磁发电机　Ⅳ. ①TM313

中国版本图书馆 CIP 数据核字（2021）第 002005 号

责任编辑：裴　育　朱英彪 / 责任校对：任苗苗
责任印制：赵　博 / 封面设计：蓝正设计

科学出版社 出版
北京东黄城根北街 16 号
邮政编码：100717
http://www.sciencep.com

涿州市般润文化传播有限公司印刷
科学出版社发行　各地新华书店经销

*

2022 年 6 月第 一 版　开本：720×1000　B5
2024 年 6 月第三次印刷　印张：14 1/4
字数：287 000

定价：120.00 元

（如有印装质量问题，我社负责调换）

作者简介

曲荣海，1969年生，内蒙古鄂伦春自治旗人。清华大学电机工程系学士、硕士，美国威斯康星大学麦迪逊分校电气工程博士。华中科技大学教授，博士生导师，国家特聘专家。华中科技大学校第四、五届学位评定委员会委员，强电磁工程与新技术国家重点实验室副主任，新型电机技术国家地方联合工程研究中心主任，创新电机技术研究中心主任。中国电工技术学会会士、磁场调制电机专业委员会主任委员，国际电机会议(ICEM)董事会成员，IEEE工业应用协会武汉分会主席。曾任美国通用电气公司全球研发中心总部高级专业工程师，2010年回国在华中科技大学任教至今。

长期从事电机设计、驱动及控制方面的基础理论与应用技术研究。因磁场调制电机方面的贡献和成就受邀在国际电机与系统(ICEMS 2021)、国际电机与驱动(IEMDC 2021)、国际电气与能源(CIEEC 2022)等国际会议上作磁场调制电机领域大会主旨报告近20次；因在磁场调制电机方面的贡献于2018年当选IEEE Fellow。相关项目和成果获中国产学研合作创新成果奖、湖北省科技进步奖一等奖、日内瓦国际发明展金奖和特别嘉许金奖、中国电工技术学会技术发明奖一等奖、日本永守赏学术奖等。

李大伟，1989 年生，河南范县人。哈尔滨工业大学电气工程及自动化学院学士，华中科技大学电气工程博士。华中科技大学教授，博士生导师，国家自然科学基金优秀青年科学基金获得者，中国电工技术学会磁场调制电机专业委员会秘书长。从事特种永磁电机方面的基础理论与应用技术研究。围绕磁场调制电机相关的工作和成果获湖北省优秀博士论文奖、湖北省科技进步奖一等奖、第 47 届日内瓦国际发明展金奖、中国电工技术学会技术发明奖一等奖等。

任翔，1993 年生，湖南长沙人。2014 年于华中科技大学电气与电子工程学院获得学士学位，2019 年获得电气工程博士学位。现为华中科技大学电气与电子工程学院博士后，作为主要参与人员进行了国家自然科学基金重大、重点及优秀青年科学基金等项目的研究工作。在相关领域以第一及通讯作者发表 SCI 论文 8 篇，获中国电工技术学会技术发明奖一等奖。主要研究方向为各类磁场调制电机及新型永磁电机理论、拓扑与设计。

序

电机自被发明以来，至今已有200多年的历史。与其同一时代的技术，如蒸汽机等，已逐步退出工业“主舞台”，而电机历久弥新，尤其是近20年发展极为迅速。高品质电机已广泛应用于电动汽车、轨道交通、机器人、数字化装备等领域，成为人类智能时代主驱动的不二之选，可以预见，其将是航空、航天、国防装备等领域“电气化”变革的最核心技术之一。

需求牵引科技进步，理论奠基技术创新。电机性能需求急剧提升，推动学术界、工业界在电机基础理论与应用技术方面不断探索“新边界”，一系列新原理、新结构电机被提出，如游标永磁电机、开关磁链电机、磁齿轮电机等。这些电机难以根据传统电机学理论进行很好的解释分析，往往被作为特例单独研究，各自具有独立的理论体系、拓扑研究与设计方法等。这一局面造成这些电机各自的研究成果无法融会贯通，难以相互借鉴，严重阻碍了新型高品质电机的理论发展、技术创新和实际应用。

《磁场调制电机》作者之一曲荣海拥有多年在国际大公司的研发经验，后在国内高校从事基础理论研究，跨越学术界和工业界的履历使其在电机新理论、新技术研发与实用化方面具有更为深入与务实的视角。作者团队长年对这些新型电机开展研究，独辟蹊径，发现它们的统一规律，并定义为磁场调制电机。该书即为作者团队多年工作成果的体现。该书从物理概念上解释了磁场调制现象；通过拓扑演变阐明了不同磁场调制电机间的区别与联系，并在同一理论框架下对比分析了它们的共性与个性特征；最后站在磁场调制的视角，提出高性能电机拓扑的研发思路，充分反映了该领域学术前沿。

该书针对多种新型电机提出“磁场调制”的统一分析方法，突出各类新型电机结构与性能的异同点，自成体系；内容上从基本物理概念着笔，逐渐介绍至学术前沿内容，深入浅出，具有较高的学术水平。该书对于电机学理论的发展，以及新型电机拓扑的研发与应用，均具有重要的指导意义。

马伟明

中国工程院院士

2022年2月

前言

电机，作为一种电能与机械能之间的能量转换装置，被发明200多年以来，一直是工业发展的重要动力来源。近年来，随着国民经济的发展、科学技术的进步和人民生活水平的提高，各行各业都对电机的性能提出了许多新的、更高的要求。其中，高转矩密度和高功率密度一直是人们追求的目标，尤其随着新能源汽车、高端数控机床、舰船和航空航天等战略新兴行业的快速发展，电机的转矩密度被提出了更高的要求，其能否实现甚至成为某些高端装备成败的“卡脖子”问题。

提升转矩密度通常是通过提高电机电负荷和磁负荷来实现的，但随着常规电机基本理论、设计方法及配套技术的日益成熟，这一方法受到材料性能和加工工艺的限制，几乎被使用到极限，进一步的改善十分困难。因此，如何通过原理或结构创新实现机电能量转换能力的大幅提升，进而研发出超高转矩密度电机，已经成为国内外电机研究人员面临的核心问题。磁场调制电机正是在这样的背景下形成的新兴学科研究方向。

早在2005年，我还在美国通用电气公司全球研发中心(GE GRC)总部工作时，就注意到游标电机(磁场调制电机的一种)具有异乎寻常的转矩放大能力，随即开始研究其与普通电机的不同之处，发现该类电机的定转子极对数不同，从而产生了转矩放大作用。其间与GE GRC的电机专家Manoj R. Shah等多次研讨，他们也都认同了这一观点，即游标电机虽然定转子极对数不同，但仍可以产生转矩。我也与GE内部的德国同行一起探讨游标电机与磁齿轮的原理相关性，并于2006年申请了将磁齿轮结合进电机内部的首个专利。

2010年，我加入华中科技大学，建立并带领华中科技大学创新电机技术研究中心系统性地研究磁场调制电机，希望找到增加电负荷和磁负荷之外的第三种提高电机转矩密度的有效方法。我在2011年北京举办的国际电机与系统(ICEMS)会议上发表的论文首次阐明磁齿轮与游标电机利用同样的磁场调制原理工作，该论文引起美国工程院院士Thomas A. Lipo教授的关注，给我发邮件询问该类电机的优缺点。后经与Lipo教授的多次交流，决定合作研究解决当时并不为外界所知的该类电机功率因数低的问题。我带领华中科技大学团队研究径向磁场电机，Lipo教授指导他在韩国的团队探究轴向磁场方案。

后期我们研究发现，利用磁场调制原理的电机并不限于游标电机和磁齿轮，还包括其他如横向磁通电机、磁通反向电机和开关磁链电机等新型电机；此外，还进一步地发现上述电机具有高转矩密度、低功率因数等共性特征。因此，提出以磁场调制电机(flux modulation machine)统一命名该类电机，并就此提议咨询了美国工程院院士、威斯康星大学教授 Thomas M. Jahns，获得 Jahns 教授的积极赞同后，开始在论文中将该类电机统一称为磁场调制电机。

经过多年的探索，作者团队基于上述发现系统研究了磁场调制电机的工作原理、拓扑结构统一理论、磁场调制电机分析与设计方法、磁场调制电机驱动拓扑、控制策略等。在这一系列研究过程中，逐步发展出了较为完善的磁场调制理论，从而发现磁场调制对电机拓扑结构和性能的深刻影响。更重要的是，磁场调制电机理论为探讨、发现新型高性能电机提供了理论指导和新的研究方向。

随着磁场调制电机研究的深入，拓扑结构不断发明、更多的规律逐渐被发现、相关论文逐渐增多，国内外逐渐形成了一个研究该类电机的新热点，磁场调制电机理论也日趋成熟。英国皇家工程院院士、著名华人学者诸自强教授对磁场调制电机有着很深入的研究，沈阳工业大学张凤阁教授针对磁场调制式无刷双馈电机进行过系统研究，东南大学程明教授团队对磁场调制理论进行了很多研究，这些对于磁场调制电机发展都具有重要意义。此外，哈尔滨工业大学、江苏大学等诸多国内外大学的学者对该类电机的研究进展也做出了重要贡献。

为了推进电机学理论的进一步发展、促进电机性能进一步提升和有关设计计算理论的进一步完善，也为了促进磁场调制电机在电机领域的推广应用，作者特将华中科技大学创新电机技术研究中心十年来在磁场调制电机基础研究和应用技术开发方面取得的科研成果进行系统的整理、总结并予以出版，期望本书能对我国电机行业的发展做出贡献。作为对传统电机理论的突破和拓展，磁场调制理论将会对经典电机理论和电机工业产生深远的影响。

本书由曲荣海、李大伟和任翔撰写，其中曲荣海负责统筹和定稿，李大伟和任翔负责各章具体内容的撰写。在本书撰写过程中，在华中科技大学电气与电子工程学院创新电机技术研究中心学习和工作过的不少学者和同学也做出了很多贡献，在此对高玉婷、贾少锋、邹天杰、谢康福、石超杰、蔺梦轩、房莉、梁子漪、赵钰、晏鹏等专家学者给予的巨大帮助和支持，一并表示衷心感谢！另外，我们参阅了大量的文献，主要的已列入每章后面的参考文献中。在此，对这些文献的作者也表示由衷感谢！

本书主要内容是在国家自然科学基金重点项目“磁场调制永磁电机系统基础理论及应用技术研究”(51337004)、国际(地区)合作交流项目“游标永磁直线伺服电机系统研究”(51520105010)、优秀青年科学基金项目“磁场调制永磁电机新型拓扑与应用”(52122705)、面上项目“高转矩密度游标永磁电机功率因数理论及提升技术研究”(51977094)、青年科学基金项目“异步起动游标永磁电机研究”(51607079)以及重大项目课题“高品质伺服电机磁场调制拓扑演变规律”(51991382)

的资助下完成的，尤其是国家自然科学基金重点项目对该领域的最初系统研究给予了巨大的支持，在此深表感谢。

由于磁场调制电机正处于快速发展中，加上作者水平有限，在这方面所做的工作还不够完善，书中难免有失误或者不当之处，尚祈广大学者不吝批评指正。

曲荣海

2022年1月于喻园

目　录

第 1 章　绪　　论

作为一类新型电机，磁场调制电机无论在原理、结构还是性能特点上均异于常规电机。本章从“调制”一词入手，逐步给出磁场调制电机的定义，阐明磁场调制电机相较于常规电机的差异。由于磁场调制电机结构自由度较大，可进一步形成多种电机类型，在基本定义的基础上，本章进一步介绍目前学术界主要研究的几类磁场调制电机，并简要说明各自的性能特点以及适合的应用领域。

1.1　调制的基本概念

“调制”一词最早来源于信号传输领域，是指对原始信号进行数学变换，将其加载到用于传输的载波上，变为适合于信号传输形式的过程。以无线通信为例，其需要传递的原始信号为声音信号，但是人耳能够听到的声音信号频率范围一般为 20Hz～20kHz，对应电磁波属于超长波，要将其发射需要架构尺寸庞大的天线；此外，多个信号同时传输时，由于它们位于相同频带内，极易造成相互干扰。为了解决上述两个问题，往往将信号加载至高频率的载波上，从而将低频信号转换为高频信号。经过调制后，首先发射高频信号仅需要小型甚至微型天线；其次多个信号同时传输时，只需要将它们加载至不同频率的载波上，即可避免相互干扰。

在调制过程中，载波常选择为正弦波，其波形由幅值、频率与相位三个指标确定。为了使载波能够携带原始信号，需要调节其中某项指标，使其按照原始信号的规律变化。其中，载波幅值与频率的调节应用较为广泛，而这两种方法也被简称为调幅与调频。

调幅的基本过程如图 1.1 所示。载波可表示为

$$S_c(t) = S_m \sin(\omega_c t) \tag{1.1}$$

式中，S_m代表载波幅值；ω_c为载波频率；t为时间。

假设原始信号为 $S_i(t)$，那么，调制后信号可表示为

$$S_s(t) = \left(S_m + k_S S_i(t)\right)\sin(\omega_c t) \tag{1.2}$$

式中，k_S为比例系数。

由式(1.2)可见，调制后信号的频率与载波完全相同，但其幅值与原始信号同步线性变化。在原始信号较大的时刻，调制后信号幅值同样较高；而在原始信号

较小的时刻，调制后信号幅值同样较低。或者说，其包络线形状与原始信号基本一致，从而保留了有效信息。

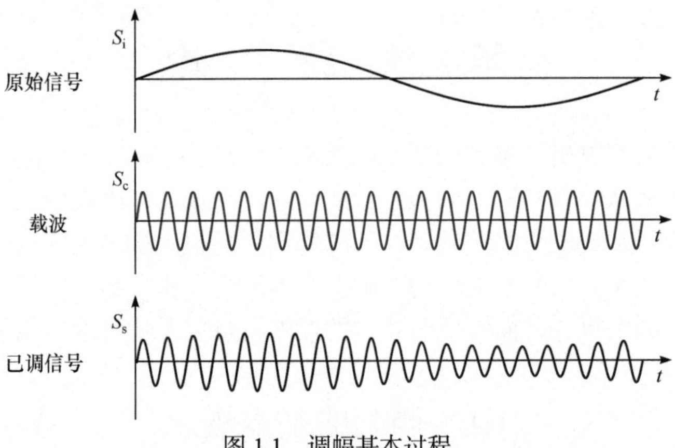

图 1.1 调幅基本过程

类似地，若将原始信号储存在载波频率中，那么调制后信号 S_s 可表示为

$$S_s(t) = \sin\left(\omega_c + k_S S_i(t)\right)t \tag{1.3}$$

这种调制方式被称为调频。调频的基本过程如图 1.2 所示。调制后信号的幅值维持不变，但是在原始信号较大的时刻，调制后信号频率较高；而在原始信号较小的时刻，调制后信号频率较低。

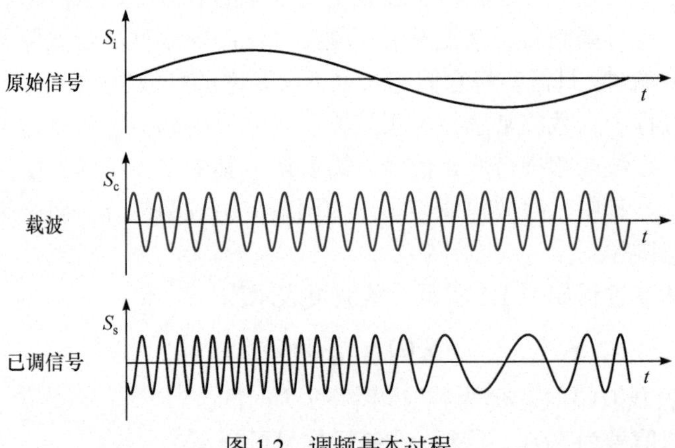

图 1.2 调频基本过程

随着电力电子技术的发展，“调制”一词被赋予了更为广泛的意义。通过脉冲宽度调制(pulse-width modulation，PWM)技术，利用绝缘栅双极型晶体管(insulated gate bipolar transistor，IGBT)构建的逆变器可实现负载输入电压的灵活控制。单相桥式逆变电路如图 1.3 所示。从图中可见，负载两端电压在管子 T_1 和 T_4 开通、

T_2 和 T_3 关断时为 U_{dc}，而在 T_2 和 T_3 开通、T_1 和 T_4 关断时为 $-U_{dc}$。在电源电压 U_{dc} 足够大时，通过这两个电平，可模拟出需要的电压信号。

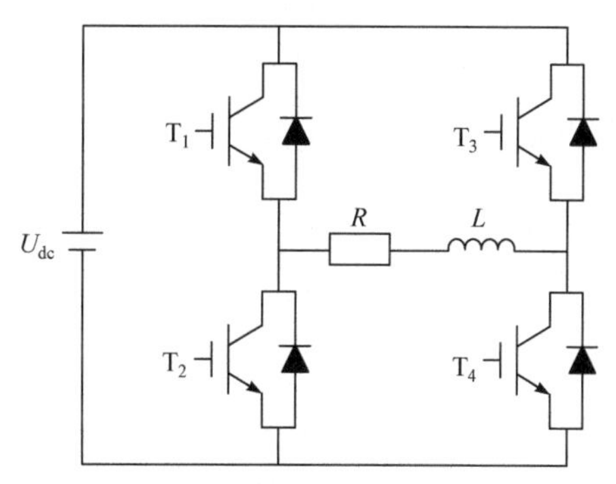

图 1.3　单相桥式逆变电路

上述过程如图 1.4 所示，与信号传输领域的调制不同，脉冲宽度调制过程采用的载波为高频三角波，而调制后输出的电压如下：

$$S_s(t) = U_{dc} \times \mathrm{sgn}\left(S_i(t) - S_c(t)\right) \tag{1.4}$$

式中，sgn 为符号函数，其自变量为正时函数值取为 1，为负时函数值取为−1。

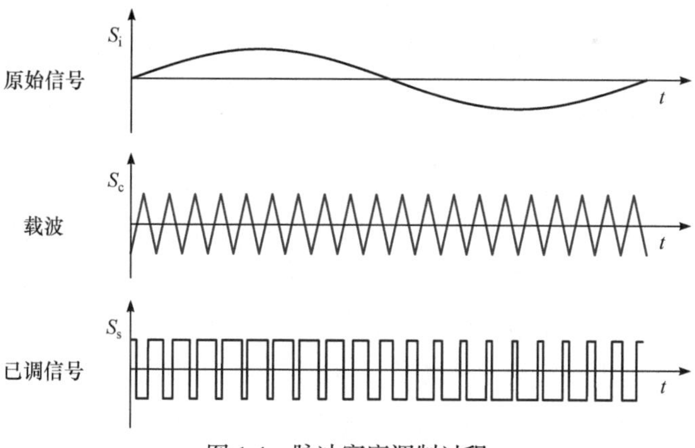

图 1.4　脉冲宽度调制过程

式(1.4)的物理意义如下：在原始信号(待输出电压)超过载波信号电压时，使管子 T_1 和 T_4 开通，从而输出 U_{dc}；在待输出电压低于载波信号电压时，使管子 T_2 和 T_3 开通，从而输出 $-U_{dc}$。比较图 1.4 中需要输出的原始电压信号与最终输出的已调信号，可发现两者波形差异极大。然而，若将两者进行傅里叶分解，会发现两者在低频范围(原始电压信号频率)内完全一致，只是已调信号多出了许多载波频率及以上的高次谐波。由于图 1.3 中负载为感性，高频电压谐波产生的电流较小，可以忽略。因此，通过上述脉冲宽度调制过程，可在较少电平条件下模拟任意的电压信号，使其与实际需要的电压信号作用于负载产生几乎完全相同的电流。

综上所述，本质上而言调制是载波在原始信号作用下按照某种规则作出的数学或物理变换过程。此外，调制过程还存在一个特点，那就是原始信号可以任意变化，但是载波在调制方式确定后是恒定的。也就是说，原始信号是主动的、可变的量，而载波是被动的、不变的量，最终形成的已调信号虽然以载波为基底，但其包含原始信号的全部信息，下面将介绍的磁场调制电机中气隙磁场的产生过程与其十分类似。

1.2 磁场调制电机的基本概念

早期，游标永磁电机、开关磁链电机、磁通反向电机、磁齿轮电机等新型电机均被单独研究，并没有形成“磁场调制”的整体概念。直到 2015 年，作者团队发现上述电机均具有相似的工作原理，且在结构上均可被划分为三个功能单元，遂在国际上首次提出了“磁场调制电机”的概念，而上述各种电机类型均为磁场调制电机三个功能单元具有不同物理结构时的表现形式，这些电机的工作原理也可统一为一套磁场调制理论[1]。这一工作获得了学术界广泛关注，并开展了关于磁场调制电机的大量研究。例如，谢菲尔德大学诸自强教授等利用磁场调制原理分析了定子永磁型电机的工作原理[2]；东南大学程明教授等将磁场调制的过程抽象为“三要素”的数学形式，并据此对多种电机的电磁性能进行了深入分析[3]；马凯特大学 El-Refaie 教授等在关于游标电机的综述中利用三单元结构以及磁场调制原理解释了其高转矩密度特性[4]。因此，磁场调制电机“三单元”结构已得到学术界认可，本书将其作为基本拓扑与一般性定义。

磁场调制电机的经典拓扑如图 1.5(b)所示。不同于图 1.5(a)所示的普通表贴式永磁电机，其在电枢绕组与永磁转子(励磁单元)之间增加了由多个导磁块构成的磁场调制单元(简称为调制单元)。由于调制单元的作用，永磁体产生的磁场会变得“畸形”，如图 1.6 所示。站在空间谐波的角度，调制单元的存在使得气隙中产生了新的磁场谐波。在图 1.6 的示例中，永磁体励磁磁动势为 22 对极，如果没有磁场调制单元，则其气隙磁通密度(简称磁密)的主要成分为 22 对极谐波；而经过调制后，气隙磁密中新出现了 2 对极谐波。可见，调制单元对于励磁单元的作用，与 1.1 节介绍的无线电传输和电力电子领域载波对于原始信号的调制作用十分类似，均使得原始信号(磁动势)发生变化。由于图 1.5 和图 1.6 中调制作用是针对磁场的，这类电机可以统称为“磁场调制电机”。

根据经典的机电能量转换理论，一台电机正常工作的前提是其电枢绕组极对数必须和空载气隙磁场的极对数相等。因此，磁场调制电机电枢绕组极对数应当选择为由于调制效应新增的磁场极对数。诚然，根据图1.6，经过调制单元作用后，气隙内仍具备与原始磁动势极对数相等的所谓“非调制”磁场，但是如果电枢极对数与其相等，电机没有利用到调制效应，则不能称为磁场调制电机。因此，磁场调制电机的最大特征之一是其励磁单元与电枢极对数不等。

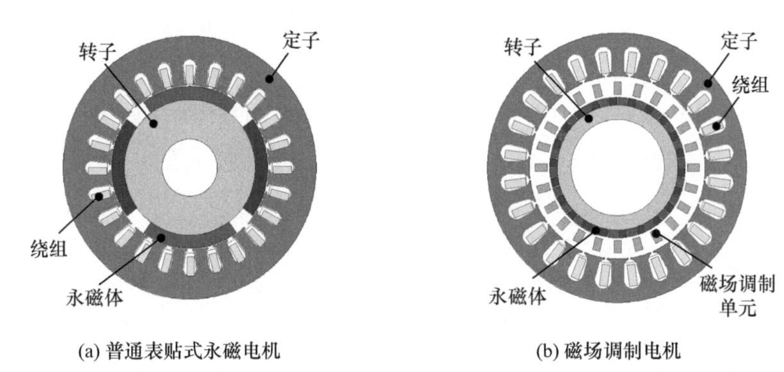

(a) 普通表贴式永磁电机　　(b) 磁场调制电机

图1.5　传统永磁电机和磁场调制电机结构示意图

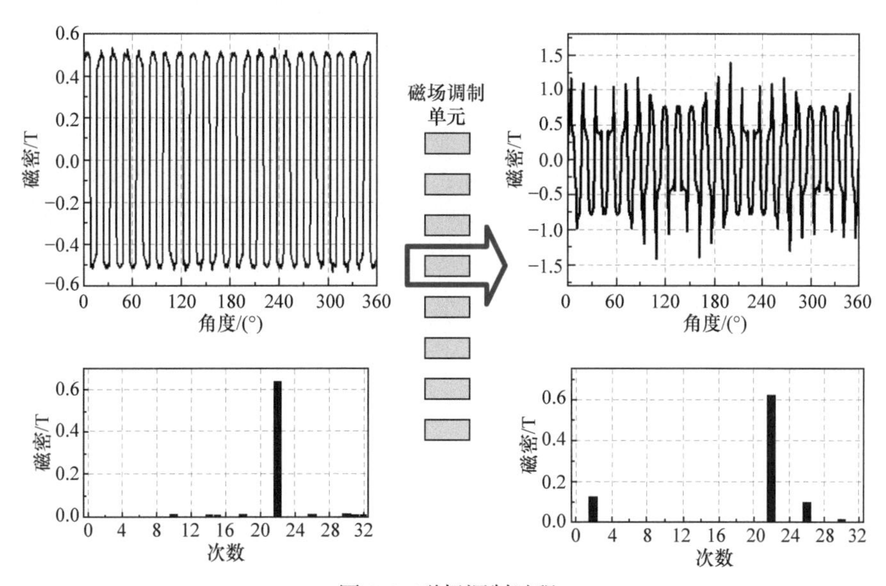

图1.6　磁场调制过程

综上，磁场调制电机存在极比(pole ratio, PR)这一变量，其物理意义是电机旋转部分极对数和电枢绕组极对数之比。极比的概念贯穿全书，非常重要。关于极比有如下性质需要说明：

(1) 在磁场调制电机中，转子不一定是励磁单元，也可能是调制单元，因此极比不一定是励磁单元与电枢绕组极对数之比，需要根据实际电机拓扑来定，这部分在第 2 章和第 3 章会得到更为详细的说明。

(2) 第 4 章会介绍，磁场调制电机中各单元的电磁转矩与其极对数成正比。因此，一种通俗的说法是极比起到了转矩放大的作用。在一定范围内，极比越大，电机转矩密度越大。

1.3 磁场调制电机的研究现状

从电磁结构上看，相比于传统永磁电机，磁场调制电机的最大特点是其电枢磁场与励磁磁场的极对数不等。根据这一特点，近年来涌现的一系列新型电机拓扑，包括游标永磁电机、永磁开关磁链电机、永磁磁通反向电机、电励磁双凸极电机等，均属于磁场调制电机。

1.3.1 游标永磁电机

游标电机翻译自英文“vernier motor”[5]，最早可追溯到 1963 年，由美国工程师 Lee 从磁阻电机改进而来，如图 1.7 所示。与普通的磁阻电机不同，其定子齿距与转子齿距不等，转子微小的位移被定子齿放大后造成较大的气隙比磁导轴线移动，这种现象与游标卡尺测量时的放大效果类似，因此命名为游标电机。1995 年 Ishizaki 等提出一种定、转子上均含有磁钢的游标永磁电机拓扑[6]，如图 1.8 所示，并通过有限元仿真及样机实验对这种拓扑的工作原理及优化设计方法进行了研究。研究显示，相比于之前的游标磁阻电机，该电机转矩密度高，效率和功率因数也有所增加。

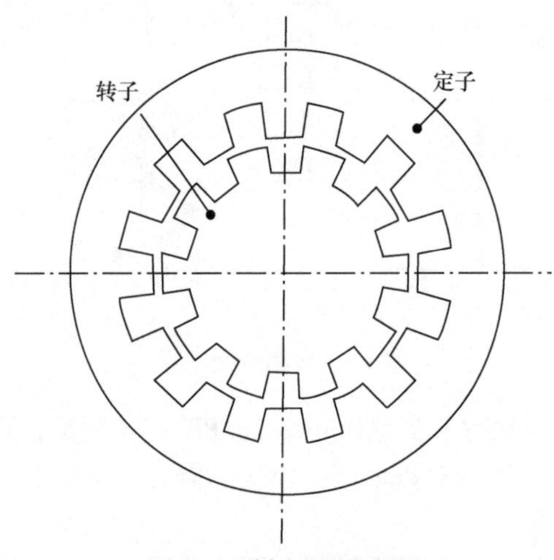

图 1.7 游标磁阻电机[5]

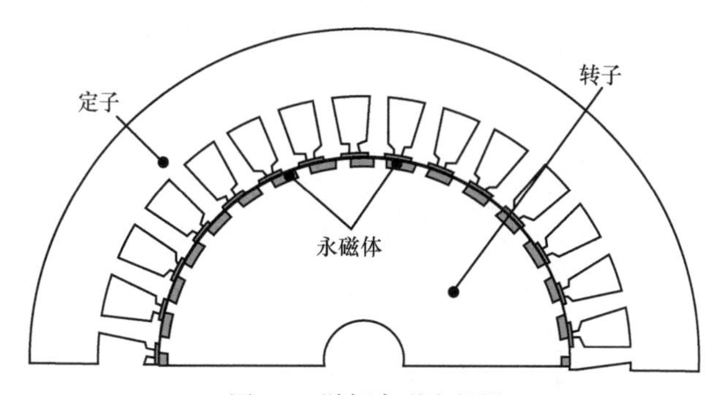

图 1.8 游标永磁电机[6]

1999 年 Toba 和 Lipo 提出经典的表贴式游标永磁电机[7]，该拓扑也是游标电机的典型结构，如图 1.9 所示。其含有一个永磁转子和一个绕线定子，电磁结构与传统电机基本相同，不同之处在于定、转子磁场极对数不等，定子绕组极对数等于定子齿数与永磁体极对数之差。后续研究表明，表贴式游标永磁电机定子齿不仅起到导磁作用，还起到磁场调制作用，其具有高转矩密度的特性。

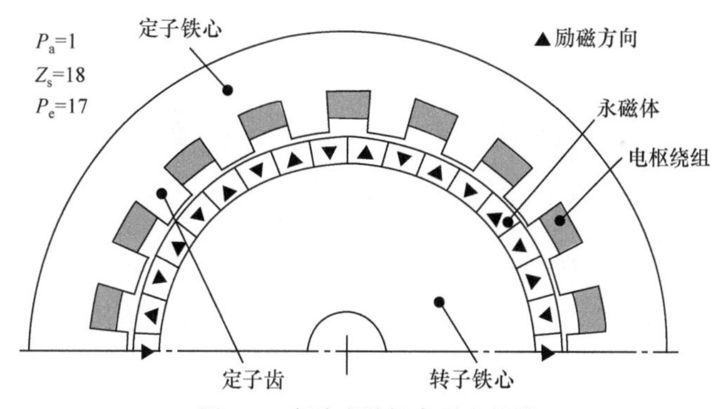

图 1.9 表贴式游标永磁电机[7]

游标电机的定、转子极对数与起到磁场调制作用的定子齿数需满足特定的配合关系，这一配合关系决定了定子齿数往往远大于定子绕组极对数，从而导致游标永磁电机多采用每极每相槽数大于等于 1 的整数槽叠绕组，这种绕组连接方式造成绕组端部过长，占据电机大量空间，会削弱整机在转矩密度方面的优势。文献[8]提出一种分裂齿游标永磁电机，每个定子主齿上连接多个沿圆周方向等距分布的辅助齿，形成分裂齿结构，如图 1.10 所示。辅助齿起到调制气隙磁场的作用，而绕组嵌放在主齿间的槽中。因此，该结构实现了嵌放绕组的齿槽结构与起到磁场调制作用的齿槽结构间的解耦，使得定子绕组可为非重叠绕组，绕组端部短，极槽配合的选择更为灵活[9,10]。文献[11]在分裂齿结构基础上，进一步提出了混合齿结构的游标永磁电机，如图 1.11 所示。该拓扑由开口槽结构与分裂齿结构集成而来，其目的是提升游标永磁电机的容错性能，并降低游标永磁电机的铁耗[12]。

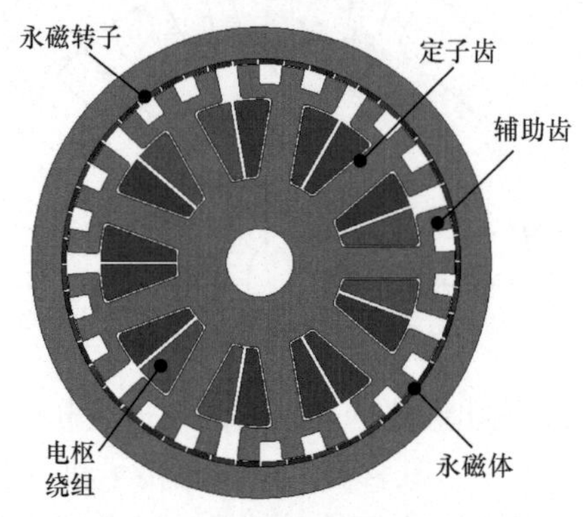

图 1.10　分裂齿游标永磁电机[8]

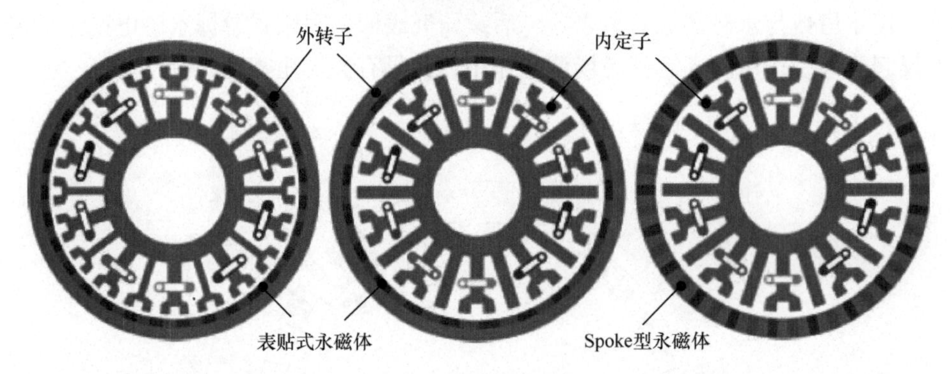

(a) 辅助齿游标永磁电机　(b) 混合齿游标永磁电机　(c) 混合齿切向励磁游标永磁电机

图 1.11　混合齿游标永磁电机[11]

除了游标永磁电机外，部分学者也在研究超导游标电机[13,14]，目前主要的研究方向是基于现有的游标永磁电机拓扑结构，将其永磁或调制结构中的非导磁材料替换为超导材料，进一步提升游标电机的转矩输出能力。

1.3.2　永磁开关磁链电机

开关磁链电机最早于 1955 年由 Rauch 和 Johnson 提出[15]，如图 1.12 所示，该电机为单相电机，其主要优势是绕组与磁钢均放置在定子上，转子为磁阻结构，鲁棒性强，但受限于当时材料水平及控制技术，该拓扑没有显示出高转矩密度等其他优良电磁性能，并未受到重视，相关研究随后进入停滞状态。随着高性能永磁材料及电机驱动控制技术的发展，开关磁链电机重新引起研究人员的兴趣。

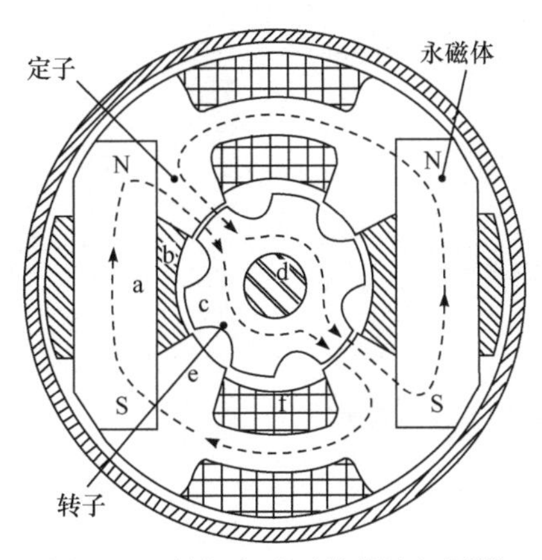

图 1.12　单相永磁开关磁链电机[15]

1997 年 Hoang 等提出了三相永磁开关磁链电机拓扑结构[16]，如图 1.13 所示。永磁开关磁链电机的永磁体为切向励磁结构，放置于定子齿中间，贯穿整个定子铁心，相邻两个永磁体的极性相反，定、转子均由硅钢片叠压而成，转子是简单的磁阻式结构，定子绕组多为集中绕组结构，也存在分布式绕组结构。永磁开关磁链电机的磁力线分布如图 1.14 所示，因为相邻两个永磁体极性相反，所以磁力线被挤入定子齿中，与绕组匝链后穿过邻近的转子齿，再由另一个定子齿返回，形成闭合回路。此外，随着转子齿和永磁体相对位置的变化，通过绕组的磁链方向同样发生改变，在图 1.14(a)中绕组磁链达到正向最大，在图 1.14(b)中绕组磁链达到负向最大，因此，开关磁链电机的绕组磁链是双极性的，可产生较高的反电势和转矩。此后，永磁开关磁链电机的相关研究成为电机领域一大研究热点，新拓扑不断涌现。

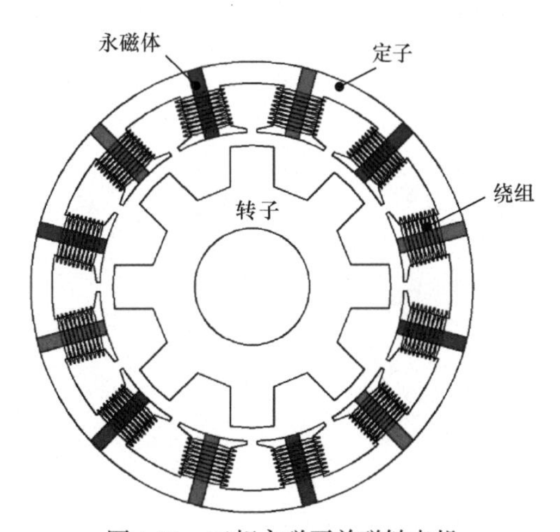

图 1.13　三相永磁开关磁链电机

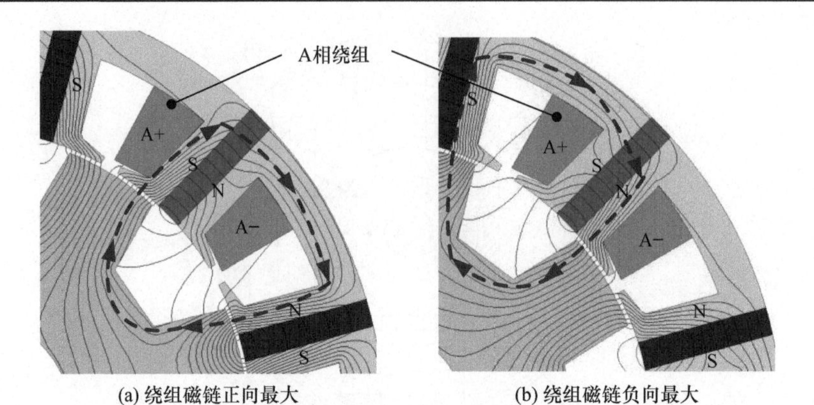

(a) 绕组磁链正向最大　　(b) 绕组磁链负向最大

图 1.14　永磁开关磁链电机转子不同位置时磁力线分布

传统的三相或多相永磁开关磁链电机定子叠片为 U 形叠片，为了节约永磁体用量、降低成本，一系列新的定子叠片结构被提出[17]，包括 C 形槽开关磁链电机、E 形槽开关磁链电机、分裂齿开关磁链电机和混合齿开关磁链电机。上述电机的拓扑结构如图 1.15 所示。

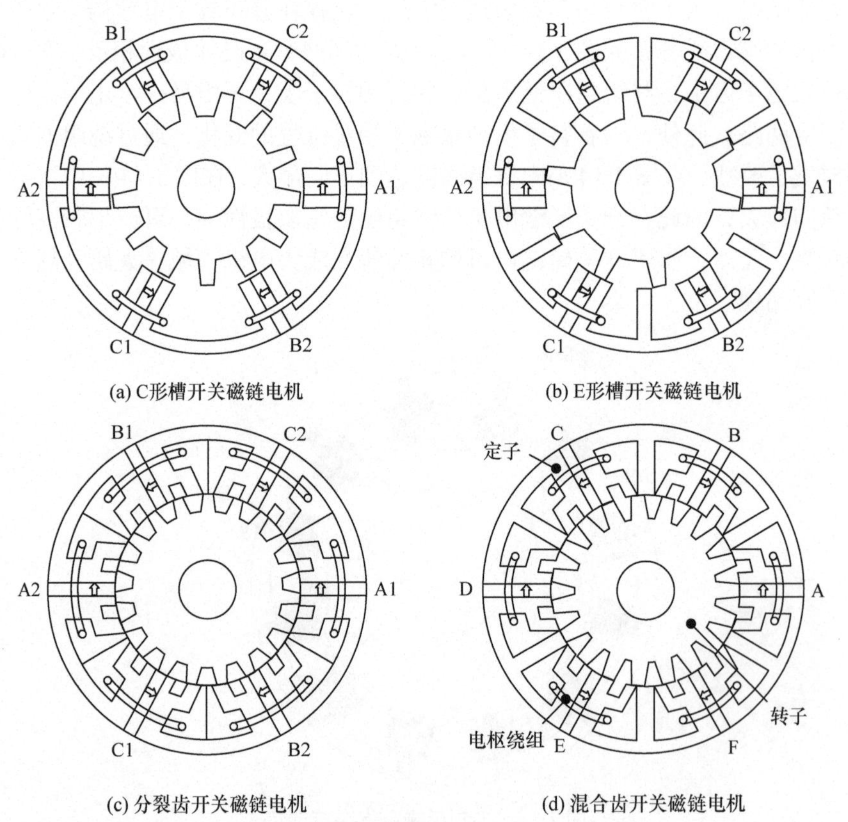

(a) C形槽开关磁链电机　　(b) E形槽开关磁链电机

(c) 分裂齿开关磁链电机　　(d) 混合齿开关磁链电机

图 1.15　不同定子叠片形状的永磁开关磁链电机[17]

开关磁链电机转子为磁阻转子，没有磁钢和绕组，因此在机械上适合高速场合。为了进一步提高其弱磁性能，研究人员提出了混合励磁永磁开关磁链电机拓扑[18]，如图 1.16 所示。混合励磁拓扑演变的基本思路是：在保证仅考虑永磁励磁的电机性能的情况下，尽可能提高电励磁电机部分的磁场调节能力。根据电励磁磁路是否经过永磁体，可以将混合励磁永磁开关磁链电机分为串联型(电励磁磁场经过永磁体)和并联型(电励磁磁场不经过永磁体)。其中，串联型混合励磁永磁电机通过磁桥可以提高电励磁磁场的调磁能力，但会降低永磁体利用率；并联型混合励磁永磁电机由于电励磁磁场不经过永磁体，去磁风险降低，且磁场调节能力较强。

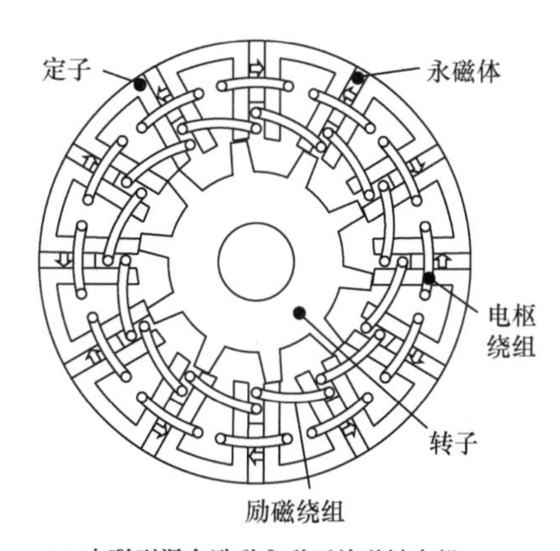

(a) 串联型混合励磁永磁开关磁链电机

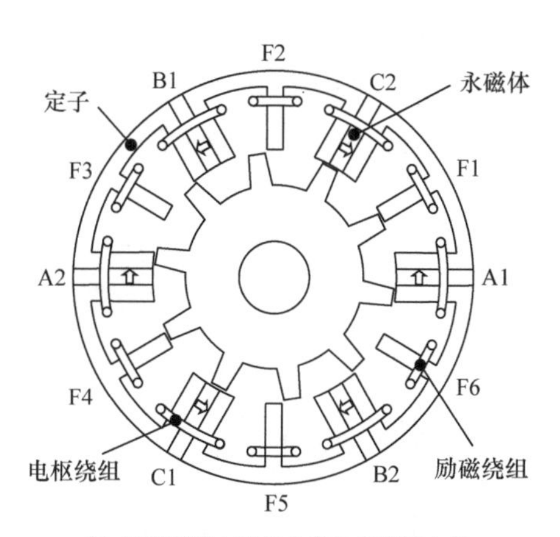

(b) 并联型混合励磁永磁开关磁链电机

图 1.16　混合励磁永磁开关磁链电机[18]

由于永磁体贯穿整个定子铁心且电枢绕组嵌放在定子槽中，永磁开关磁链电机易于饱和。诸自强教授等提出了定子分离型永磁开关磁链电机拓扑[19]，如图 1.17 所示。该拓扑将永磁体和电枢绕组分离，原本嵌入外侧定子齿部的永磁体移至转

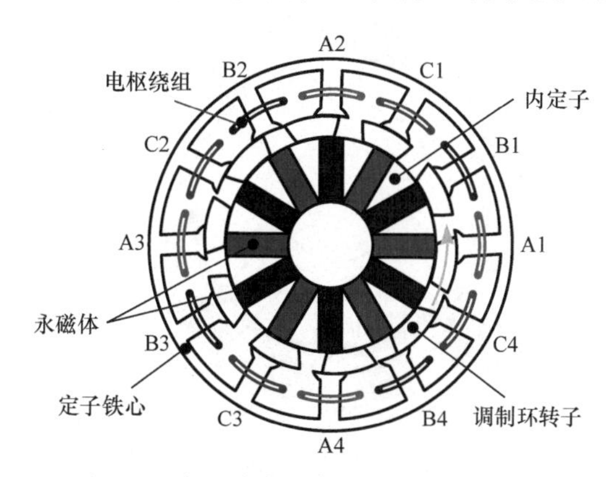

图 1.17　定子分离型永磁开关磁链电机[19]

子内部，构成含切向励磁永磁体的内定子结构。由于充分利用了电机内腔，其转矩密度得到有效提升。

1.3.3　永磁磁通反向电机

与开关磁链电机类似，最早的磁通反向电机也是单相电机[20]，如图 1.18 所示。磁通反向电机永磁体表贴在定子齿表面，转子为磁阻转子结构。提出者之一 Boldea 教授在 1999 年提出了三相永磁磁通反向电机[21]，如图 1.19 所示，并推导了它的基本性能方程，给出了设计方法。永磁磁通反向电机的磁钢放置于定子齿内表面，靠近气隙处，每个定子齿上至少有一对极性相反的径向励磁永磁体。随着转子的转动，当转子齿正对 N 极永磁体时，绕组磁链到达正向最大值，当转子齿正对 S 极永磁体时，绕组磁链达到反向最大值，因此永磁磁通反向电机的绕组磁链同样是双极性的，可以产生较大的反电势和转矩[22,23]。

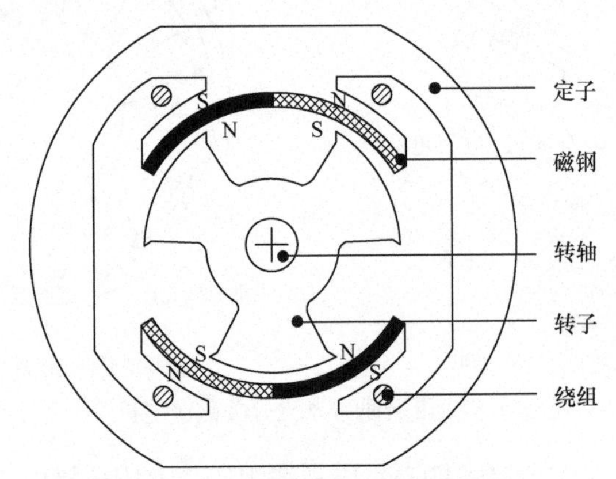

图 1.18　单相永磁磁通反向电机[20]

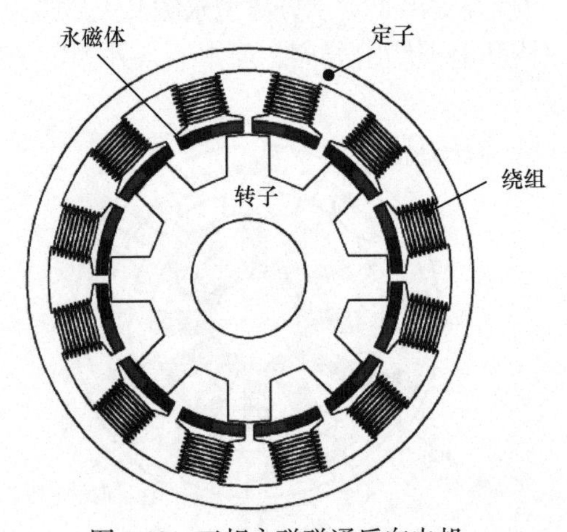

图 1.19　三相永磁磁通反向电机

由于磁通反向电机多用分数槽集中绕组，对于某些极槽配合绕组系数偏低，可以通过优化绕组配置方案，改用分布式整距绕组以有效增大绕组系数，从而提高转矩密度[24,25]。此外，诸自强教授等提出了多种双定子永磁磁通反向电机拓扑[26]，如图 1.20 所示。这种双定子永磁磁通反向电机的外定子放置电枢绕组，内定子放置永磁体，中间转子起调制作用。其中最早提出的拓扑结构是双定子表贴式永磁磁通反向电机，如图 1.20(a)所示，它相当于把传统磁通反向电机的定子上的永磁体放到内定子上，其他部分不变。由于充分利用了电机内腔，其转矩密度相较于传统磁通反向电机显著提升。由此结构衍生出来了许多其他形式的拓扑结构，包括双定子交替极永磁磁通反向电机、双定子内置式永磁磁通反向电机、双定子 V 形永磁磁通反向电机等。文献[27]提出了一种每个定子齿上放置两对永磁体的永磁磁通反向电机，如图 1.21 所示，进一步提升了转矩密度。

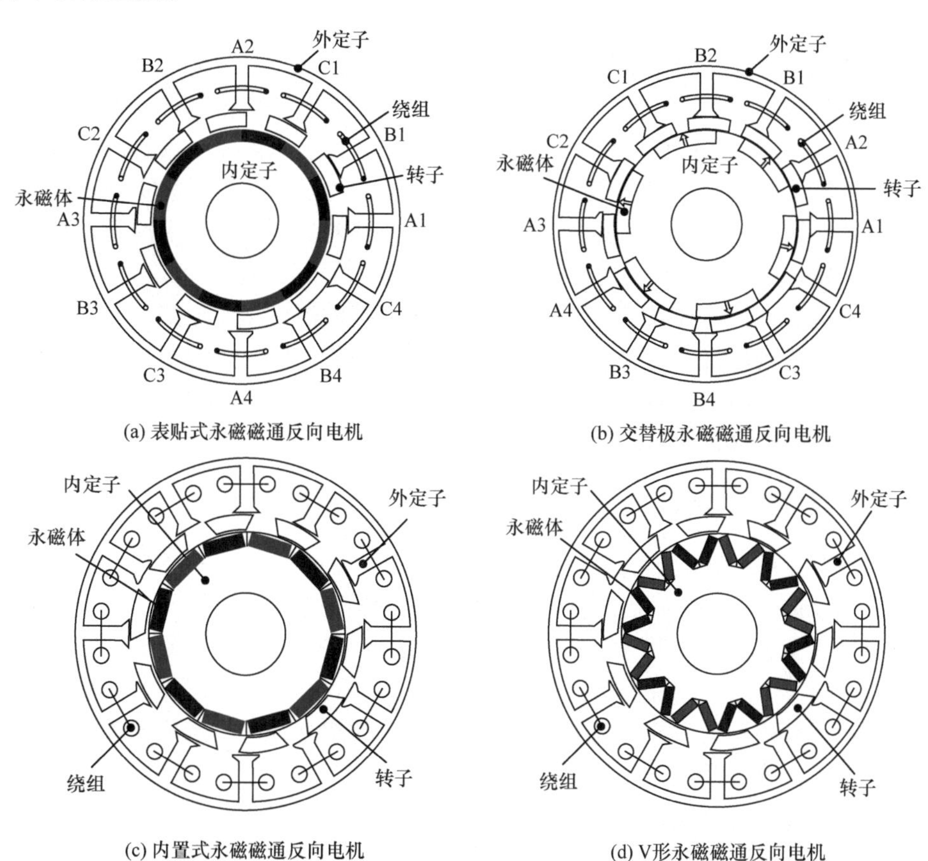

(a) 表贴式永磁磁通反向电机　(b) 交替极永磁磁通反向电机

(c) 内置式永磁磁通反向电机　(d) V形永磁磁通反向电机

图 1.20　双定子永磁磁通反向电机[26]

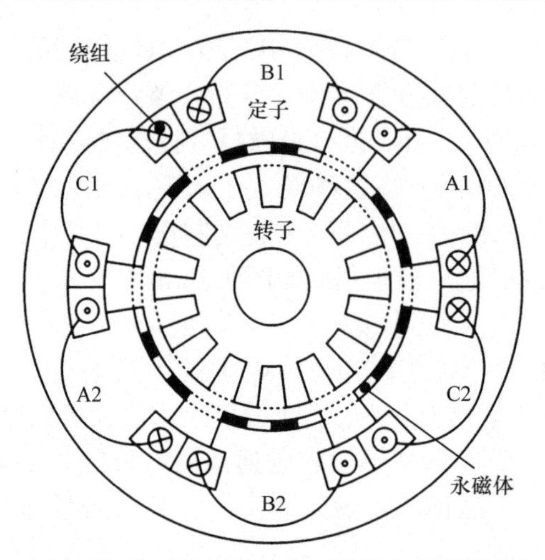

图 1.21　每个定子齿上放置两对永磁体的永磁磁通反向电机[27]

传统永磁磁通反向电机的转矩波动较大，转矩波动一方面产生噪声振动，另一方面影响运行稳定，因此，研究人员提出了一系列降低转矩波动的方法。例如，传统转子斜槽的方法同样适用于永磁磁通反向电机，但是需要注意的是，磁通反向电机的转子极对数(即转子齿数)与定子绕组极对数不等，斜槽角度应按转子极对数计算；转子大小齿成对法、转子轴向大小齿成对法，均是利用转子大齿与小齿产生的转矩波动不同相，从而相互抵消的原理；转子开虚槽法，是通过提高定、转子槽数的最小公倍数以降低齿槽转矩。此外，气隙磁密越呈正弦，磁密谐波就会越少，齿槽转矩就会越低，所以许多改善气隙结构以使气隙磁密分布更呈正弦的方法也是降低转矩波动的有效方法，如转子倒角、转子齿不对称、永磁体倒角、转子齿面优化、永磁体间设置间隙等。

1.3.4　磁场调制电励磁电机

磁场调制电励磁电机的类型较多，本节介绍三种主要的拓扑类型，分别为磁阻式无刷双馈电机、电励磁游标磁阻电机和电励磁开关磁链电机。

磁阻式无刷双馈电机于 20 世纪 70 年代左右由 Broadway[28]提出，其结构如图 1.22 所示。该电机采用与开关磁阻电机类似的双凸极结构，定子上布置有两套三相绕组，其中一套为控制绕组，另一套为功率绕组。该电机定子槽数与转子槽数之差等于功率绕组极对数与控制绕组极对数之差。

电励磁游标磁阻电机，又称变磁通磁阻电机、直流励磁开关磁阻电机等，如图 1.23 所示。该电机采用单齿绕集中绕组结构，可以有效缩短端部长度，且励磁绕组和电枢绕组均放置于定子上，无需电刷滑环，提高了电机的可靠性。转子为磁阻转子结构，简单可靠、鲁棒性强[29,30]。2005 年，香港大学 Chau 教授等提出具有分布式电励磁绕组的双凸极电机[31]，如图 1.24 所示。该拓扑的特点在于励磁绕组为叠绕组，而电枢绕组是分数槽集中绕组，因此每个励磁线圈需要为多个电枢线圈提供磁通。在该电机中，电枢绕组的电流波形接近梯形波，而非正弦波。当磁链增大时，通入正电流来产生转矩；当磁链减小时，通入负电流来产生转矩。由于该电机励磁可调，恒功率运行范围较宽，可应用于风力发电、电动汽车等领域。

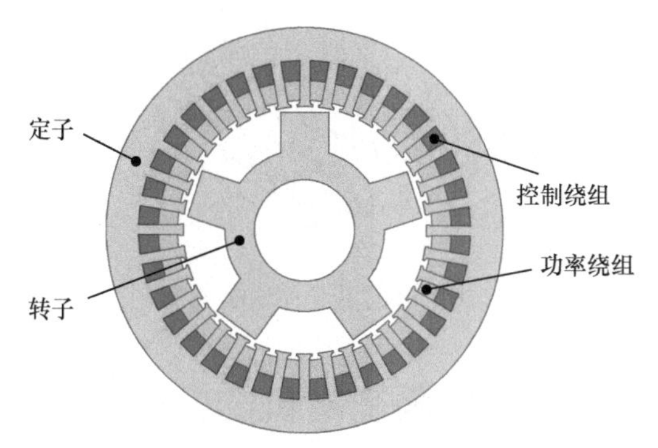

图 1.22 磁阻式无刷双馈电机[28]

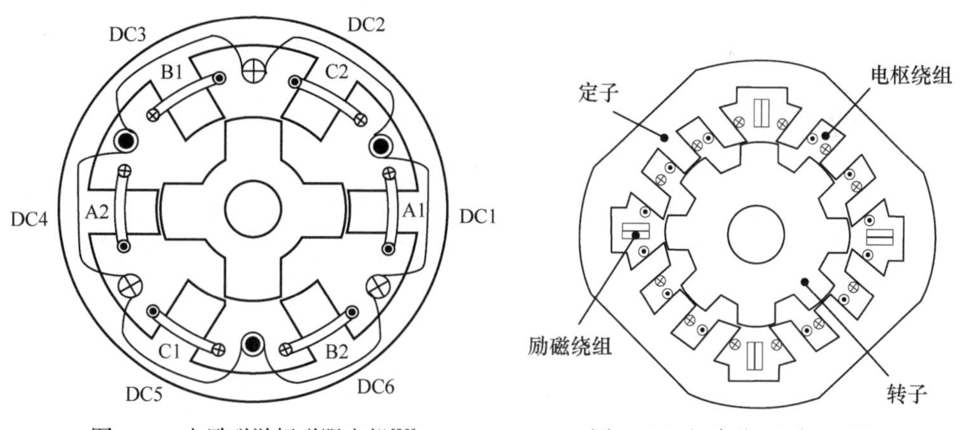

图 1.23 电励磁游标磁阻电机[29]　　图 1.24 电励磁双凸极电机[31]

随着对永磁开关磁链电机的研究不断深入，相关理论逐渐成熟。为了扩大开关磁链电机的调速范围，研究人员将永磁开关磁链电机的磁钢去掉，并在原来放置磁钢的地方用一套励磁绕组代替，形成了电励磁开关磁链电机[32]，如图 1.25 所示。该拓扑与前两者不同，电枢绕组为跨两齿集中绕组。这是因为它是直接由永磁开关磁链电机改进而来，为了实现双极性的电枢磁链，需要有一个齿流过正向磁通，另一个流过反向磁通。

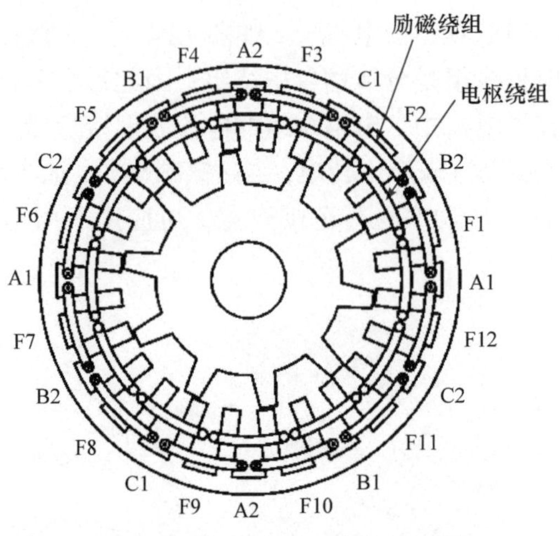

图 1.25　电励磁开关磁链电机[32]

1.4　磁场调制电机的应用前景

早期的游标磁阻电机曾在点钞机、文字传真机、小功率装配机器人等小功率场合得到了应用，但由于该电机力能指标(效率与功率因数乘积)较差，其应用场合受限。1.3 节介绍的四种磁场调制电机的优、缺点都非常鲜明，在国内外研究人员的不断努力和探索下，发现每种磁场调制电机在不同的领域有着重要的应用价值和广阔的前景。

除了横向磁通电机外，游标永磁电机是磁场调制电机中转矩密度最高的电机类型。所谓转矩密度高，是指其相比于普通的永磁电机，单位电流可以产生更高的转矩，或者说在相同输出转矩下铜耗较小。但是，各种磁场调制电机中磁场谐波含量均较大，因此游标永磁电机中铁耗较大，而为了发挥其性能优势，电机的极比又往往选择得较大，使得转子极对数较高，这又进一步加大了铁耗。因此，游标永磁电机适用于中低速且铁耗占比较小的场合。另外，游标永磁电机的转矩品质好，即其齿槽转矩与转矩波动小，其适用于控制精度要求高的场合。

游标永磁电机的缺点在于其电枢反应较强。这一点首先反映在电机的功率因数方面。当电机处于自然冷却条件下的轻载运行时，功率因数尚能维持在 0.8 以上，但一旦负载过大，就会使得功率因数急剧下降，此时控制器容量需要随之增加，这增加了驱动系统的体积、重量和成本。电枢反应其次体现在转矩-电流曲线上。游标永磁电机极易饱和，过载或重载下优势相比于普通永磁电机减弱。综上，游标永磁电机更适用于低速大转矩且不需要过载或冷却条件受限的应用领域。

鉴于以上考虑，首先利用其转矩品质好的优点，游标永磁电机可用于中低速伺服领域；其次可发挥其转矩密度高的优势，用于风机、水泵等要求低速大转矩的场合，作为直驱电机省去其中的机械齿轮箱。

定子永磁型磁场调制电机，即永磁开关磁链电机和永磁磁通反向电机，在电磁性能上与游标永磁电机较为类似，但其转矩性能低于游标电机。定子永磁型电机最大的优点在于其转子结构仅由硅钢片构成，坚固可靠。因此一方面可考虑将其应用于高速电机领域，但此时为了降低铁耗，转子齿数必然取得较小，电机的电磁性能不足。另一方面，可将其用于直线电机领域，将较长的次级用硅钢片制造，而永磁体与绕组均放置于较短的初级上，可大幅降低电机的加工与维护成本。

电励磁双凸极电机的优势在于无永磁体，故障下容易灭磁，且励磁绕组位于定子侧，不需要电刷滑环，转子和定子永磁型电机一样由纯硅钢片组成，坚固可靠。因此这类电机适用于对可靠性要求较高，且需要具备自去磁功能的航空起动/发电领域。

综上所述，磁场调制电机已成为电机领域具有特色的新型研究方向，且由于其具有低速大转矩、低转矩波动的特点，在航空航天、交通运输、新能源发电、数控设备等领域有着广泛的应用前景。然而，不同于成熟的传统电机学，磁场调制电机仍处于研究初期阶段，各类电机研究较为分散，并没有形成完整的理论体系。这一方面阻碍了该领域的持续发展，同时造成这类电机功率因数低、易饱和等共性问题难以在理论上有所突破。作者团队通过多年的努力建立了基于“磁场调制”的理论体系，在其基础上推导了可能存在的磁场调制电机类型，在同一框架下对比了不同电机的性能特点，并以此为指导研发出多款高性能电机拓扑[33-53]，这些内容都将在后续章节中详细介绍。

1.5 本章小结

从“调制”一词的基本概念开始，本章逐步介绍了磁场调制电机的基本结构与主要特征，综述了磁场调制电机的研究现状，并探讨了其应用及发展前景。

(1) 不同于常规电机，磁场调制电机结构上增加了调制单元，其作用于励磁磁动势并产生新的气隙磁场谐波，这也是“磁场调制”一词的由来。由于调制单元的存在，磁场调制电机定、转子极对数不等，这构成了该类电机最大的特征。

(2) 近年来涌现的一系列新型电机拓扑，包括游标永磁电机、永磁开关磁链电机、永磁磁通反向电机、电励磁双凸极电机均属于磁场调制电机族，本章介绍了它们的主要拓扑结构和发展历程。目前，磁场调制电机已发展为庞大的家族。

(3) 就性能而言，游标永磁电机通常在低负荷下兼具高转矩密度与低转矩波动优势，但其转子极对数较多，不适合高速运行，且由于其电感大，过载能力不足。总体而言，这类电机适用于中低速伺服、风力发电等低速轻载场合。此外，磁场调制永磁直线电机可发挥次级无永磁的优势，应用于轨道交通、无绳电梯等领域；磁场调制电励磁电机具备无刷励磁的优势，适用于航空起动/发电系统。

参考文献

[1] Li D W, Qu R H, Li J. Topologies and analysis of flux-modulation machines[C]. IEEE Energy Conversion Congress and Exposition, Montreal, 2015: 2153-2160.

[2] Yang H, Zhu Z Q, Lin H Y, et al. Analysis of consequent-pole flux reversal permanent magnet machine with biased flux modulation theory[J]. IEEE Transactions on Industrial Electronics, 2020, 67(3): 2107-2121.

[3] Cheng M, Han P, Hua W. General airgap field modulation theory for electrical machines[J]. IEEE Transactions on Industrial Electronics, 2017, 64(8): 6063-6074.

[4] Wu F, El-Refaie A. Permanent magnet vernier machine: A review[J]. IET Electric Power Applications, 2019, 13(2): 127-137.

[5] Lee C H. Vernier motor and its design[J]. IEEE Transaction on Power Apparatus and Systems, 1963, 82(66): 343-349.

[6] Ishizaki A, Tanaka T, Takasaki K, et al. Theory and optimum design of PM vernier motor[C]. Seventh International Conference on Electrical Machines and Drives, Durham, 1995: 208-212.

[7] Toba A, Lipo T. Novel dual-excitation permanent magnet vernier machine[C]. IEEE Thirty-Fourth IAS Annual Meeting, Phoenix, 1999: 2539-2544.

[8] Li J G, Chau K, Jiang J, et al. A new efficient permanent-magnet vernier machine for wind power generation[J]. IEEE Transactions on Magnetics, 2010, 46(6): 1475-1478.

[9] Zou T J, Li D W, Qu R H, et al. Advanced high torque density PM vernier machine with multiple working harmonics[J]. IEEE Transactions on Industry Applications, 2017, 53(6): 5295-5304.

[10] Zou T J, Li D W, Chen C, et al. A multiple working harmonic PM vernier machine with enhanced flux-modulation effect[J]. IEEE Transactions on Magnetics, 2018, 54(11): 8109605.

[11] Xu L, Liu G H, Zhao W X, et al. Hybrid stator design of fault-tolerant permanent-magnet vernier machines for direct-drive applications[J]. IEEE Transactions on Industrial Electronics, 2017, 64(1): 179-190.

[12] Li D W, Zou T J, Qu R H, et al. Analysis of fractional-slot concentrated winding PM vernier machines with regular open-slot stators[J]. IEEE Transactions on Industry Applications, 2018, 54(2): 1320-1330.

[13] Jia S F, Qu R H, Li J, et al. A novel vernier reluctance fully superconducting direct drive synchronous generator with concentrated windings for wind power application[J]. IEEE Transactions on Applied Superconductivity, 2016, 26(7): 5207205.

[14] Xie K F, Li D W, Qu R H,et al. A new perspective on the PM vernier machine mechanism[J]. IEEE Transactions on Industry Applications, 2018, 55(2): 1420-1429.

[15] Rauch S, Johnson L. Design principles of flux-switch alternators[J]. AIEE Transaction on Power Apparatus and Systems, Part III, 1955, 74(3): 1261-1268.
[16] Hoang E, Ahmed H, Lucidarme J. Switching flux permanent magnet polyphased synchronous machines[C]. The 7th European Conference on Power Electronics and Applications, Aalborg, 1997: 903-908.
[17] Zhu Z Q. Switched flux permanent magnet machines-innovation continues[C]. International Conference on Electrical Machines and Systems, Beijing, 2011: 1-10.
[18] Chen J T, Zhu Z Q, Iwasaki S, et al. A novel hybrid-excited switched-flux brushless AC machine for EV/HEV applications[J]. IEEE Transactions on Vehicular Technology, 2011, 60(4): 1365-1373.
[19] Wu Z Z, Zhu Z Q. Analysis of magnetic gearing effect in partitioned stator switched flux PM machines[J]. IEEE Transactions on Energy Conversion, 2016, 31(4): 1239-1249.
[20] Deodhar R, Andersson S, Boldea I, et al. The flux-reversal machine: A new brushless doubly-salient permanent-magnet machine[J]. IEEE Transactions on Industry Applications, 1996, 33(4): 925-934.
[21] Boldea I, Wang C X, Nasar S. Design of a three-phase flux reversal machine[J]. Electric Machines and Power Systems, 1999, 27(8): 849-863(15).
[22] Gao Y T, Qu R H, Li D W, et al. Torque performance analysis of three-phase flux reversal machines[J]. IEEE Transactions on Industry Applications, 2017, 53(3): 2110-2119.
[23] Xie K F, Li D W, Qu R H, et al. Analysis of a flux reversal machine with quasi-halbach magnets in stator slot opening[J]. IEEE Transactions on Industry Applications, 2019, 55(2): 1250-1260.
[24] Gao Y T, Li D W, Qu R H, et al. Analysis of a novel consequent-pole flux switching permanent magnet machine with flux bridges in stator core[J]. IEEE Transactions on Energy Conversion, 2018, 33(4): 2153-2162.
[25] Gao Y T, Qu R H, Li D W, et al. Design of three-phase flux-reversal machines with fractional-slot windings[J]. IEEE Transactions on Industry Applications, 2016, 52(4): 2856-2864.
[26] Zhu Z Q, Hua H, Wu D, et al. Comparative study of partitioned stator machines with different PM excitation stators[J]. IEEE Transactions on Industry Applications, 2016, 52(1): 199-208.
[27] More D, Kalluru H, Fernandes B. Comparative analysis of flux reversal machine and fractional slot concentrated winding PMSM[C]. Annual Conference of IEEE Industrial Electronics, Orlando, 2008: 1131-1136.
[28] Broadway A R W. Cageless induction machine[J]. Proceedings of the Institution of Electrical Engineers, 1971, 118(11): 1593-1600.
[29] Jia S F, Qu R H, Li J, et al. Principles of stator DC winding excited vernier reluctance machines[J]. IEEE Transactions on Energy Conversion, 2016, 31(3): 935-946.
[30] Jia S F, Qu R H, Li J, et al. Design considerations of stator DC-winding excited vernier reluctance machines based on the magnetic gear effect[J]. IEEE Transactions on Industry Applications, 2017, 53(2): 1082-1037.
[31] Fan Y, Chau K. Design, modeling and analysis of a brushless doubly-fed doubly-salient machine for electric vehicles[J]. IEEE Transactions on Industry Applications, 2008, 44(3): 727-734.

[32] Chen J T, Zhu Z Q, Iwasaki S, et al. Low cost flux-switching brushless AC machine[C]. IEEE Vehicle Power and Propulsion Conference, Lille, 2010: 1-6.
[33] 周游. 高推力密度磁场调制永磁直线电机拓扑研究[D]. 武汉: 华中科技大学, 2021.
[34] 程颐. 大型双定子超导磁场调制风力发电机关键技术研究[D]. 武汉: 华中科技大学, 2021.
[35] 于子翔. 直流偏置型游标磁阻电机系统控制技术研究[D]. 武汉: 华中科技大学, 2021.
[36] 李睿. 分数极永磁电机理论与设计[D]. 武汉: 华中科技大学, 2021.
[37] 刘旭. 集成绕组双机电端口电机控制策略研究[D]. 武汉: 华中科技大学, 2021.
[38] 俞志跃. 磁场调制开关磁阻电机驱动系统研究[D]. 武汉: 华中科技大学, 2021.
[39] 谢康福. 基于电磁复合和永磁电机理论与拓扑研究[D]. 武汉: 华中科技大学, 2020.
[40] 蔺梦轩. 异步起动游标永磁电机拓扑及起动性能研究[D]. 武汉: 华中科技大学, 2020.
[41] 石超杰. 游标永磁直线电机电磁特性与拓扑研究[D]. 武汉: 华中科技大学, 2020.
[42] 韩寻. 无刷双机电端口电机控制策略研究[D]. 武汉: 华中科技大学, 2020.
[43] 任翔. 多机电端口电机研究[D]. 武汉: 华中科技大学, 2019.
[44] 熊钢. 高性能永磁游标直线电机的控制[D]. 武汉: 华中科技大学, 2019.
[45] 晏鹏. 爪极游标永磁电机设计与拓扑研究[D]. 武汉: 华中科技大学, 2019.
[46] 林峰. 全超导磁齿轮电机的电磁研究[D]. 武汉: 华中科技大学, 2018.
[47] 于子翔. 直流偏置型游标磁阻电机谐波电流抑制技术研究[D]. 武汉: 华中科技大学, 2018.
[48] 邹天杰. 高性能磁场调制电机理论与拓扑研究[D]. 武汉: 华中科技大学, 2018.
[49] 张芮. 轴向磁通磁场调制永磁电机的设计与分析[D]. 武汉: 华中科技大学, 2017.
[50] 霍永胜. 大推力游标永磁直线电机设计[D]. 武汉: 华中科技大学, 2017.
[51] 贾少锋. 电励磁游标磁阻电机研究[D]. 武汉: 华中科技大学, 2017.
[52] 高玉婷. 磁通反向电机的理论分析及拓扑研究[D]. 武汉: 华中科技大学, 2017.
[53] 李大伟. 磁场调制永磁电机研究[D]. 武汉: 华中科技大学, 2015.

第 2 章　磁场调制基本理论

根据第 1 章的介绍，磁场调制电机利用调制单元实现了变极效果。然而，一方面调制单元为何导致磁场极对数变化，其物理本质需要解释清楚；另一方面，调制单元作用于励磁磁动势会产生哪些极对数的磁场分量，其幅值如何计算，这些问题对于进一步分析磁场调制电机的运行机理和性能特点至关重要。因此，本章将首先从物理过程和数学模型两个角度出发详细分析非均匀气隙结构下磁场的变化规律，从而引入磁动势和气隙比磁导的基本概念，接着利用磁动势-比磁导模型讨论不同结构(包括表贴式永磁结构、双凸极结构、内置式永磁体结构)中特殊的调制过程，从而建立磁场调制的基本理论。

2.1　磁场调制物理过程

作为电机(这里特指基于电磁场原理的电机)的一种，磁场调制电机的转矩或者推力从本质上均可理解为一个电枢/励磁磁场带动另外一个励磁/电枢磁场旋转或者做直线运动时相互作用产生的。磁场调制电机与传统电机的工作原理不同在于其电枢与励磁磁场要经过磁场调制单元的调制后才能相互作用产生转矩[1]，所以，分析磁场调制电机中调制单元对于气隙磁场的改造作用是理解磁场调制电机工作原理的关键。

下面以图 1.5 中的基本模型为研究对象，定性分析磁场调制的基本过程。假设励磁单元旋转，调制单元保持静止，调制单元中导磁块数 P_f 大于励磁极对数 P_e，在 0 时刻，永磁体 N 极中心线与导磁块中心线对齐。首先，假设气隙中没有调制单元，那么永磁体产生的气隙磁场是正负对称的方波，如图 2.1 中实线所示。然而，当气隙内加入调制单元后，在永磁体和某一个导磁块中心线对齐时，由于铁磁材料导磁性远大于空气，所以磁场都穿过导磁块，导致该导磁块对应气隙内的磁密提升；而当永磁体中心线逐渐偏离导磁块中心线时，这种导磁效果会逐渐削弱，直到永磁体中心线开始靠近下一块导磁块的中心线，并在两者重合时，该导磁块对应的气隙磁场重新达到峰值。因此，当气隙中加入导磁块后，气隙磁场会由于其导磁作用变得不规则，从空间谐波的角度分析，可以预测新的磁场谐波分量被引入。

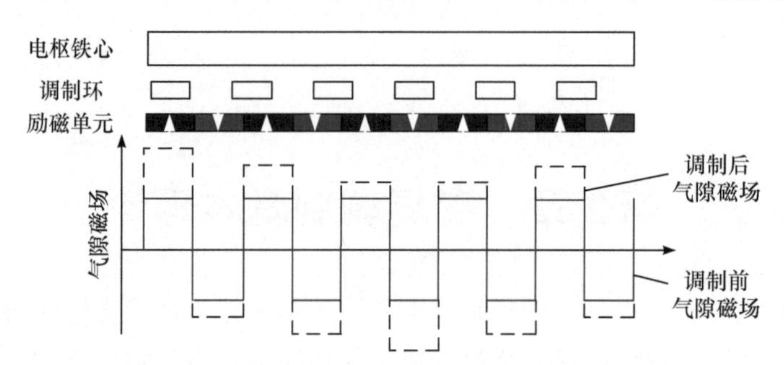

图 2.1　引入调制单元前后气隙磁场的变化

下面进一步分析新引入的空间磁场谐波的特征。由于永磁体具有两种极性，可以分别考察 N 和 S 极新增的磁场谐波。首先考察通过 N 极永磁体的新增磁场，如图 2.2 所示，此时第一块永磁体与第一个导磁块中心线对齐，因此，通过第一块 N 极永磁体的新增磁场达到正向最大。由于 P_f 大于 P_e，下一块 N 极永磁体与下一块导磁块中心线偏差为

$$\theta_{ef}=\frac{2\pi}{P_e}-\frac{2\pi}{P_f} \tag{2.1}$$

因此，通过第二块 N 极永磁体的新增磁场较第一块 N 极永磁体会减弱；类似地，后面的 N 极永磁体中的新增磁场在前一个永磁体的基础上依次递减，直到某块永磁体与更靠后的导磁块重新开始靠近。假设从与导磁块中心线对齐的永磁体开始数，第 n_{ef} 块 N 极永磁体重新与导磁块中心线对齐，其应该满足

$$n_{ef}\theta_{ef}=\frac{2\pi}{P_f} \tag{2.2}$$

联立式(2.1)和式(2.2)，可以求得

$$n_{ef}=\frac{P_e}{P_f-P_e} \tag{2.3}$$

新增的气隙磁场在 n_{ef} 个 N 极范围内为一个完整周期，而一个完整圆周共有 P_e 个 N 极，因此新增气隙磁场的基波极对数为

$$P=\frac{P_e}{n_{ef}}=P_f-P_e \tag{2.4}$$

下面继续研究通过 S 极永磁体的新增磁场。当某一块 N 极永磁体与导磁块中心线对齐时，其相邻的两块 S 极永磁体正对槽，因此通过这两块 S 极永磁体的新增磁场最小。然而，由于 S 极的新增磁场方向正好与 N 极相反，如图 2.2 所示，通过 N 和 S 极的新增磁场基波是同相位的，且根据对称性，两者幅值相等，即最终 P_f-P_e 对极新增磁场幅值是 N 极新增磁场的 2 倍。

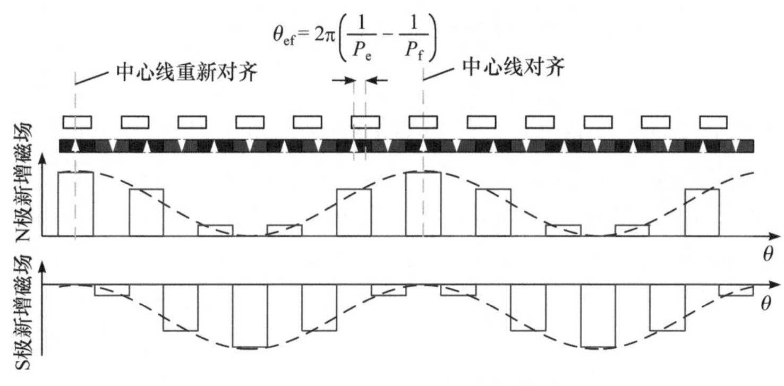

图 2.2 添加调制环后气隙新增磁场

再来分析新增磁场谐波的运动特征。初始时刻，假设某一块 N 极永磁体与导磁块中心线对齐，如图 2.3 所示，当励磁单元逆时针转过 θ_{ef} 的空间角度，此时其相邻的 N 极永磁体与下一块导磁块中心线对齐。因此，新增的磁场谐波为顺时针方向旋转，且其转过的空间角度为

$$\theta_P=-\frac{2\pi}{P_f} \tag{2.5}$$

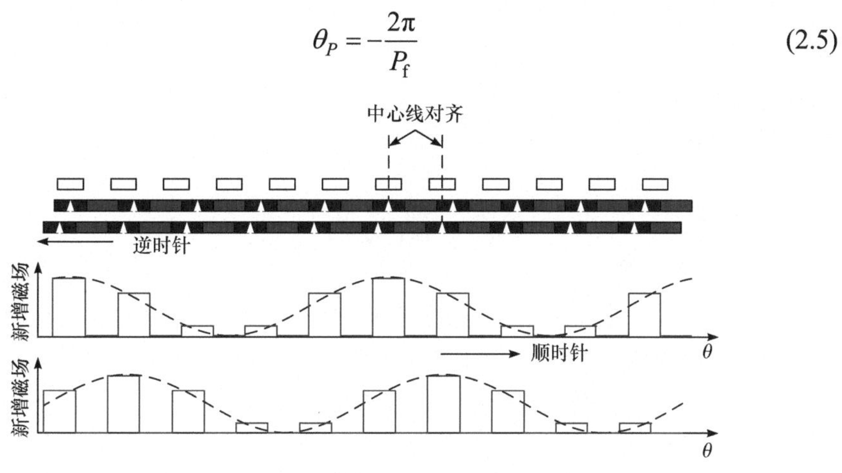

图 2.3 不同励磁单元位置下 N 极新增磁场

假设励磁单元的转速为 Ω_e，则新增磁场基波的转速为

$$\Omega_P=\frac{\theta_P}{\theta_{ef}}\Omega_e=-\frac{P_e}{P_f-P_e}\Omega_e \tag{2.6}$$

结合式(2.4)和式(2.6)可知，励磁单元的电角速度和新增磁场基波的电角速度相同，均为 $P_e\Omega_e$。由上述分析可知，在气隙中加入调制单元后，励磁单元产生的气隙磁场变为

$$B_e(\theta,t)\approx B_{P_e}\cos(P_e\theta-\omega_e t)+B_{|P_f-P_e|}\cos\left[(P_f-P_e)\theta+\omega_e t\right] \tag{2.7}$$

式中，B_{P_e} 和 $B_{|P_f-P_e|}$ 分别代表气隙磁场中极对数为 P_e 和 $|P_f-P_e|$ 的谐波幅值；ω_e 代表励磁单元对应的电角频率。

磁场调制电机中，通常 P_f 和 P_e 的数值接近，那么 P_e 远大于 $|P_f-P_e|$。因此，新增空间磁场基波的极对数远小于初始励磁单元的极对数，且其转速远高于励磁单元的转速。若电枢绕组与新增磁场极对数相等，则它们可以相互作用实现机电能量转换，但其显然不等于励磁单元自身极对数。磁场调制电机的这一特征与第 1 章的定义相吻合。考虑到实际 P_e 可能大于 P_f，磁场调制电机电枢绕组极对数统一表示为

$$P_a = |P_f - P_e| \tag{2.8}$$

虽然上述分析从磁场角度直观解释了磁场调制现象，但这类定性分析缺乏定量计算，同时进一步研究发现，引入调制单元后气隙磁场除了新增极对数为 $|P_f-P_e|$ 的磁场谐波外，还存在 P_f+P_e 等极对数的多个谐波。例如，图 1.6 给出了励磁单元极对数为 22、调制单元极对数为 24 的磁场调制电机的气隙磁场。从图中可以看到，转子磁动势为 22 对极，如果没有磁场调制单元，其气隙磁场磁密的主要谐波成分为 22 对极谐波，而经过调制后气隙磁密谐波中新出现了 2 和 26 等极对数的谐波。为了对磁场调制机理进行深入分析，达到定量计算的效果，需要建立一套磁场调制理论，通过建立数学模型准确表达出磁场调制的物理过程。

2.2　磁场调制理论

气隙磁场作为电机实现机电能量转化的媒介，对其准确求解可以直接获得电机的重要性能参数，对电机分析和设计都具有重要的意义，因此建立磁场调制理论的核心便是搭建准确反映磁场调制物理过程的数学模型，以精确求解气隙磁场的分布。本节将首先回顾均匀气隙的磁场计算过程，深入研究其物理本质，并逐步推广到引入调制单元的复杂情况。为了简化问题，在表达式推导过程中忽略铁磁介质的磁阻，即假设铁磁材料中磁场强度为零。

2.2.1　均匀气隙的电枢磁场

如图 2.4 所示，假设一台电机转子是光滑铁心，气隙内部磁场只存在径向分量，且定子槽开口很小，可以忽略，下面计算其电枢磁场。先在电机中任意选定一个空间位置，例如图中的 AB，将其作为起始点，电机内其他位置(CD)处的气隙磁场需要满足

$$\oint_{ABCD} \overrightarrow{H_a}\mathrm{d}s = \sum N_c i_c \tag{2.9}$$

式中，N_c为线圈匝数；i_c为单个线圈的电流；ds为线段微元。

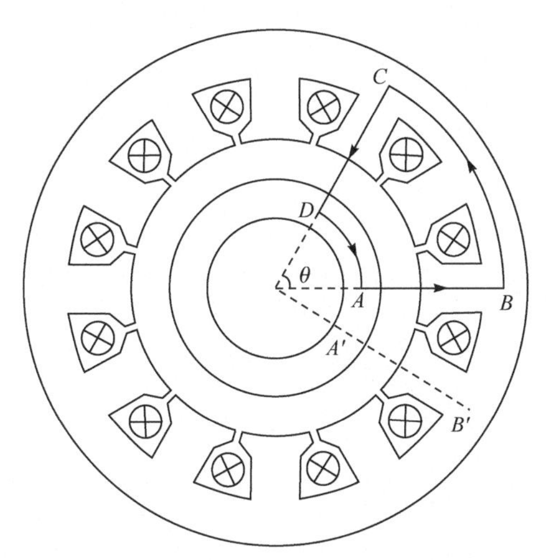

图 2.4　均匀气隙中电枢磁场的求解过程

由于气隙磁场由电枢产生，在磁场强度 H 处加了下标“a”，且由于式中磁场强度为空间向量，在其上方添加了箭头符号。在后文中，还会出现不加箭头的气隙磁密和磁场强度符号，其仅代表该物理量大小，并不包含方向。公式右侧代表回路 $ABCD$ 包围的总安匝数，当 CD 在圆周上旋转时，该值会随之变化，所以可认为是空间位置 θ 的函数，将其记为 $F_{AB}(\theta)$。之所以加上下标“AB”，是因为该函数和初始位置 AB 的选取有关，例如将 AB 重新选取为图 2.4 中的 $A'B'$，那么在同样的 CD 位置(但是两个函数中对应 θ 的值不一样)，两个函数值会相差一个定值，也就是 $A'B'BA$ 包围的安匝数。

由于假设铁心磁导率无穷大，其内部磁场强度 H_a=0，根据式(2.9)可以得到

$$\left(H_{CD}-H_{AB}\right)g=F_{AB}\left(\theta\right) \tag{2.10}$$

式中，H_{AB} 和 H_{CD} 分别代表线段 AB 和 CD 上的气隙内磁场强度。根据式(2.10)，AB 固定时，H_{CD} 同样是 θ 的函数，直接写成 $H_a(\theta)$即可。根据式(2.10)，气隙中的电枢磁场可以计算为

$$B_a\left(\theta\right)=\mu_0 H_a\left(\theta\right)=\mu_0\left[\frac{F_{AB}\left(\theta\right)}{g}+H_{AB}\right] \tag{2.11}$$

现在只剩下 H_{AB} 是未知的。根据磁通连续性原理，有

$$\begin{aligned}&\int_0^{2\pi}B_a\left(\theta\right)\mathrm{d}\theta=\mu_0\int_0^{2\pi}\left[\frac{F_{AB}\left(\theta\right)}{g}+H_{AB}\right]\mathrm{d}\theta=0\\&H_{AB}=-\frac{1}{2\pi g}\int_0^{2\pi}F_{AB}\left(\theta\right)\mathrm{d}\theta\end{aligned} \tag{2.12}$$

如果定义

$$F_{\mathrm{a}}(\theta)=F_{AB}(\theta)-\frac{1}{2\pi}\int_{0}^{2\pi}F_{AB}(\theta)\mathrm{d}\theta \tag{2.13}$$

气隙磁密可以直接计算得到：

$$B_{\mathrm{a}}(\theta)=\frac{\mu_0}{g}F_{\mathrm{a}}(\theta) \tag{2.14}$$

$F_{\mathrm{a}}(\theta)$实际上就是电机学中介绍的交流绕组磁动势[2]，对其可以作如下讨论：

(1) 在磁动势的符号 F_{a} 中，其下标“a”指代电枢，说明这是电枢产生的磁动势，但是与 AB 无关，这是因为其在定义的时候减去了平均值，也就是说不存在常数分量，所以不会出现改变初始位置导致波形平移的问题，即电枢产生的磁动势与轴线 AB 选取无关。

(2) 从电枢磁动势的定义来看，它是由多个阶跃函数组合而成，其每经过一个导体波形就会出现一次跳动，当导体内电流向外时往正向跳动，向内时反向跳动，如图 2.5 所示。

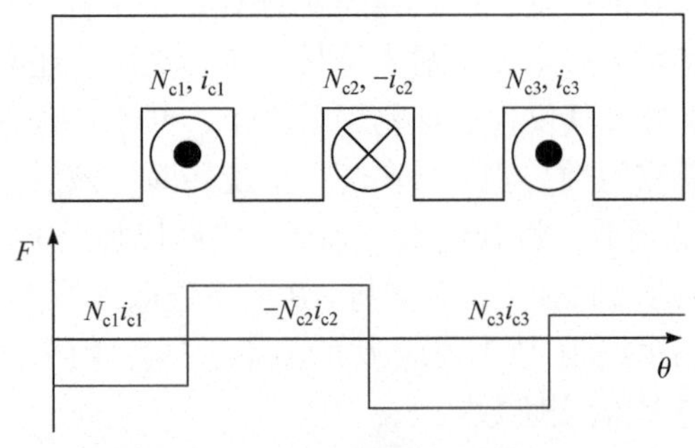

图 2.5　电枢磁动势函数

(3) 当电机气隙均匀时，电枢磁动势只与绕组结构和通入电流情况有关，与电机其他尺寸参数等都无关，这一点是显而易见的。当电枢通入交流电时，F_{a}同时是空间位置 θ 和时间 t 的函数。

以上分析着重讨论的是磁动势数学上的表征，但为了后续介绍磁场调制效应，需要对其物理意义进行进一步说明。电磁场中有标量磁位的概念[3]，其与电势类似。磁位 φ 是位函数，磁场强度 H 是其对应的场函数，两者满足

$$\overrightarrow{H}=-\nabla\varphi=-\left(\frac{\partial\varphi}{\partial x},\frac{\partial\varphi}{\partial y},\frac{\partial\varphi}{\partial z}\right) \tag{2.15}$$

假设空间中存在一束导体，其匝数为 N_{c}，通入恒定电流 I_{c}，则对于平面内任意两点(点 1 和 2)，如图 2.6 所示，它们之间的磁位差可以用场函数的第二型曲线

积分来计算：

$$\varphi_1-\varphi_2=\int_{12}\overrightarrow{H}\mathrm{d}s \tag{2.16}$$

但是，如果积分路径是一个完整的圆周，就会出现问题，会得到

$$0=\varphi_1-\varphi_1=\oint\overrightarrow{H}\mathrm{d}s=N_\mathrm{c}I_\mathrm{c} \tag{2.17}$$

这显然是荒谬的。出现这个错误的本质原因是磁场不同于电场，它是一个有旋场，理论上不存在位函数，只不过为了计算方便，人为在不存在电流的区域定义了磁位。所以，在应用磁位时规定了磁屏障面，积分路径不能穿过这个平面。一旦穿过磁屏障面，两边就会存在磁位差，磁位在磁屏障面两侧不连续，如图 2.6 中 1、3 处在其两侧，磁位差是

$$\varphi_1-\varphi_3=\int_{13}\overrightarrow{H}\mathrm{d}s=N_\mathrm{c}I_\mathrm{c} \tag{2.18}$$

现在来研究电枢磁场中标量磁位的分布。首先在定子侧选定一个起始区域，并默认其磁位是零，如图 2.7 所示。如果没有磁屏障面，那么在忽略铁心磁阻的情况下，铁心内部显然是等磁位的，但是由于磁屏障面的存在，定子铁心被分割为 Z_s 个独立区域，每穿过一次磁屏障面，定子磁位会变化相应导体的安匝数。因此，定子铁心内部以及铁心内表面的磁位完全等同于之前定义的函数 F_{AB}。转子铁心区域不存在磁屏障面，所以是等势体。基于上面的讨论，电机内磁位与磁动势具有一定的等同性。因此，下文中磁位同样用“F”来表示。

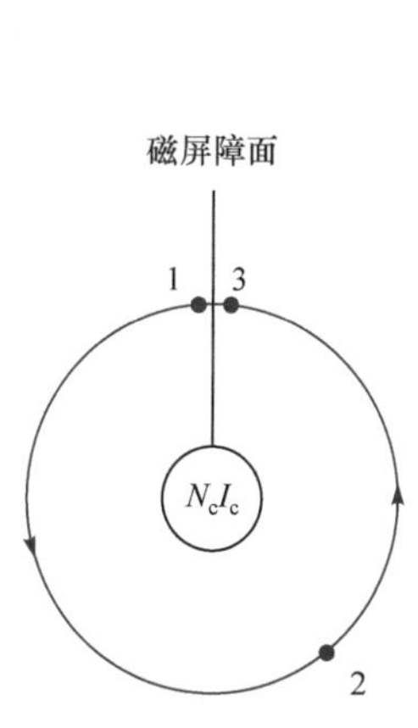

图 2.6　标量磁位概念

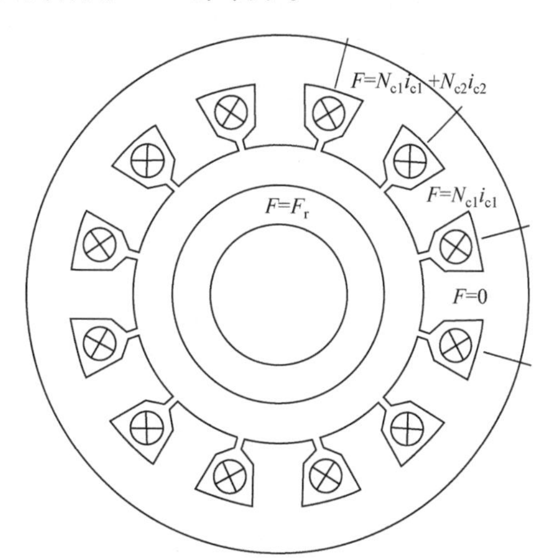

图 2.7　电枢绕组产生的磁位

假设图 2.7 中转子磁位是 F_r，那么根据磁通连续性原理：

$$
\begin{aligned}
&\int_0^{2\pi}\left(F_{AB}-F_{\mathrm{r}}\right)\mathrm{d}\theta=0 \\
&F_{\mathrm{r}}=\frac{1}{2\pi}\int_0^{2\pi}F_{AB}(\theta)\mathrm{d}\theta
\end{aligned}
\tag{2.19}
$$

对比式(2.13)和式(2.19)可知，在这种情况下，电枢磁动势实际上就是定、转子之间的磁位差 $F_{AB}-F_{\mathrm{r}}$；或者说，如果选取转子磁位基准为零，那么电枢绕组磁动势 F_{a} 就是定子铁心磁位 F_{s}。假设某个空间位置 θ 处磁动势 $F_{\mathrm{a}}(\theta)$为正，那么在气隙内部，磁位沿径向方向均匀上升，如图 2.8 所示，其中 r_{ig} 代表气隙内侧，即转子铁心外表面的半径。

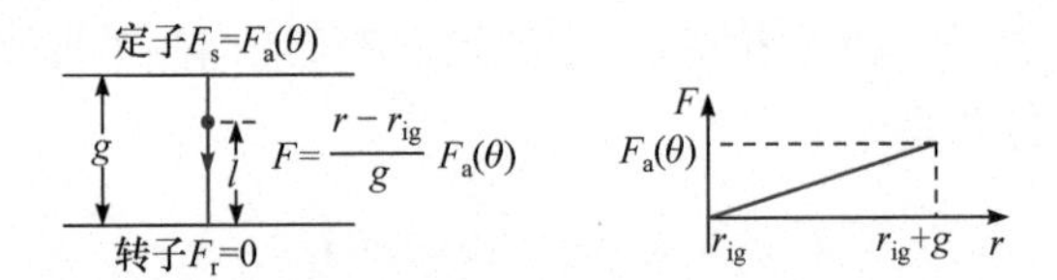

图 2.8　磁动势(磁位)在气隙中沿径向方向的变化

2.2.2　定子为开口槽时的电枢磁场

对于定子采用开口槽的气隙结构，其电枢磁场走向以及磁场强弱相比于半闭口槽显然会有一定变化。以图 2.9 所示的结构为例，在对应定子齿的位置，磁力线在气隙中依然是沿径向方向穿过气隙，类似于图中 AB，和半闭口槽时的情况较为类似。然而，在对应定子槽的位置，如果按照磁力线走最短路径这一原则来看，显然磁力线会在槽内偏折并垂直进入齿壁。这种情况下，一方面磁力线走的路径 CD 会比实际气隙要长，另一方面在槽内部分磁场受到齿槽影响会稍微弱一些。此外，如果改变电枢绕组的通电情况，磁力线的路径可能会随之变化。

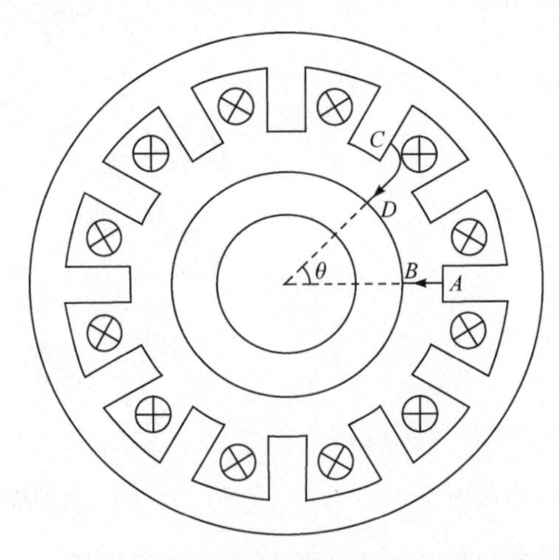

图 2.9　定子槽开口较大时磁力线走向

为了在这种复杂情况下也可以求取气隙磁场，需要做两点近似假设：

(1) 无论定、转子之间磁位差分布如何，磁力线的路径都不发生变化；

(2) 同一条磁力线上磁场的强度不发生变化。

根据假设(1)，电枢磁场磁力线的长度是一个只与气隙尺寸参数相关的函数，可以表示为 $g(\theta)$，而根据假设(2)，每一根磁力线上的磁密和磁场强度在磁动势确定后也只与 θ 有关，与图 2.8 中的径向坐标 r 无关，因此可以分别表示为 $B(\theta)$和 $H(\theta)$。在前文关于均匀气隙磁场的分析中，如果将磁位零点取在转子铁心的位置，那么定子磁位 F_s 就是绕组磁动势 F_a；反之，如果取 $F_s=F_a$，必然能够推导出 $F_r=0$。在开口槽铁心结构中，由于电流分布没有发生变化，仍然可取 $F_s=F_a$，但是由于磁场分布的变化，此时转子磁位 F_r 未必是零，而是一个未知的数。虽然磁动势定义为定、转子两侧磁位差，但显然开槽后的电枢磁动势 F_a' 不一定等同于开槽前的磁动势 F_a，两者的差为 F_r。在后文中，同样会遇到气隙不均匀导致磁动势的变化。为了区分两种磁动势，将气隙不均匀时的磁动势后面加上“′”，并将两者的差值 $F'-F$ 定义为由气隙不均匀引入的附加磁动势。下面进一步研究定子开槽后电枢磁动势与磁密的计算。首先，根据假设(1)和(2)有

$$F_a'(\theta)=\int_r H_a(\theta)\mathrm{d}r=H_a(\theta)g(\theta) \tag{2.20}$$

根据式(2.20)，可以求得电枢磁场为

$$B_a(\theta)=\mu_0 H_a(\theta)=\frac{\mu_0}{g}\frac{g}{g(\theta)}F_a'(\theta)=\frac{\mu_0}{g}\frac{g}{g+\Delta g(\theta)}F_a'(\theta) \tag{2.21}$$

式中，$\Delta g(\theta)$代表开槽效应导致磁力线穿过槽内从而增加的路径长度。可见，相较于光滑气隙时的磁场表达式，开槽后磁密表达式多出无量纲项 $g/[\Delta g(\theta)+g]$。根据前文假设，其仅与电机结构尺寸参数有关。由于该函数物理上表征开槽前后气隙导磁能力的变化，将其命名为比磁导，用符号“λ”表示，并加入下标“f”代表调制，即

$$\lambda_f(\theta)=\frac{g}{g(\theta)}=\frac{g}{g+\Delta g(\theta)} \tag{2.22}$$

其数值显然在 0 到 1 之间。另外，在图 2.9 中，不均匀比磁导通过定子开槽引入，可以将下标“f”改为“s”。综上，式(2.21)可以进一步写成

$$B_a(\theta)=\frac{\mu_0}{g}\lambda_s(\theta)F_a'(\theta) \tag{2.23}$$

根据上述分析，显然比磁导在气隙有开槽的情况下不是常数，其在定子齿的位置数值较大，接近于 1；在槽的位置数值较小，接近于 0。根据式(2.23)，气隙

磁场的波形也不再和磁动势的波形保持一致，而是由于定子齿的作用而变得畸形了。在比磁导较小的位置，气隙磁场也会变得很小，这一点类似于电力电子中的脉冲宽度调制(PWM)。PWM 是对一个恒定电压源的斩波作用，可将一个恒定的波形变为由多个宽度不等的方波组成的不规则波形。因此，式(2.23)可以看作由不均匀气隙引入的比磁导函数对磁动势的一种调制行为。第 1 章已经介绍过这种在不均匀气隙中产生磁场的过程被称为磁场调制。下面将对调制单元的结构形式、比磁导函数以及不均匀气隙下的磁动势进一步讨论。

1. 调制单元的结构形式

根据上文的介绍，调制单元实现调制功能的关键在于使磁力线在不同周向位置具有不同的长度，即必须使得铁心结构在气隙部分具有不均匀的性质。不均匀铁心的构造可以有多种形式，三种基本方式如图 2.10 所示。

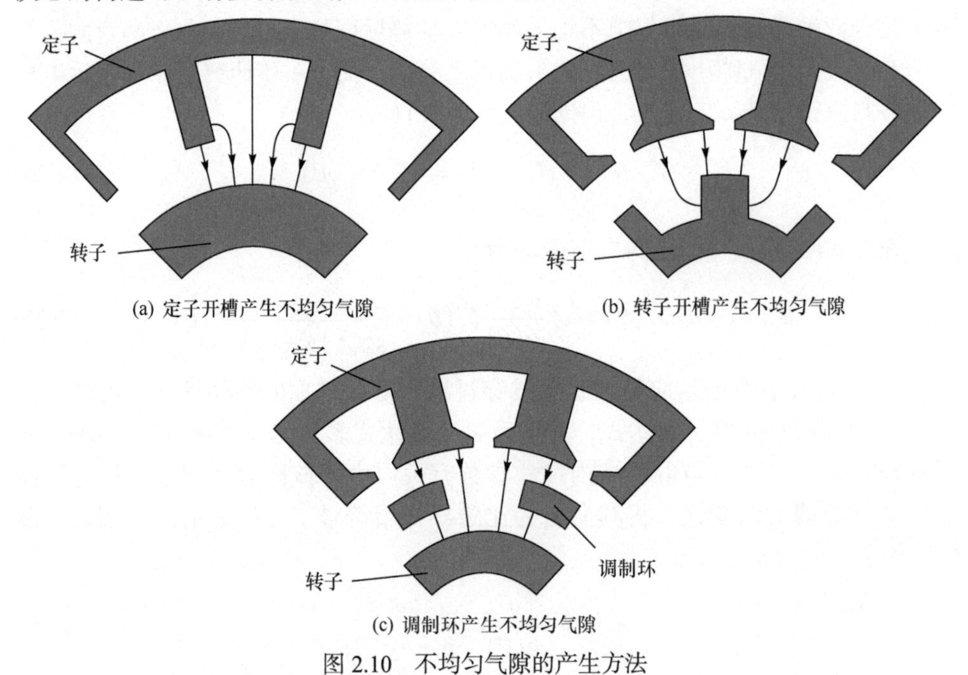

(a) 定子开槽产生不均匀气隙　(b) 转子开槽产生不均匀气隙

(c) 调制环产生不均匀气隙

图 2.10　不均匀气隙的产生方法

(1) 定子开槽。如图 2.10(a)所示，定子靠近气隙的内表面设置有开口槽。此时在气隙中正对齿部的位置磁场路径较短，比磁导较大；而正对槽的位置磁场路径较长，比磁导较小，因此产生圆周方向变化的比磁导函数。该结构中，定子齿槽既用于绕制电枢绕组，又用于产生不均匀比磁导。

(2) 转子开槽。在图 2.10(b)中，转子靠近气隙的外表面设置有开口槽。此时在气隙中正对转子齿部的位置磁场路径较短，比磁导较大；而正对转子槽的位置磁场路径较长，比磁导较小。类似于定子开槽结构，该结构同样产生沿圆周方向变化的比磁导。

(3) 调制环。在图 2.10(c)中，电机气隙内部引入多个由硅钢片构成的导磁块，具有良好的导磁性能。在某些空间位置，磁场从定子到转子侧时，其路径穿过导磁块，由于导磁块中磁压降可忽略，等效路径长度为实际气隙减去导磁块的厚度，从而增加了该位置的导磁能力；而在磁场路径不穿过导磁块的位置，磁场路径长度仍为实际气隙长度，比磁导较小。由于该结构可引入变化的比磁导从而产生磁场调制效果，且从外部看其为气隙中的环状结构，所以命名为调制环。

2. 比磁导函数

通常来说，无论是通过定、转子开槽，还是通过设立独立调制单元引入比磁导函数，齿槽结构以及铁磁块本身都是沿圆周方向均匀分布的，例如定子槽均布在圆周上。因此，比磁导也是一个沿圆周方向的周期性函数，可以表示为傅里叶级数[4]：

$$\lambda_{\mathrm{f}}(\theta,t)=\lambda_{\mathrm{f}0}+\sum_{l=1}^{\infty}\lambda_{\mathrm{f}l}\cos\left[lP_{\mathrm{f}}\left(\theta-\Omega_{\mathrm{f}}t\right)\right] \tag{2.24}$$

式中，$\lambda_{\mathrm{f}l}$ 为第 l 次比磁导谐波幅值；P_{f} 为比磁导极对数，即其在一个圆周内的周期数；Ω_{f} 为调制单元的转速。

从定义中不难得知，P_{f} 在图 2.10 的三种结构中分别为定、转子槽数以及导磁块的个数。此外，考虑到转子和调制环可以旋转，比磁导函数必然也是可以转动的，其机械角速度为 Ω_{f}。需要注意的是，不同于磁动势，气隙比磁导一定是正数，所以必然有为正的常数项 $\lambda_{\mathrm{f}0}$，且其空间频谱中也存在偶数次谐波。在后续很多问题的分析中，很多时候只关心比磁导函数中常数项与基波项的作用[5]，所以有时候也会忽略高次谐波：

$$\lambda_{\mathrm{f}}(\theta,t)=\lambda_{\mathrm{f}0}+\lambda_{\mathrm{f}1}\cos\left[P_{\mathrm{f}}\left(\theta-\Omega_{\mathrm{f}}t\right)\right] \tag{2.25}$$

但是，式(2.24)和式(2.25)中各次比磁导谐波的幅值仍然是未知的，需要将其求取出来。由于比磁导与磁动势无关，为了方便计算，可以假设电机内存在恒定磁动势 F=1A，在此基础上计算气隙中间的磁场，如图 2.11 所示，可以得到比磁导为

$$\lambda_{\mathrm{f}}(\theta)=\frac{g}{\mu_0}\frac{B(\theta)}{F}=\frac{g}{\mu_0}B(\theta) \tag{2.26}$$

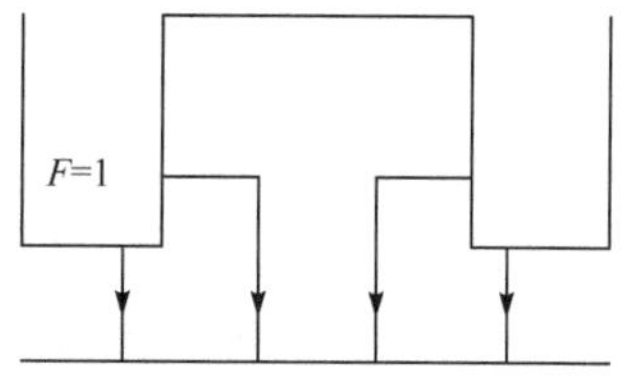

图 2.11　比磁导函数计算模型

在具体求解之前，可以先定性地观察比磁导函数，其与恒定磁动势激励下的气隙磁场波形完全相

同，如图 2.12 所示。在齿中心的位置，气隙磁密可达到最高，其数值等同于不开槽时的气隙磁场，比磁导接近于 1。当空间位置 θ 逐渐移动到齿部边缘时，气隙磁场受到开槽的影响开始变大，直到槽中心磁场会变得最小，而后逐渐回升。各个齿磁场变化保持周期性。因此，比磁导常数项 λ_{f0} 取决于开槽导致的气隙磁场平均降幅，基波项 λ_{f1} 取决于气隙磁场变化的程度。

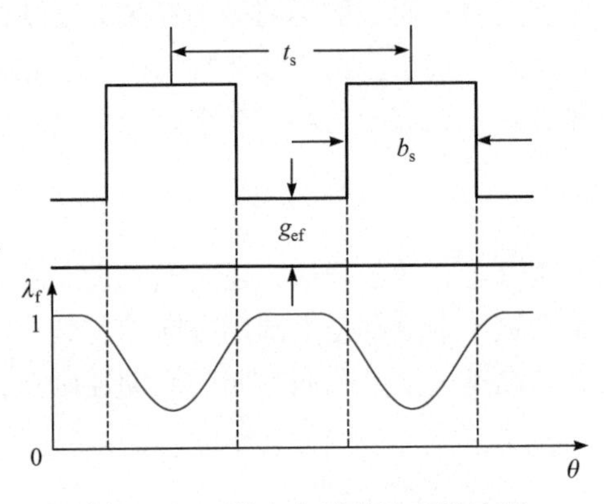

图 2.12　不均匀气隙的比磁导波形

对于磁场的定量计算，具体方法分为解析法和有限元仿真两类。所谓解析法，顾名思义就是根据标量磁位边界条件求解气隙区域的磁场。利用齿槽周期性与对称性，只需要计算半个槽距区域内的磁场，如图 2.13(a)所示。但即便如此，由于区域直角数量过多也难以实现全解析计算，需要进一步简化模型。首先如果槽足够深，即使在槽中心，该处磁力线也会走到齿壁上而不走到槽底，那么槽底是否存在不会影响气隙磁场(一般定子槽的深度都满足这一条件)，因此往往假设槽为无限深；另外，如果相邻槽之间的距离足够远，在齿中心的位置磁场可以恢复到不开槽时的数值(这一条件在槽数较多时可能不满足)，那么求解模型的相邻槽

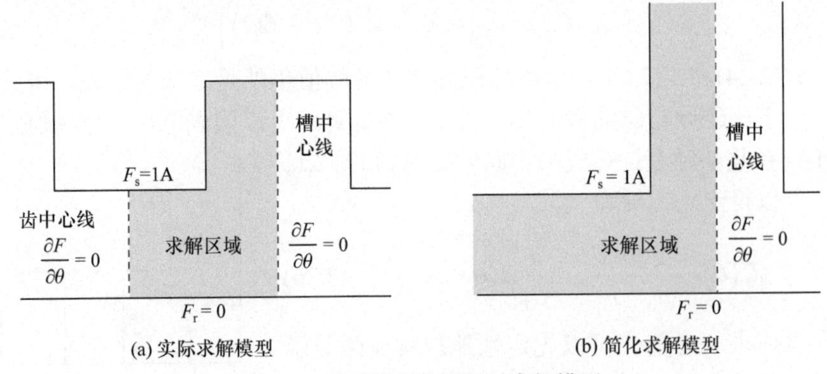

图 2.13　基于解析法的磁导求解模型

对其磁场分布没有影响，因此可以假设求解区域左侧为无限长[6]，从而得到图 2.13(b)的简化模型[7]，利用许-克变换可以计算得到气隙比磁导解析表达式，其公式依然较为复杂。下面给出其常数项与基波表达式[8]：

$$\lambda_{f0}=1-1.6\beta\frac{b_s}{t_s}$$
$$\lambda_{f1}=\frac{4}{\pi}\beta\left[0.5+\frac{\left(\frac{b_s}{t_s}\right)^2}{0.78125-2\left(\frac{b_s}{t_s}\right)^2}\right]\sin\left(1.6\pi\frac{b_s}{t_s}\right) \tag{2.27}$$

式中，b_s 为槽口宽度；t_s 为槽距；β 为一个由上述各变量决定的参数，其表达式为

$$\beta=0.5-\frac{1}{2\sqrt{1+\left(\frac{b_s}{2g_{ef}}\right)^2}}=0.5-\frac{1}{2\sqrt{1+\left(\frac{t_s}{2g_{ef}}\frac{b_s}{t_s}\right)^2}} \tag{2.28}$$

其中，g_{ef} 定义为等效气隙，如果气隙中没有永磁体，它就等于气隙长度 g，对于含表贴式永磁体的气隙结构，其大小为

$$g_{ef}=g+\frac{h_m}{\mu_r} \tag{2.29}$$

其中，h_m 和 μ_r 分别为永磁体厚度和相对磁导率。

从图 2.12 以及式(2.27)～式(2.29)可以看出，共有三个独立参数决定比磁导大小，即 b_s、t_s、g_{ef}。但是如果独立研究三者的变化对磁导的影响并不合适。首先，在公式中变量均以比例的形式存在，即 b_s/t_s 以及 t_s/g_{ef}。其次，假设这三个参数均等比例放大，实际上相当于气隙物理模型同比放大，其形状并没有变，所以比磁导不会变，如果采用 b_s、t_s、g_{ef} 三个独立参数研究无法体现这种不变性。下面将以 b_s/t_s 和 t_s/g_{ef} 两个比值作为变量进行分析。显然，这两个变量也能完全决定气隙的形状[9]。为了定量说明，选择一台常见小尺寸永磁电机进行计算，其初始参数如表 2.1 所示。

表 2.1　磁导函数分析模型参数

参数	取值	参数	取值
气隙半径/mm	40	槽数	12
气隙高度/mm	0.8	永磁体厚度/mm	3.2
永磁体相对磁导率	1.05		

1) b_s/t_s的变化

参数 b_s/t_s 物理上代表槽口占据整个槽距的比例。在实际电机中，g_{ef} 取决于实际气隙 g 和永磁体厚度 h_m，而这两个参数与运行可靠性及电磁性能息息相关，不可随意调节；槽距 t_s 取决于电机极槽配合，也不会轻易变化，因此改变槽开口宽度 b_s，或者说调整 b_s/t_s 成为了调节比磁导最为方便的做法。图 2.14 给出了其变化规律，可见随着槽开口的增大，常数项 λ_{f0} 会逐渐减小，这是由于槽口增大，气隙磁场下降的区域及其幅度都会增加；基波项 λ_{f1} 呈现先增大后减小的趋势，这一点也很好理解，无论槽开口过大还是过小，其导致的比磁导变化都不会太显著(槽口最大时，b_s/t_s 为 1，这时没有齿显然起不到调制效果)，因此必然在中间存在某个最优值，一般最优的 b_s/t_s 在 0.6 附近。最后需要注意的是，在这一例子中基波比磁导 λ_{f1} 远小于 λ_{f0}，在 b_s/t_s=0.65 时，λ_{f0} 为 0.75，λ_{f1} 为 0.25，仅为前者的 1/3。

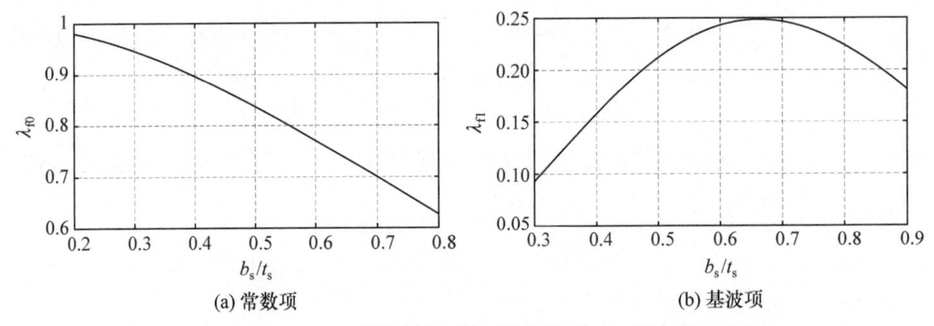

图 2.14 比磁导常数项与基波项随 b_s/t_s 的变化

2) t_s/g_{ef}的变化

t_s/g_{ef} 这一参数有两种改变方式，首先可以改变槽数 Z_s，并保持槽开口占比不变，此时 t_s 随着槽数的增加逐渐变小。比磁导随槽数的变化如图 2.15 所示(b_s/t_s 取为 0.6)。可见当槽数增加时，常数项会有一定程度的增大，而基波项会大幅减小，到 36 槽时甚至降至不到 0.1 的水平，几乎失去了调制效果。

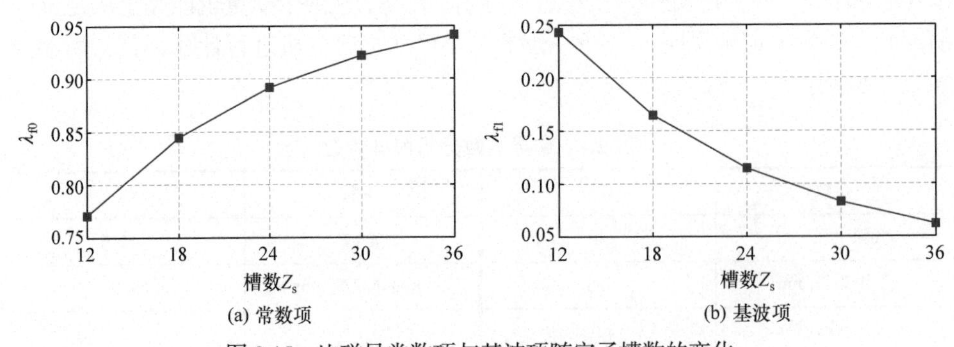

图 2.15 比磁导常数项与基波项随定子槽数的变化

上述变化规律可作如下解释：当齿距 t_s 变小时，由于槽口占比 b_s/t_s 不变，槽开口变小，意味着比磁导由开槽导致的“凹陷”不会那么明显，使得其波动程度变小，即常数项λ_{f0} 的增大以及基波项λ_{f1} 的减小。这说明，实际电机定、转子槽数必须在某个范围内才能获得最优的调制效果，槽数过多会导致调制效应急剧减弱[10]。

第二种调节 t_s/g_{ef} 的办法是改变等效气隙厚度。通常而言，考虑到护套以及永磁体吸力带来的装配问题，永磁电机气隙本身较大，加上永磁体引入的额外厚度，进一步大幅增加了等效气隙 g_{ef}。相比之下，电励磁电机气隙较小[11]。下面以两种电机的对比说明气隙对于比磁导的影响。在表 2.1 数据的基础上，去掉永磁体并将气隙厚度降低为 0.5mm，得到比磁导随 b_s/t_s 的变化曲线如图 2.16 所示。其中，λ_{f0} 在槽开口较小时仍接近于 1，但随着槽开口的增加急剧下降，这说明当气隙较小时，开槽效应会使得槽口的磁场急剧下降，这也造成槽部与齿部磁场的差异性更加明显，因此λ_{f1} 有所提升，其最高点位于 b_s/t_s=0.55，相较于图 2.14 发生了左移。在λ_{f1} 最大的位置，λ_{f0} 和λ_{f1} 均只有 0.5 左右，这说明即使当等效气隙较小时磁场调制电机的比磁导利用率仍然不足[12]。

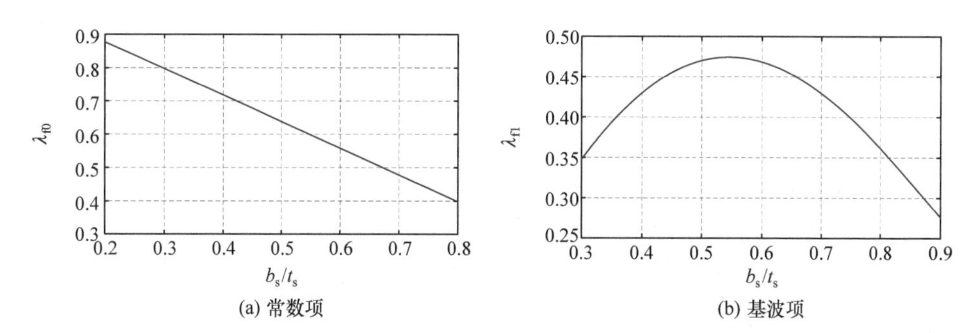

(a) 常数项　　(b) 基波项

图 2.16　比磁导常数项与基波项随 b_s/t_s 的变化(电励磁电机)

3. 气隙不均匀引入的附加磁动势

现在来推导式(2.23)中定子开槽后的磁动势 $F_a'(\theta,t)$。根据磁通连续性原理，可得

$$0=\int_0^{2\pi}B_a(\theta,t)\mathrm{d}\theta=\frac{\mu_0}{g}\int_0^{2\pi}F_a'(\theta,t)\lambda_s(\theta)\mathrm{d}\theta=\frac{\mu_0}{g}\int_0^{2\pi}\left[F_a(\theta,t)-F_r(t)\right]\lambda_s(\theta)\mathrm{d}\theta \tag{2.30}$$

可以求出

$$F_r(t)=\frac{\int_0^{2\pi}F_a(\theta,t)\lambda_s(\theta)\mathrm{d}\theta}{\int_0^{2\pi}\lambda_s(\theta)\mathrm{d}\theta}=\frac{\int_0^{2\pi}F_a(\theta,t)\lambda_s(\theta)\mathrm{d}\theta}{2\pi\lambda_{s0}} \tag{2.31}$$

为了简单起见，现只考虑三相整数槽绕组，其磁动势可写为

$$F_{\mathrm{a}}(\theta,t)=\sum_{h=1}^{\infty}F_{\mathrm{a}(6h\pm1)}\cos\left[(6h\pm1)P_{\mathrm{a}}\theta\mp\omega_{\mathrm{a}}t+\theta_{\mathrm{a}(6h\pm1)}\right] \tag{2.32}$$

式中，$F_{\mathrm{a}(6h\pm1)}$为 $6h\pm1$ 次电枢磁势谐波。将式(2.24)和式(2.32)代入式(2.31)，进行化简可得

$$F_{\mathrm{r}}(t)=\frac{\sum\limits_{(6h\pm1)P_{\mathrm{a}}=lP_{\mathrm{f}}}F_{\mathrm{a}(6h\pm1)}\lambda_{\mathrm{s}l}\cos\left(\theta_{\mathrm{a}(6h\pm1)}\mp\omega_{\mathrm{a}}t\right)}{2\lambda_{\mathrm{s}0}} \tag{2.33}$$

可见，对于任何满足

$$(6h\pm1)P_{\mathrm{a}}=lP_{\mathrm{f}} \tag{2.34}$$

的一对正整数 h 和 l，都会产生附加磁动势分量，其是时间 t 的函数。当电枢铁心开槽时，P_{f} 等于槽数 Z_{s}，不存在满足式(2.34)的整数对，因此 $F_{\mathrm{r}}(t)=0$，开槽前后磁动势不变(不计槽口效应)。但是，如果是类似同步磁阻电机这样转子开槽的情况，某些时候需要计算转子磁位，否则会带来较大的误差。

2.2.3 表贴式永磁结构的调制理论

首先研究均匀气隙的简单情况。无论永磁体放置于定子还是转子，站在另一侧的参考系中进行观察，永磁体始终是旋转的[13,14]。因此，可以默认永磁体放置于转子侧。对于均匀气隙，空载工况下的定、转子实际上是等磁位的，由于永磁体工作在第二象限，磁场强度为负(即磁场方向与充磁方向相反)，所以在沿着永磁体充磁方向上，永磁体的磁位是上升的，在气隙中磁位再下降，如图 2.17 所示。

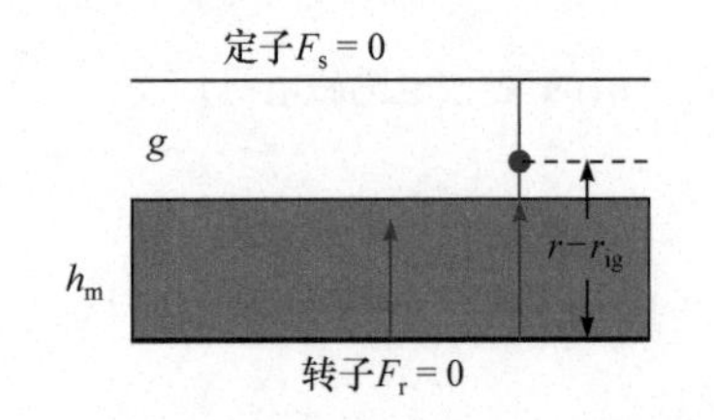

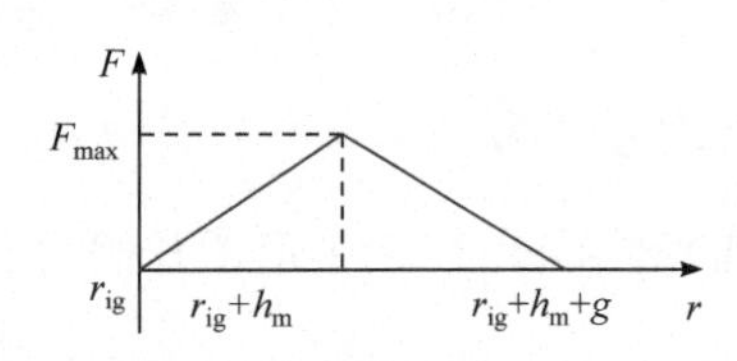

图 2.17 含有永磁体的磁路气隙中磁位变化

然而，这种磁位的非单调与非线性变化使得后续研究变得复杂。因此，可以将永磁体等效为绕组结构以简化问题。为此，先求解气隙中的磁场。根据安培环路定理、磁通连续性原理以及磁密与磁场强度的关系，可得

$$\begin{aligned}&B_{\mathrm{em}}=B_{\mathrm{r}}+\mu_0\mu_{\mathrm{r}}H_{\mathrm{em}},\quad B_{\mathrm{eg}}=\mu_0H_{\mathrm{eg}}\\&B_{\mathrm{em}}=B_{\mathrm{eg}},\quad H_{\mathrm{em}}h_{\mathrm{m}}+H_{\mathrm{eg}}g=0\end{aligned} \tag{2.35}$$

式中，B_{em} 和 H_{em} 分别为永磁体内部的磁密和磁场强度；B_{eg} 和 H_{eg} 分别为气隙中的磁密和磁场强度；B_r 为永磁体剩磁参数。

求解上述方程，可得

$$B_{eg}=\frac{B_r}{1+\mu_r\dfrac{g}{h_m}}=\frac{\mu_0}{g+\dfrac{h_m}{\mu_r}}\frac{B_r h_m}{\mu_0\mu_r} \tag{2.36}$$

对比式(2.36)和式(2.21)，可将图 2.17 的永磁体替换为如图 2.18 所示的励磁绕组，并增加气隙长度，以确保气隙磁密不变。

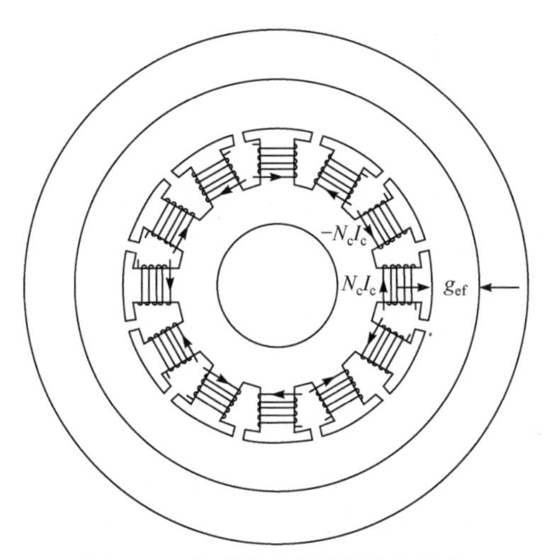

图 2.18　永磁转子的等效绕组结构

图 2.18 中，永磁体的励磁效果用转子励磁线圈来等效，其匝数为 N_c，电流为 I_c。其中

$$g_{ef}=g+\frac{h_m}{\mu_r}$$
$$N_cI_c=\frac{B_r h_m}{\mu_0\mu_r} \tag{2.37}$$

永磁体产生的等效磁动势函数即图 2.18 的绕组磁动势，其为正负对称的方波，对其进行傅里叶分解可得

$$F_e(\theta,t)=\frac{4}{\pi}\frac{B_r h_m}{\mu_0\mu_r}\sum_{h=1,3,5,\cdots}^{\infty}\frac{1}{h}\sin\left(\frac{\pi h\alpha_m}{2}\right)\cos\left[hP_e(\theta-\Omega_e t)\right] \tag{2.38}$$

式中，α_m 为永磁体极弧系数。

当定子变为开口槽结构后，仍可将永磁体等效为线圈，可以得到与式(2.23)形式相同的磁场调制公式，只是此时气隙长度可变，需要引入比磁导函数：

$$\lambda_{s}(\theta)=\frac{g+\dfrac{h_{m}}{\mu_{r}}}{g(\theta)+\dfrac{h_{m}}{\mu_{r}}}=\frac{g_{ef}}{g_{ef}+\Delta g(\theta)} \tag{2.39}$$

式(2.39)可视为一个没有永磁体，但长度为(g+h_m/μ_r)的均匀气隙中开槽后的比磁导函数，这也是式(2.29)的由来。此外，此时定、转子不再是等势体。假设转子磁位为零，利用磁通连续性原理可以计算得到定子磁位为

$$F_{s}(t)=-\frac{\sum\limits_{hP_{e}=lP_{f}} F_{eh}\lambda_{sl}\cos(hP_{e}\Omega_{e}t)}{2\lambda_{s0}} \tag{2.40}$$

式中，F_{eh}为式(2.38)中永磁体磁动势的 h 次谐波幅值；λ_{sl}为 l 次比磁导谐波。空载气隙的磁动势应当变为$F_e'=F_e-F_s$。

在很多情况下，磁场调制电机为了增加极比，P_f和P_e的数值较为接近，此时能够产生定子磁位的磁动势与比磁导的次数 h 和 l 较大，因此定子磁位很小，可以近似为零，只考虑永磁体自身磁动势F_e产生的气隙磁场，但是在某些时候，例如分析“增速型”磁场调制电机时，将其忽略可能导致较大误差。

2.2.4 双边开槽时的比磁导

部分磁场调制电机拓扑如开关磁链电机、游标磁阻电机中定、转子均为开槽结构，如图 2.19(a)所示，因此其气隙比磁导函数与只有单边开槽的气隙结构有所不同。如图 2.19(b)所示，假设$g_s(\theta)$和$g_r(\theta)$分别是仅定子和转子分别开槽时的气隙长度，那么双边开槽后实际气隙为

$$g(\theta)=g_{s}(\theta)+g_{r}(\theta)-g \tag{2.41}$$

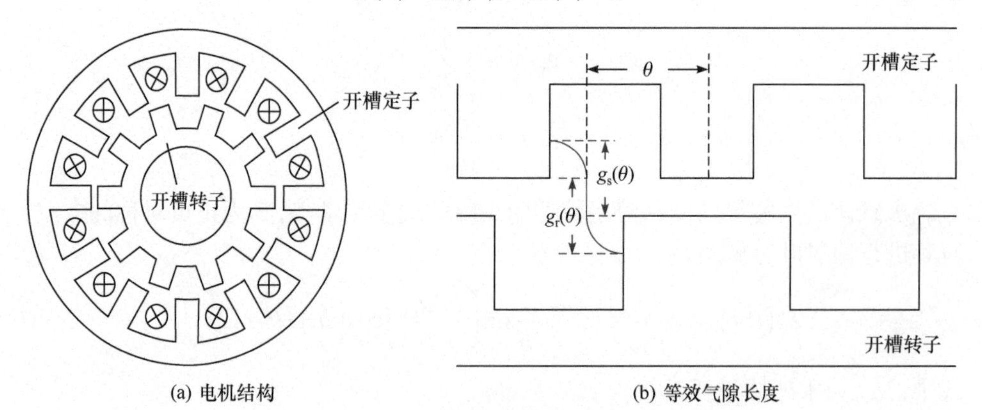

(a) 电机结构　　(b) 等效气隙长度

图 2.19　双边开槽磁场调制电机

根据比磁导的定义，可以得到

$$
\begin{aligned}
\lambda_{\mathrm{f}}(\theta) &= \frac{g}{g_{\mathrm{s}}(\theta)+g_{\mathrm{r}}(\theta)-g} = \frac{1}{\dfrac{1}{\lambda_{\mathrm{s}}(\theta)}+\dfrac{1}{\lambda_{\mathrm{r}}(\theta)}-1} \\
&= \lambda_{\mathrm{s}}(\theta)\lambda_{\mathrm{r}}(\theta)\frac{1}{\lambda_{\mathrm{s}}(\theta)+\lambda_{\mathrm{r}}(\theta)-\lambda_{\mathrm{s}}(\theta)\lambda_{\mathrm{r}}(\theta)}
\end{aligned} \tag{2.42}
$$

式中，$\lambda_{\mathrm{s}}(\theta)$、$\lambda_{\mathrm{r}}(\theta)$为仅定子开槽、仅转子开槽时的气隙比磁导函数。

根据式(2.42)，比磁导函数写成了两部分的乘积。先考虑第二部分的值。定义系数

$$
k_{\lambda} = \frac{1}{\lambda_{\mathrm{s}}(\theta)+\lambda_{\mathrm{r}}(\theta)-\lambda_{\mathrm{s}}(\theta)\lambda_{\mathrm{r}}(\theta)} \tag{2.43}
$$

显然，系数 k_{λ}是$\lambda_{\mathrm{s}}(\theta)$和$\lambda_{\mathrm{r}}(\theta)$的二元函数。从物理意义上看，$\lambda_{\mathrm{s}}(\theta)$代表定子开槽后的比磁导，在定子齿的位置，其数值接近于 1，而在定子槽的位置，其数值较小，可接近 0；$\lambda_{\mathrm{r}}(\theta)$的意义类似。图 2.20 给出了系数 k_{λ} 随两者的变化，可见这两者任何一个接近于 1 时 k_{λ} 的取值同样接近于 1，只有当两者同时较小时，k_{λ} 的数值才会远超 1。然而，此时对应的空间位置下定转子均为槽，比磁导本身较小，如果假设 k_{λ} 的取值为 1，虽然该位置下相对误差较大，但对于比磁导函数的绝对误差不大。因此，往往认为双边开槽下，有[4]

$$
\lambda_{\mathrm{f}}(\theta) \approx \lambda_{\mathrm{s}}(\theta)\lambda_{\mathrm{r}}(\theta) \tag{2.44}
$$

此时再考虑转子旋转引入的比磁导时变性，假设$\lambda_{\mathrm{s}}(\theta)$和$\lambda_{\mathrm{r}}(\theta,t)$分别表示为

$$
\begin{aligned}
\lambda_{\mathrm{s}}(\theta) &= \lambda_{\mathrm{s0}} + \sum_{l_{\mathrm{s}}=1}^{\infty}\lambda_{\mathrm{s}l_{\mathrm{s}}}\cos(l_{\mathrm{s}}Z_{\mathrm{s}}\theta) \\
\lambda_{\mathrm{r}}(\theta,t) &= \lambda_{\mathrm{r0}} + \sum_{l_{\mathrm{r}}=1}^{\infty}\lambda_{\mathrm{r}l_{\mathrm{r}}}\cos\left[l_{\mathrm{r}}Z_{\mathrm{r}}(\theta-\Omega_{\mathrm{r}}t)\right]
\end{aligned} \tag{2.45}
$$

式中，Z_{s}、Z_{r} 分别为定、转子齿数；λ_{s0}、λ_{r0} 分别为定、转子开槽后比磁导的常数项；l_{s}、l_{r} 分别为定、转子比磁导的次数；$\lambda_{\mathrm{s}l_{\mathrm{s}}}$、$\lambda_{\mathrm{r}l_{\mathrm{r}}}$ 分别为定、转子开槽后比磁导的 l_{s} 和 l_{r} 次谐波幅值。

根据式(2.44)，有

$$
\begin{aligned}
\lambda_{\mathrm{f}}(\theta,t) &= \lambda_{\mathrm{s0}}\lambda_{\mathrm{r0}} + \lambda_{\mathrm{s0}}\sum_{l_{\mathrm{r}}=1}^{\infty}\lambda_{\mathrm{r}l_{\mathrm{r}}}\cos\left[l_{\mathrm{r}}Z_{\mathrm{r}}(\theta-\Omega_{\mathrm{r}}t)\right] \\
&\quad + \lambda_{\mathrm{r0}}\sum_{l_{\mathrm{s}}=1}^{\infty}\lambda_{\mathrm{s}l_{\mathrm{s}}}\cos(l_{\mathrm{s}}Z_{\mathrm{s}}\theta) + \frac{1}{2}\sum_{l_{\mathrm{s}},l_{\mathrm{r}}}\lambda_{\mathrm{s}l_{\mathrm{s}}}\lambda_{\mathrm{r}l_{\mathrm{r}}}\cos\left[(l_{\mathrm{r}}Z_{\mathrm{r}}\pm l_{\mathrm{s}}Z_{\mathrm{s}})\theta - l_{\mathrm{r}}Z_{\mathrm{r}}\Omega_{\mathrm{r}}t\right]
\end{aligned} \tag{2.46}
$$

可见，对于双边开槽结构，气隙比磁导中除了定转子单边开槽原有的谐波外，还

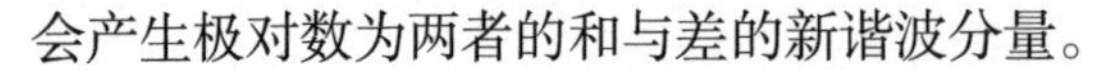
会产生极对数为两者的和与差的新谐波分量。

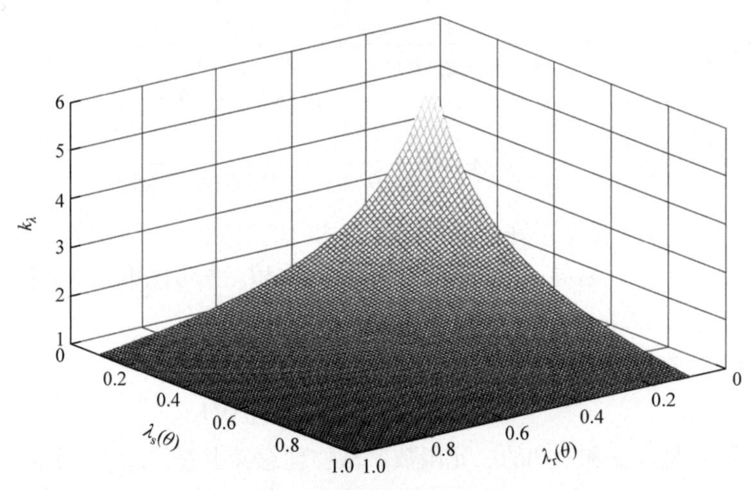

图 2.20　系数 k_λ 随比磁导的变化

2.2.5　非表贴式磁场调制电机的附加磁动势

2.2.2 和 2.2.3 节分别探讨了电枢磁场与表贴式永磁转子结构在开槽作用下的磁场调制过程。根据式(2.40)以及后续分析，当电机气隙由于开槽结构变得非均匀时，对于电枢绕组以及表贴式永磁励磁单元，准确而言作用于气隙的磁动势不再是绕组或者永磁体产生的初始磁动势，而是需要叠加附加磁动势，只是附加磁动势通常较小，可将其忽略。然而，对于非表贴式转子结构，当气隙由于开槽效应变得不均匀后，气隙两侧的磁位差，即气隙磁动势会发生大幅变化，可理解为引入了较大的附加磁动势。本小节以两种典型的非表贴式磁场调制永磁电机，即交替极与切向励磁游标永磁电机(spoke array permanent magnet vernier machine, SAPMVM)为例，说明这类电机中磁场调制的物理过程以及气隙磁场的求解方法。

1. 交替极游标永磁电机

常规交替极永磁电机如图 2.21(a)所示。不同于表贴式永磁电机，其转子表面一部分由同极性的永磁体构成，沿转子表面周期性排布，永磁体块数定义为转子极对数。在永磁体之外的部分转子由铁磁极构成，磁场走向如图 2.21(b)所示。可见，交替极转子中永磁体之间的铁磁极起到另一极性的作用[15]。

为了说明交替极永磁电机的工作原理，现采用磁动势-比磁导模型对其进行分析。如果对磁场进行简化，可以认为磁力线完全沿气隙半径方向，而实际磁力线分布往往垂直于铁心表面，如图 2.22 所示，两者存在一定误差，后续进行讨论。在理想磁力线的前提下，永磁体相应位置磁力线上磁位的变化类似于图 2.17，即先增大后减小。与之前分析类似，可将其等效为一个固定磁动势作用在整条磁力线上；而铁磁极部分磁力线上磁动势为定转子铁心磁位差。假设转子铁心磁位为 F_r，作用在磁力线上的磁动势波形如图 2.23 所示，其中 α_m 为永磁体的极弧系数。

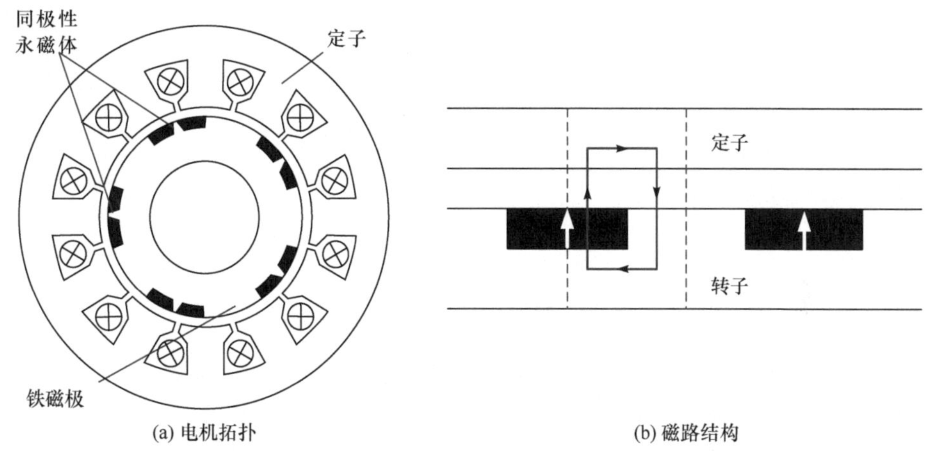

图 2.21　交替极永磁电机结构

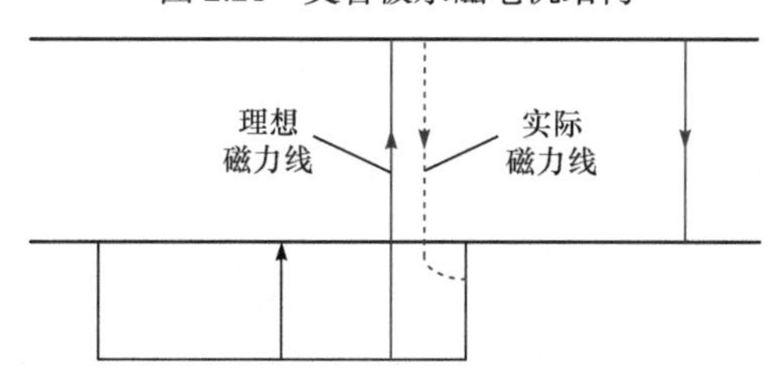

图 2.22　交替极永磁电机空载磁力线分布

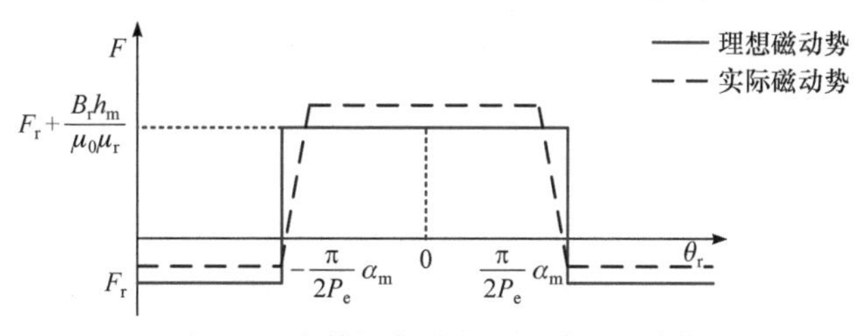

图 2.23　交替极永磁电机的励磁磁动势

气隙比磁导同样为分段函数，可以表示为

$$\lambda_r=\begin{cases}1, & \dfrac{\pi}{2P_r}\alpha_m<\theta_r<\dfrac{\pi}{2P_r}(4-\alpha_m)\\ \dfrac{1}{1+\dfrac{h_m}{g\mu_r}}, & -\dfrac{\pi}{2P_r}\alpha_m<\theta_r<\dfrac{\pi}{2P_r}\alpha_m\end{cases}\tag{2.47}$$

根据磁通连续性原理，有

$$\int_0^{2\pi} B\mathrm{d}\theta_r = \int_0^{2\pi} \frac{\mu_0}{g} F_e \lambda_r \mathrm{d}\theta_r = 0 \tag{2.48}$$

可以求解得到

$$F_r = -\frac{B_r h_m}{\mu_0 \mu_r} \frac{\alpha_m}{2 + \dfrac{h_m}{\mu_r g}(2-\alpha_m)} \tag{2.49}$$

根据图 2.23，励磁磁动势为

$$F_{e1} = \begin{cases} -\dfrac{B_r h_m}{\mu_0 \mu_r} \dfrac{\alpha_m}{2 + \dfrac{h_m}{\mu_r g}(2-\alpha_m)}, & \dfrac{\pi}{2P_r}\alpha_m < \theta_r < \dfrac{\pi}{2P_r}(4-\alpha_m) \\ \dfrac{B_r h_m}{\mu_0 \mu_r} \dfrac{\left(\dfrac{h_m}{\mu_r g}+1\right)(2-\alpha_m)}{2 + \dfrac{h_m}{\mu_r g}(2-\alpha_m)}, & -\dfrac{\pi}{2P_r}\alpha_m < \theta_r < \dfrac{\pi}{2P_r}\alpha_m \end{cases} \tag{2.50}$$

式中，磁动势添加了下标“1”，是为了与后续转子表面磁动势区分。

根据图 2.23 以及磁动势-比磁导模型可以计算得到气隙磁密：

$$B = \frac{\mu_0}{g} F_e \lambda_r = \begin{cases} -\dfrac{B_r h_m}{g \mu_r} \dfrac{\alpha_m}{2 + \dfrac{h_m}{\mu_r g}(2-\alpha_m)}, & \dfrac{\pi}{2P_r}\alpha_m < \theta_r < \dfrac{\pi}{2P_r}(4-\alpha_m) \\ \dfrac{B_r h_m}{g \mu_r} \dfrac{(2-\alpha_m)}{2 + \dfrac{h_m}{\mu_r g}(2-\alpha_m)}, & -\dfrac{\pi}{2P_r}\alpha_m < \theta_r < \dfrac{\pi}{2P_r}\alpha_m \end{cases} \tag{2.51}$$

根据式(2.50)，可以发现励磁磁动势与永磁体极弧系数 α_m、尺寸比值 $h_m/\mu_r g$ 等参数相关。当 α_m 增大时，永磁体部分磁动势减小，而铁磁极部分磁动势变大；且由于 $h_m/\mu_r g$ 通常远大于 1，永磁体位置下磁动势幅值远高于铁磁极部分。此外，若计及图 2.22 中永磁体部分实际磁力线弯曲，那么在离铁磁极较近的位置，磁动势不会立即跳变至最大值，而是会逐渐上升，如图 2.23 中的虚线所示，且比磁导数值同样会有所变化。显然，考虑这一效应后，永磁体位置靠近与铁磁极交界处磁动势仍为负，等效于极弧系数降低，因此整体磁动势同样会被抬高。综上，式(2.47)、式(2.50)和式(2.51)相较于实际情况存在一定误差，需要基于永磁体内部弯曲磁力线的实际走向进行精确的求解。由于该过程较为复杂，且不影响后续调制的物理过程，本书不予进一步推导，有兴趣的读者可自行完成。

上述分析将气隙视作转子开槽结构，实际上是将交替极的永磁体和铁心分成了两个部分单独考虑。但是，如果将两者视为一个整体励磁源，那么它产生的磁动势即转子表面磁位，如图 2.24 的截面 2 所示。

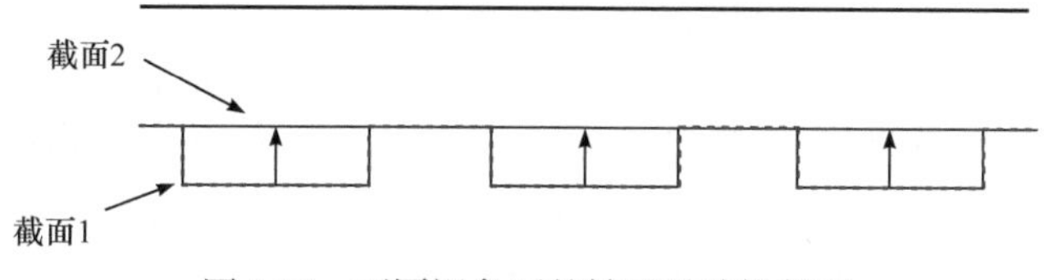

图 2.24　不同视角下的转子磁动势截面

根据气隙磁密可以计算得到

$$F_{e2}=\frac{g}{\mu_0}B(\theta_r)=\begin{cases}-\dfrac{B_r h_m}{\mu_0\mu_r}\dfrac{\alpha_m}{2+\dfrac{h_m}{\mu_r g}(2-\alpha_m)}, & \dfrac{\pi}{2P_r}\alpha_m<\theta_r<\dfrac{\pi}{2P_r}(4-\alpha_m)\\ \dfrac{B_r h_m}{\mu_0\mu_r}\dfrac{(2-\alpha_m)}{2+\dfrac{h_m}{\mu_r g}(2-\alpha_m)}, & -\dfrac{\pi}{2P_r}\alpha_m<\theta_r<\dfrac{\pi}{2P_r}\alpha_m\end{cases} \tag{2.52}$$

显然，F_{e2} 与 F_{e1} 同样为方波，且在铁磁极位置两者相同，但在永磁体位置，F_{e1} 较大，F_{e2} 相对较小。现在的问题是，对于游标永磁电机，定子开槽效应明显，这对于两者会产生影响。由于截面 2 上的磁位此时未知，可以先从截面 1 入手分析。需要注意的是，在定子由光滑铁心变为齿槽结构后，转子铁心磁位 F_r 可能发生变化，将其记为 F_r'。此时，F_{e1}' 与 F_{e1} 的关系为

$$F_{e1}'=F_{e1}+F_r'-F_r \tag{2.53}$$

根据式(2.42)，有

$$B=\frac{\mu_0}{g}F_{e1}'\frac{\lambda_s\lambda_r}{\lambda_s+\lambda_r-\lambda_s\lambda_r} \tag{2.54}$$

在 2.2.4 节中，经过分析得到 $k_\lambda=1/(\lambda_s+\lambda_r-\lambda_s\lambda_r)$通常可近似认为是 1，这对于气隙整体比磁导的影响较小。然而，在式(2.54)中，如果进行这种近似，对于气隙磁密的影响会很大。这是因为就只分析比磁导而言，k_λ 的数值在λ_s 和λ_r 均较小时虽然远大于 1，但对于比磁导的绝对数值影响很小。然而，就分析磁密而言，交替极结构较为特殊，当λ_s 和λ_r 均较小时，根据式(2.50)，F_{e1} 的数值较高，即使 F_{e1}' 和 F_{e1} 数值上有差异，可以预见这一趋势同样成立，因此这些位置的磁密大小并不低，若 k_λ 近似为 1，则会极大地低估相应位置气隙磁密的数值，从而造成较大的误差。

综上，交替极游标永磁电机气隙磁场的计算步骤如下：

(1) 计算定子光滑情况下励磁磁动势 F_{e1} 和转子比磁导λ_r，计算定子开槽后比

磁导λ_s；

(2) 根据式(2.53)、式(2.54)以及磁通连续性原理，计算F_r'和F_{e1}'；

(3) 根据式(2.54)计算气隙磁密。

那么，交替极游标永磁电机上述分析在物理概念上说明了什么问题呢？学者们在计算磁场调制电机的空载气隙磁场时，有时候会先分析不开槽，即光滑气隙下的气隙磁场分布，之后再乘以开槽引入的比磁导函数得到不均匀气隙下的空间磁场分布。读者可根据之前内容验证，这种做法对于2.2.2、2.2.3节介绍的电枢磁场以及表贴式永磁结构而言，由于附加磁动势可忽略，所以是适用的，即使对于双边开槽的气隙结构，如果认为$k_\lambda=1$的误差可忽略，同样可以先计算一侧开槽时的气隙磁场，再乘以另一侧开槽的比磁导函数。然而，对于交替极结构，光滑定子产生的气隙磁场在式(2.51)中给出，再乘以λ_s得到的结果是$F_e\lambda_s\lambda_r\mu_0/g$，显然与式(2.54)具有较大的差别。该误差一方面源于磁动势F_{e1}'和F_{e1}的差别，另一方面源于忽略了k_λ。因此，这种从光滑气隙下磁场到不均匀气隙磁场的计算方法在交替极结构中实际上是对磁场调制理论的错误使用。

下面再从图2.24的截面2来考察磁动势F_{e2}。前面已经提到，在定子开槽前，F_{e2}为周期性的方波，而在定子开槽后，根据磁场调制原理，有

$$B=\frac{\mu_0}{g}F_{e2}'\lambda_s \tag{2.55}$$

将式(2.55)与式(2.54)对比，可得

$$F_{e2}'=F_{e1}'\frac{\lambda_r}{\lambda_s+\lambda_r-\lambda_s\lambda_r} \tag{2.56}$$

由于在光滑气隙中磁密可表示为$(\mu_0/g)F_{e2}$，若开槽前后F_{e2}不变，也就是$F_{e2}'=F_{e2}$，那么根据式(2.55)，定子开槽后的磁密可由光滑气隙磁密乘以定子比磁导函数λ_s得到。但由于该方法在前文已经被否定，这说明转子表面磁动势的确发生了改变。这一特性同样可推广至任意的磁场调制电机，即开槽后的气隙磁场能否通过光滑气隙磁场乘以对应开槽引入的比磁导得到，取决于开槽前后对应气隙磁动势F_{e2}'和F_{e2}是否相等。若两者不等，其差值可定义为附加磁动势。根据式(2.56)，对于交替极游标永磁电机，其附加磁动势的来源有两个，首先是转子铁心磁位F_r在定子开槽前后的变化导致了F_{e1}的偏移；其次是k_λ中包含定子比磁导λ_s，其对转子坐标系而言是一个时变的函数，从而导致F_{e2}形状发生畸变，引入更多的谐波。

为了更为清晰地研究F_{e2}'的成分，有必要对k_λ中包含的谐波作进一步分析。然而，由于k_λ中定转子比磁导变量均位于分母，很难看出其中含有哪些谐波成分，有必要对其进行一定的简化，将变量转移至分子侧。根据式(2.47)，k_λ只有两个可能的取值，$\lambda_r=1$时k_λ同样为1，无须再化简，而λ_r在永磁体位置较小，将其记为

$\lambda_{\text{r-min}}$，此时 k_λ可视为λ_{s}的一元函数，可用二次函数对其进行拟合。其具体步骤为首先取定 $k_\lambda(\lambda_{\text{s}})$上的三个点，即

$$\begin{cases} \lambda_{\text{s}} = 1, & k_\lambda = 1 \\ \lambda_{\text{s}} = \dfrac{\lambda_{\text{s-min}} + 1}{2}, & k_\lambda = \dfrac{2}{\lambda_{\text{s-min}} + \lambda_{\text{r-min}} - \lambda_{\text{s-min}}\lambda_{\text{r-min}} + 1} \\ \lambda_{\text{s}} = \lambda_{\text{s-min}}, & k_\lambda = \dfrac{1}{\lambda_{\text{s-min}} + \lambda_{\text{r-min}} - \lambda_{\text{s-min}}\lambda_{\text{r-min}}} \end{cases} \tag{2.57}$$

式中，$\lambda_{\text{s-min}}$为定子比磁导最小值。利用二次函数的三点式可以得到拟合曲线：

$$k_\lambda \approx k_1\lambda_{\text{s}}^2 + k_2\lambda_{\text{s}} + k_3 \tag{2.58}$$

其中

$$\begin{aligned} k_1 &= \frac{2}{(1-\lambda_{\text{s-min}})^2}\left(1 - \frac{4}{\lambda_{\text{s-min}} + \lambda_{\text{r-min}} - \lambda_{\text{s-min}}\lambda_{\text{r-min}} + 1} + \frac{1}{\lambda_{\text{s-min}} + \lambda_{\text{r-min}} - \lambda_{\text{s-min}}\lambda_{\text{r-min}}}\right) \\ k_2 &= -\frac{1}{(1-\lambda_{\text{s-min}})^2} \\ &\quad \times\left[3\lambda_{\text{s-min}} + 1 - \frac{8(\lambda_{\text{s-min}}+1)}{\lambda_{\text{s-min}} + \lambda_{\text{r-min}} - \lambda_{\text{s-min}}\lambda_{\text{r-min}} + 1} + \frac{\lambda_{\text{s-min}} + 3}{\lambda_{\text{s-min}} + \lambda_{\text{r-min}} - \lambda_{\text{s-min}}\lambda_{\text{r-min}}}\right] \\ k_3 &= \frac{1}{(1-\lambda_{\text{s-min}})^2} \\ &\quad \times\left[(\lambda_{\text{s-min}}+1)\lambda_{\text{s-min}} - \frac{8\lambda_{\text{s-min}}}{\lambda_{\text{s-min}} + \lambda_{\text{r-min}} - \lambda_{\text{s-min}}\lambda_{\text{r-min}} + 1} + \frac{\lambda_{\text{s-min}} + 1}{\lambda_{\text{s-min}} + \lambda_{\text{r-min}} - \lambda_{\text{s-min}}\lambda_{\text{r-min}}}\right] \end{aligned} \tag{2.59}$$

然而，式(2.58)仅在$\lambda_{\text{r}} = \lambda_{\text{r-min}}$时有效，为了使$\lambda_{\text{r}}=1$ 时同样有效，将其改写为

$$k_\lambda \approx \frac{(1-\lambda_{\text{r}})(k_1\lambda_{\text{s}}^2 + k_2\lambda_{\text{s}} + k_3) + (\lambda_{\text{r}} - \lambda_{\text{r-min}})}{1 - \lambda_{\text{r-min}}} \tag{2.60}$$

式(2.60)中，$(1-\lambda_{\text{r}})$和$(\lambda_{\text{r}}-\lambda_{\text{r-min}})$含有极对数为 $l_{\text{e}}P_{\text{e}}$的谐波成分，而$(k_1\lambda_{\text{s}}^2 + k_2\lambda_s + k_3)$含有极对数为 $l_{\text{s}}Z_{\text{s}}$的谐波成分。综上所述，k_λ 含有极对数为 $|l_{\text{s}}Z_{\text{s}} \pm l_{\text{e}}P_{\text{e}}|$ 的成分。当其与 F'_{e1} 作用后，在 F'_{e2} 中产生性质相同的系列谐波，可分为以下三类：

(1) 极对数为 $l_{\text{e}}P_{\text{e}}(l_{\text{e}}>0)$的谐波成分。这些谐波在未经调制的磁动势 F_{e2} 中就存在，但两者的幅值显然不一样。其中，P_{r}对极的谐波成分被视为产生电机基波反电势的主要来源。

(2) 极对数为$l_sZ_s(l_r>0)$的谐波成分。这些谐波是新增成分，主要源于F'_{e1}中的直流偏置项与k_λ中l_sZ_s对极谐波成分作用，显然该成分相对定子静止，不会直接对磁链与反电势产生影响，但由于其与定子比磁导作用后产生单极气隙磁场，根据磁通连续性原理，会影响F'_r的数值，从而间接影响工作磁场。

(3) 极对数为$|l_sZ_s \pm l_eP_e|$的成分。这些同样是新增成分，需要注意的是其中$|Z_s-P_e|$对极的谐波，因为其极对数和电频率均与主要工作磁场相同，与比磁导常数项作用可产生附加的工作磁场谐波。下面基于最基本的磁路原理从物理上进一步解释其来源及对工作磁场的影响。

式(2.52)给出了F_{e2}的表达式，其波形为规整的周期性方波，其中永磁体所在区域为正，铁磁极区域为负，将该波形及其与转子的相对位置重新绘制，如图2.25实线所示。然而，在定子采用开口槽后F_{e2}会发生一定变化。首先，转子铁心的磁位由F_r变为F'_r，也就是图中方波下半部分的直线平移；其次，考虑永磁体表面的磁位，由于定子齿数和转子极对数往往不等，各块永磁体与定子齿中心线的相对位置不同。图2.25中，中间的一块磁体与齿正对齐，因此从转子到定子铁心磁阻较小，也就是这一块永磁体产生的磁场较强，永磁体内部的磁压降较大，其表面磁位相比定子无槽时几乎无区别。当永磁体中心线与定子齿中线逐渐偏移时，磁路磁阻逐渐增加，永磁体产生的磁场逐渐减弱，其内部磁压降减小，导致表面磁位升高，如图2.22的虚线所示。可见，定子开槽后会引入与转子位置相关的附加磁动势。

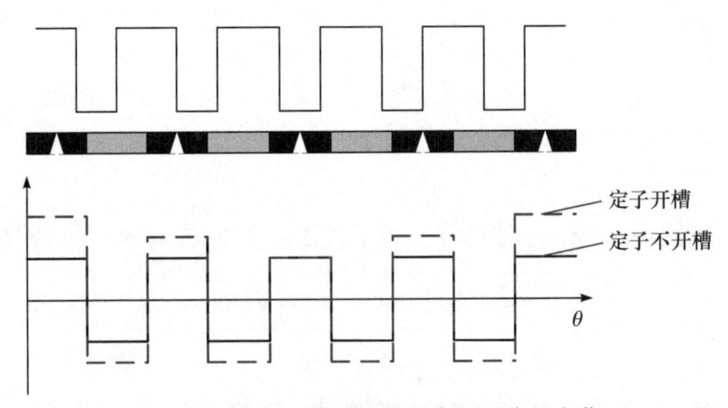

图2.25　定子开槽前后转子表面磁位的变化

参考2.1节的方法，现在进一步研究附加磁动势的性质及其对气隙磁场的影响。如图2.26所示，中心永磁体和定子齿中心线对齐，根据上述分析，其表面附加磁动势为零，左侧永磁体和下一个定子齿中心线的偏差为

$$\theta_{ef} = 2\pi\left(\frac{1}{P_e} - \frac{1}{Z_s}\right) \tag{2.61}$$

由于 θ_{ef} 的存在，左侧永磁体表面出现一定的附加磁动势。随着中心线偏差增大，下一块永磁体附加磁动势继续上升，直到左侧定子齿开始靠近永磁体中心线，附加磁动势开始下降。当经过 n_{ef} 块定子齿后，永磁体重新与定子齿中心线对齐，附加磁动势变为零，如图 2.26 最左侧齿所示，之后依次循环。

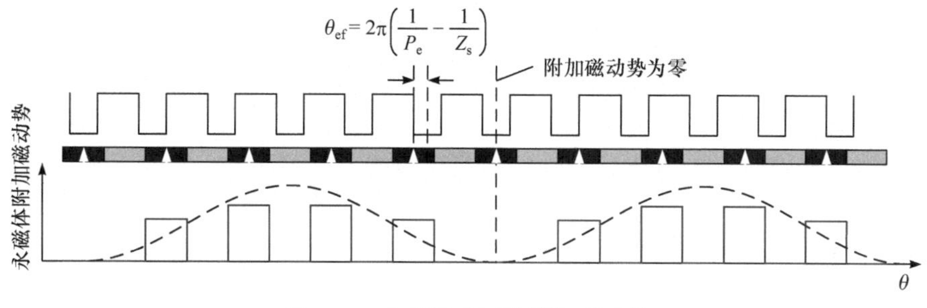

图 2.26　永磁体表面的附加磁动势

根据空间位置关系，可以得到

$$n_{ef}=\frac{2\pi}{Z_s\theta_{ef}}=\frac{P_e}{Z_s-P_e} \tag{2.62}$$

因此，附加磁动势基波分量的极对数为

$$P=\frac{P_e}{n_{ef}}=Z_s-P_e \tag{2.63}$$

再来研究附加磁动势的转速。如图 2.27 所示，当转子逆时针转过 θ_{ef} 角度后，右侧永磁体与定子齿中心线对齐，附加磁动势顺时针转过 $2\pi/Z_s$ 角度，因此附加磁动势的转速为

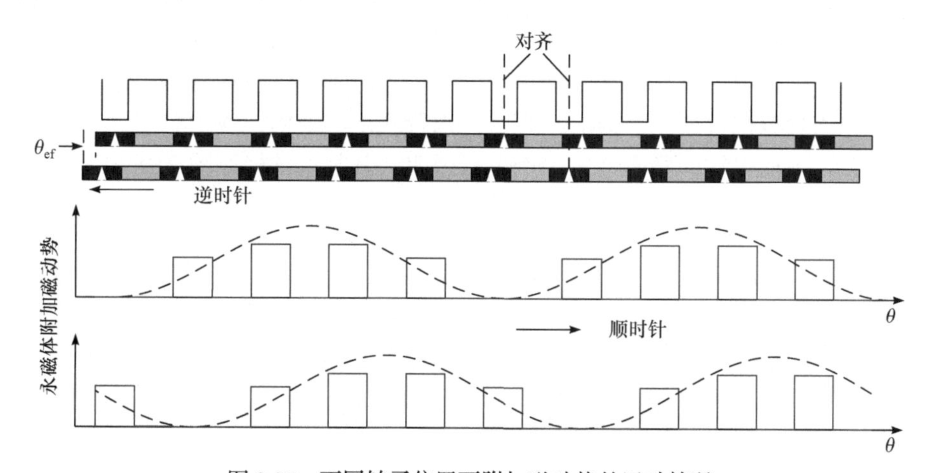

图 2.27　不同转子位置下附加磁动势的运动情况

$$\Omega = -\frac{2\pi}{Z_s\theta_{ef}}\Omega_e = -\frac{P_e}{Z_s - P_e}\Omega_e \tag{2.64}$$

根据图 2.26 的空间位置关系，定义该时刻为零时刻，转子励磁磁动势可以写为

$$F'_{e2} \approx F_{P_e}\cos(P_e\theta - \omega_e t) - F_{P_a}\cos[(Z_s - P_e)\theta + \omega_e t] \tag{2.65}$$

式中，F_{P_e} 和 F_{P_a} 分别为极对数是永磁体极对数 P_e 和电枢极对数 $P_a(=Z_s-P_e)$ 的磁动势谐波幅值。

假设只考虑比磁导函数 λ_s 的常数项与基波项，可以计算气隙磁密为

$$\begin{aligned} B_e(\theta,t) &= \frac{\mu_0}{g}F'_{e2}\lambda_s = \frac{\mu_0}{g}\left(F_{P_e}\lambda_{s0} - \frac{F_{P_a}\lambda_{s1}}{2}\right)\cos(P_e\theta - \omega_e t) \\ &+ \frac{\mu_0}{g}\left(\frac{F_{P_e}\lambda_{s1}}{2} - F_{P_a}\lambda_{s0}\right)\cos(P_a\theta + \omega_e t) \\ &+ \frac{\mu_0}{g}\frac{F_{P_e}\lambda_{s1}}{2}\left\{\cos\left[(Z_s + P_e)\theta + \omega_e t\right] - \cos\left[(2Z_s - P_e)\theta + \omega_e t\right]\right\} \end{aligned} \tag{2.66}$$

可见，附加磁动势一方面会在气隙中产生新的磁场谐波，更重要的是会对极对数为 P_e 和 P_a 的主要磁场谐波起到严重的削弱作用，而后者是磁场调制电机的工作磁场谐波，因此这一效应大幅削弱了磁场调制电机的性能水平。上述分析也为通过抑制附加磁动势进一步提升交替极结构的性能提供了新的思路。

2. 切向励磁游标永磁电机

前面介绍的交替极结构虽然不同于表贴式结构，但毕竟永磁体与气隙直接接触，可以将其视为气隙的一部分，从而采用类似双边开槽的处理方法，而附加磁动势出现的根本原因是比磁导不能视为没有交互影响的单边开槽结构比磁导的乘积，而应该具有耦合项 k_λ。但对于真正的内置式永磁结构，磁动势的计算与分析更为复杂，下面以切向励磁结构为例进行说明，其基本结构如图 2.28(a)所示。

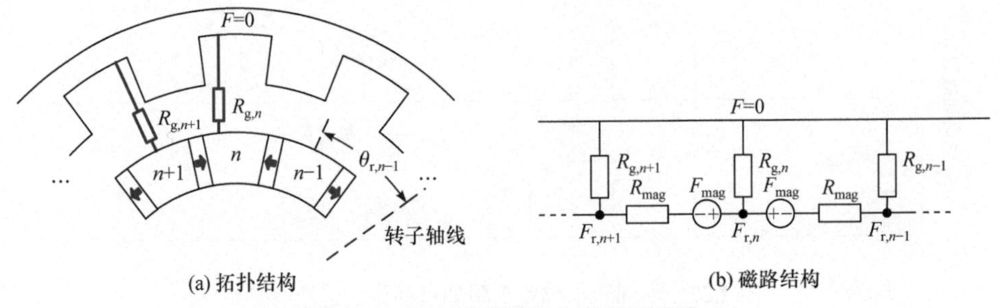

(a) 拓扑结构　(b) 磁路结构

图 2.28　切向励磁游标永磁电机磁路

在采用磁场调制原理计算电机气隙磁密时，首先需要选择气隙的边界，求取边界上两侧的磁位差，以及边界之间的比磁导函数，将两者进行乘积。在切向励磁结构中，唯一可以选取的较为规整的气隙边界是转子表面与定子铁心表面。在该区域内，比磁导的计算较为简单，但是转子表面磁位的计算较为困难。这是因为一方面，转子分为永磁体与铁磁极两类区域，每块铁磁极均为等势体，磁位为常数，但永磁体部分的磁位分布非常复杂；另一方面，在定子开槽后，每个铁磁极所面对的气隙结构并不相同，这也导致其磁位分布失去了周期性与对称性。为了解决第一个问题，本书采用一种等效的方法。实际上转子磁动势 F_e 与比磁导 λ_r 如图 2.29(a)所示，其中在相邻两块铁磁极处均为等磁位，两者之间永磁体的位置逐渐从一块铁磁极磁位变化至另一块铁磁极磁位，但变化规律未知。总之，越靠近永磁体中心位置磁位绝对值越小，导致气隙磁密等幅减小，其等效于磁位不变，但将永磁体视为转子槽，由于开槽部分比磁导的减小导致气隙磁密呈现减弱的效果，如图 2.29(b)所示。这种等效使得磁动势计算较为简单，且转子比磁导亦可基于公式计算。

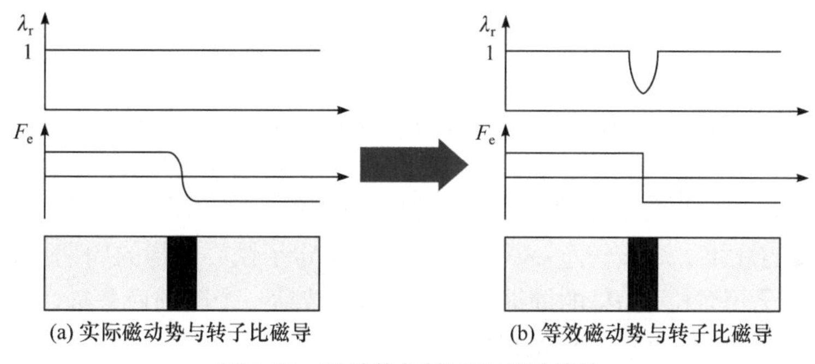

(a) 实际磁动势与转子比磁导　(b) 等效磁动势与转子比磁导

图 2.29　磁动势与转子比磁导等效

为了解决第二个问题，本书采用集中参数的磁路模型，将每个铁磁极等效为一个磁路节点，进而计算节点磁位，如图 2.28(b)所示，其中 $F_{r,n}$ 为转子第 n 个铁磁极的磁位，F_{mag} 和 R_{mag} 分别为永磁体产生的磁动势和磁阻，$R_{g,n}$ 为第 n 块铁磁极与定子铁心间的磁阻。如果定子为光滑铁心，那么 n 取不同数值时，$R_{g,n}$ 保持不变。根据磁路的对称性，所有编号为奇数的铁磁极磁位 $F_{r,2n+1}$ (n=1,2,⋯,P_e)相同，编号为偶数的铁磁极磁位 $F_{r,2n}$ (n=1,2,⋯,P_e)也相同，且两者等值反号，因此从转子表面看，其磁动势为正负对称的标准方波。然而，游标永磁电机中定子槽开口较大，导致不同的 $R_{g,n}$ 具有不同数值。假设定、转子比磁导均只计及常数项与基波项，根据磁阻的定义：

$$R_{g,n}=\frac{F_{r,n}}{\phi_{g,n}}=\frac{F_{r,n}}{r_g l_{stk}\int_{\theta_{r,n}-\frac{\pi}{2P_e}}^{\theta_{r,n}+\frac{\pi}{2P_e}}\frac{\mu_0}{g}F_{r,n}\lambda_s(\theta_r+\theta_m)\lambda_r(\theta_r)\mathrm{d}\theta_r}$$

$$=\frac{1}{\frac{\mu_0}{g}r_g l_{stk}}\frac{1}{\lambda_{lump\_0}+\lambda_{lump\_1}\cos\left[Z_s\left(\theta_{r,n}+\theta_m\right)\right]} \tag{2.67}$$

式中，$\phi_{g,n}$ 为第 n 块铁磁极发出的气隙磁通；θ_m 为定转子轴线的夹角；λ_{lump_0} 和 λ_{lump_1} 分别为集中参数的比磁导常数项和基波项，两者可分别计算如下：

$$\begin{aligned}
&\lambda_{lump_0}=\frac{\pi}{P_e}\lambda_{s0}\lambda_{r0}\\
&\lambda_{lump_1}=\frac{\pi}{P_e}\lambda_{s1}\sin\left(\frac{Z_s}{P_e}\frac{\pi}{2}\right)\left[\frac{\lambda_{r0}}{\frac{Z_s}{P_e}\frac{\pi}{2}}+\frac{\lambda_{r1}}{\left(4\frac{P_e}{Z_s}-\frac{Z_s}{P_e}\right)\frac{\pi}{2}}\right]
\end{aligned} \tag{2.68}$$

在此基础上，根据图 2.28(b)可以列写节点方程：

$$\frac{F_{r,n}-F_{r,n-1}-(-1)^n F_{mag}}{R_{mag}}+\frac{F_{r,n}-F_{r,n+1}-(-1)^n F_{mag}}{R_{mag}}+\frac{F_{r,n}}{R_{g,n}}=0 \tag{2.69}$$

由于 n 可从 1 开始取遍 $2P_e$，式(2.69)实际上是由 $2P_e$ 个方程构成的非齐次线性方程组，原理上可通过矩阵求逆的方式求取各磁位。但这种求解方法存在一定不足，一方面无法直观得到相应物理规律，另一方面 $R_{g,n}$ 中包含转子位置变量，不同位置下求解同样较为复杂。为了获得更具有解析意义的方程解，下面先来研究磁位 $F_{r,n}$ 的规律。对于任意一块铁磁极，由于定子铁心结构的周期性，$F_{r,n}$ 同样应该是定转子相对位置 θ_m 的周期函数，且 θ_m 转动一个圆周后，$F_{r,n}$ 应当交变 Z_s 次。以 $F_{r,1}$ 为例，其可以进行傅里叶展开：

$$F_{r,1}=(-1)\left\{F_{r0}+\sum_{h=1}^{\infty}F_{rh}\cos\left[hZ_s\left(\theta_{r,1}+\theta_m\right)\right]\right\} \tag{2.70}$$

式中，F_{r0} 和 F_{rh} 分别为磁位常数项和 h 次谐波项。在式(2.70)中，前面乘(−1)的原因是第 1 块铁磁极本身作为 S 极，其磁位为负，这样可以确保 F_{r0} 为正值。此外，式中各谐波初相位为 $\theta_{r,1}$ 的原因在于当 $\theta_m=-\theta_{r,1}$ 时，铁磁极恰好与定子齿对齐，将其作为零点可保证磁位是偶函数。对于其他铁磁极，若其编号为奇数，那么由于转子结构的周期性，$F_{r,n}$ 与 $F_{r,1}$ 波形上完全相同，仅具有相位上的差别；若编号为偶数，除了相位差别外，由于该铁磁块对应 N 极，还需要反号，也就是

$$F_{r,n}(\theta_m)=(-1)^{n-1}F_{r,1}\left(\theta_m+\theta_{r,n}-\theta_{r,1}\right) \tag{2.71}$$

联立式(2.70)和式(2.71)，可以得到

$$F_{r,n}=(-1)^n\left\{F_{r0}+\sum_{h=1}^{\infty}F_{rh}\cos\left[hZ_s\left(\theta_{r,n}+\theta_m\right)\right]\right\} \tag{2.72}$$

因此所有铁磁极磁位具有相同傅里叶系数，仅相位不同。联立式(2.69)和式(2.72)，可得

$$\begin{aligned}&\left[4F_{\mathrm{r}0}-2F_{\mathrm{mag}}+\frac{\mu_0}{g}r_{\mathrm{g}}l_{\mathrm{stk}}R_{\mathrm{mag}}\left(F_{\mathrm{r}0}\lambda_{\mathrm{lump\_0}}+\frac{F_{\mathrm{r}1}\lambda_{\mathrm{lump\_1}}}{2}\right)\right]+\left\{2F_{\mathrm{r}1}\left[1+\cos\left(\frac{Z_{\mathrm{s}}}{P_{\mathrm{e}}}\pi\right)\right]\right.\\&\left.+\frac{\mu_0}{g}r_{\mathrm{g}}l_{\mathrm{stk}}R_{\mathrm{mag}}\left(F_{\mathrm{r}1}\lambda_{\mathrm{lump\_0}}+F_{\mathrm{r}0}\lambda_{\mathrm{lump\_1}}+\frac{F_{\mathrm{r}2}\lambda_{\mathrm{lump\_1}}}{2}\right)\right\}\cos\left[Z_{\mathrm{s}}\left(\theta_{\mathrm{r},n}+\theta_{\mathrm{m}}\right)\right]\\&+\sum_{h=2}^{\infty}\left\{2F_{\mathrm{r}h}\left[1+\cos\left(h\frac{Z_{\mathrm{s}}}{P_{\mathrm{e}}}\pi\right)\right]\right.\\&\left.+\frac{\mu_0}{g}r_{\mathrm{g}}l_{\mathrm{stk}}R_{\mathrm{mag}}\left[\lambda_{\mathrm{lump\_1}}\frac{F_{\mathrm{r}(h+1)}+F_{\mathrm{r}(h-1)}}{2}+\lambda_{\mathrm{lump\_0}}F_{\mathrm{r}h}\right]\right\}\cos\left[hZ_{\mathrm{s}}\left(\theta_{\mathrm{r},n}+\theta_{\mathrm{m}}\right)\right]=0\end{aligned}\tag{2.73}$$

根据式(2.73)，有

$$\begin{aligned}&4F_{\mathrm{r}0}-2F_{\mathrm{mag}}+\frac{\mu_0}{g}r_{\mathrm{g}}l_{\mathrm{stk}}R_{\mathrm{mag}}\left(F_{\mathrm{r}0}\lambda_{\mathrm{lump\_0}}+\frac{F_{\mathrm{r}1}\lambda_{\mathrm{lump\_1}}}{2}\right)=0,\\&2F_{\mathrm{r}1}\left[1+\cos\left(\frac{Z_{\mathrm{s}}}{P_{\mathrm{e}}}\pi\right)\right]+\frac{\mu_0}{g}r_{\mathrm{g}}l_{\mathrm{stk}}R_{\mathrm{mag}}\left(F_{\mathrm{r}1}\lambda_{\mathrm{lump\_0}}+F_{\mathrm{r}0}\lambda_{\mathrm{lump\_1}}+\frac{F_{\mathrm{r}2}\lambda_{\mathrm{lump\_1}}}{2}\right)=0,\\&2F_{\mathrm{r}h}\left[1+\cos\left(h\frac{Z_{\mathrm{s}}}{P_{\mathrm{e}}}\pi\right)\right]+\frac{\mu_0}{g}r_{\mathrm{g}}l_{\mathrm{stk}}R_{\mathrm{mag}}\left[\lambda_{\mathrm{lump\_1}}\frac{F_{\mathrm{r}(h+1)}+F_{\mathrm{r}(h-1)}}{2}+\lambda_{\mathrm{lump\_0}}F_{\mathrm{r}h}\right]=0,\quad\forall h\geqslant 2\end{aligned}\tag{2.74}$$

由于每一个 $F_{\mathrm{r}h}$ 均与更高次谐波大小相关，式(2.74)很难精确求解。通常谐波次数 h 越高时，$F_{\mathrm{r}h}$ 趋向于越来越小，为了进行求解，可假设 $F_{\mathrm{r}0}$ 远大于 $F_{\mathrm{r}1}$，而 $F_{\mathrm{r}1}$ 又远大于其他谐波，那么可以认为只有 $F_{\mathrm{r}0}$ 和 $F_{\mathrm{r}1}$ 非零，可以解得

$$\begin{aligned}&F_{\mathrm{r}0}\approx\frac{2F_{\mathrm{mag}}}{4+\dfrac{\mu_0}{g}r_{\mathrm{g}}l_{\mathrm{stk}}R_{\mathrm{mag}}\lambda_{\mathrm{lump\_0}}}\\&F_{\mathrm{r}1}\approx-\frac{2F_{\mathrm{mag}}}{4+\dfrac{\mu_0}{g}r_{\mathrm{g}}l_{\mathrm{stk}}R_{\mathrm{mag}}\lambda_{\mathrm{lump\_0}}}\frac{\dfrac{\mu_0}{g}r_{\mathrm{g}}l_{\mathrm{stk}}R_{\mathrm{mag}}\lambda_{\mathrm{lump\_1}}}{2\left[1+\cos\left(\dfrac{Z_{\mathrm{s}}}{P_{\mathrm{e}}}\pi\right)\right]+\dfrac{\mu_0}{g}r_{\mathrm{g}}l_{\mathrm{stk}}R_{\mathrm{mag}}\lambda_{\mathrm{lump\_0}}}\end{aligned}\tag{2.75}$$

式中，$F_{\mathrm{r}0}$ 是切向励磁结构在光滑气隙下就具有的铁磁极磁动势分量，其数值和极槽配合没有太大的关系；$F_{\mathrm{r}1}$ 是定子开槽后新引入的成分，其与 $Z_{\mathrm{s}}/P_{\mathrm{e}}$ 的大小相关，

后者直接取决于电机的极比。对于极比较小的电机，如切向励磁结构的分数槽集中绕组电机，Z_s/P_e 接近于 2，$\cos[(Z_s/P_e)\pi]$取到最大值 1，因此使得 F_{r1} 很小；而当电机极比增大时，Z_s/P_e 越来越接近 1，$\cos[(Z_s/P_e)\pi]$接近其最小值−1，使得 F_{r1} 越来越大。

在计算每一块铁磁极磁位的基础上，可利用傅里叶展开求得转子磁动势：

$$
\begin{aligned}
F_e = & \frac{4F_{r0}}{\pi}\sum_{h=1,3,5,\cdots}^{\infty}\cos\left[hP_e(\theta-\theta_m)\right] \\
& + F_{r1}\sum_{P=1}^{\infty}\frac{\sin\left(\dfrac{P\pi}{2P_e}\right)}{P\pi}\sum_{n=1}^{2P_e}(-1)^n\left\{\cos\left[P\theta+(Z_s-P)\theta_{r,n}+(Z_s-P)\theta_m\right]\right. \\
& \left.+\cos\left[P\theta-(Z_s+P)\theta_{r,n}-(Z_s+P)\theta_m\right]\right\}
\end{aligned} \tag{2.76}
$$

可见，转子磁动势分为两部分，第一部分由铁磁极磁位常数项 F_{r0} 产生，第二部分由基波项 F_{r1} 产生，后者才是附加磁动势。接下来将其进一步化简。

在式(2.76)中，最后一个求和项非零的条件是 $P=hP_e\pm Z_s$(h 为奇数)，将其代入后可化简为

$$
\begin{aligned}
F_e = & \frac{4F_{r0}}{\pi}\sum_{h=1,3,5,\cdots}^{\infty}\cos\left[hP_e(\theta-\theta_m)\right]+F_{r1}\sum_{h=1,3,5,\cdots}^{\infty}\frac{\sin\left[\dfrac{(hP_e+Z_s)\pi}{2P_e}\right]}{\dfrac{(hP_e+Z_s)\pi}{2P_e}}\cos\left[(hP_e+Z_s)\theta-hP_e\theta_m\right] \\
& + F_{r1}\sum_{h=1,3,5,\cdots}^{\infty}\frac{\sin\left[\dfrac{(hP_e-Z_s)\pi}{2P_e}\right]}{\dfrac{(hP_e-Z_s)\pi}{2P_e}}\cos\left[(hP_e-Z_s)\theta-hP_e\theta_m\right]
\end{aligned} \tag{2.77}
$$

根据式(2.77)，切向励磁游标永磁电机与交替极结构类似，在附加磁动势中均含有(Z_s-P_e)对极的成分。由于 F_{r1} 为负值，该成分同样会对(Z_s-P_e)对极主要工作磁场造成抑制效果[16]。类似地，对于任意内置式永磁结构，如“一”字形、V 形结构等，气隙另一侧开槽后，磁动势均会含有抑制主要工作磁场的谐波分量，在分析时不可忽略。由于相应求解过程与切向励磁结构十分类似，本书省略了其推导过程，有兴趣的读者可自行完成。

2.3 磁场调制电机的气隙磁密

2.2 节介绍了磁场调制模型的定量分析方法。本节将回顾并进一步探索由于磁

场调制效应所产生的气隙磁场的特征，从而为后续章节打下基础。以图 1.5 所示的磁场调制电机基本模型为例，其励磁单元为表贴式永磁结构，磁动势在式(2.38)中给出。只考虑比磁导函数中的常数项与最低次谐波分量，其可以表示为

$$\lambda_{\rm f}(\theta)\approx\lambda_{\rm f0}+\lambda_{\rm f1}\cos\left[P_{\rm f}(\theta-\Omega_{\rm f}t)\right] \tag{2.78}$$

基于磁场调制原理，永磁体产生的气隙磁密分布可表达为

$$\begin{aligned}B_{\rm e}(\theta,t)=&\sum_{h=1,3,5,\cdots}\frac{\mu_0}{g}\lambda_{\rm f0}F_{{\rm e}h}\cos\left[hP_{\rm e}(\theta-\Omega_{\rm e}t)\right]\\&+\sum_{h=1,3,5,\cdots}\frac{\mu_0}{g}\frac{\lambda_{\rm f1}F_{{\rm e}h}}{2}\cos[(hP_{\rm e}-P_{\rm f})\theta-(hP_{\rm e}\Omega_{\rm e}-P_{\rm f}\Omega_{\rm f})t]\\&+\sum_{h=1,3,5,\cdots}\frac{\mu_0}{g}\frac{\lambda_{\rm f1}F_{{\rm e}h}}{2}\cos[(hP_{\rm e}+P_{\rm f})\theta-(hP_{\rm e}\Omega_{\rm e}+P_{\rm f}\Omega_{\rm f})t]\end{aligned} \tag{2.79}$$

可见，在忽略比磁导高次谐波的情况下，空载气隙磁密谐波极对数有 $hP_{\rm e}$、$|P_{\rm f}-hP_{\rm e}|$和 $P_{\rm f}+hP_{\rm e}$，其中 h 是正奇数。表 2.2 总结了气隙磁密的各次谐波转速、频率等特性。第一行中 $hP_{\rm e}$ 对极的磁密由同样极对数的励磁磁动势与比磁导函数的常数项作用产生，这一作用普遍存在于常规永磁同步电机中，并不蕴含磁场调制效应；第二、三行中的气隙磁密谐波与其相应的磁势源具有不同的极对数，这正是由比磁导函数基波项$\lambda_{\rm f1}$引入的磁场调制效应所导致的。根据表中计算结果，当磁动势次数 h 增加时，磁密幅值同比例减小，导致高次谐波较弱，往往可忽略。此外，根据 2.2.2 节的内容，对于表贴式永磁电机，比磁导函数中的基波分量往往远低于常数项分量，因此调制磁场的幅值远低于非调制磁场。在后续各章介绍的磁场调制电机中，表 2.2 中第二行当 h=1 时极对数为$|P_{\rm f}-P_{\rm e}|$的谐波磁场往往作为工作磁场，有必要对其运动情况进一步讨论[17]。

表 2.2　空载气隙磁密谐波特性

极对数	幅值	角速度	产生源	
			比磁导	永磁磁动势
$hP_{\rm e}$	$\frac{4\lambda_0}{\pi h}\frac{\mu_{\rm f0}}{g}\frac{B_{\rm r}h_{\rm m}}{\mu_0\mu_{\rm r}}\sin\left(\frac{h\alpha_{\rm m}}{2}\right)$	$\Omega_{\rm e}$	$\lambda_{\rm f0}$	h 次磁动势谐波
$\lvert P_{\rm f}-hP_{\rm e}\rvert$	$\frac{2\lambda_{\rm f1}}{\pi h}\frac{\mu_0}{g}\frac{B_{\rm r}h_{\rm m}}{\mu_0\mu_{\rm r}}\sin\left(\frac{h\alpha_{\rm m}}{2}\right)$	$\frac{hP_{\rm e}\Omega_{\rm e}-P_{\rm f}\Omega_{\rm f}}{hP_{\rm e}-P_{\rm f}}$	$\lambda_{\rm f1}$	
$P_{\rm f}+hP_{\rm e}$	$\frac{2\lambda_{\rm f1}}{\pi h}\frac{\mu_0}{g}\frac{B_{\rm r}h_{\rm m}}{\mu_0\mu_{\rm r}}\sin\left(\frac{h\alpha_{\rm m}}{2}\right)$	$\frac{hP_{\rm e}\Omega_{\rm e}+P_{\rm f}\Omega_{\rm f}}{hP_{\rm e}+P_{\rm f}}$	$\lambda_{\rm f1}$	

2.3.1 调制单元静止时的磁场运动情况

当调制单元静止时，$\Omega_{\mathrm{f}}=0$，上述调制磁场谐波的角速度为

$$\Omega=\frac{P_{\mathrm{e}}\Omega_{\mathrm{e}}}{P_{\mathrm{e}}-P_{\mathrm{f}}} \tag{2.80}$$

不难发现，通过公式计算得到的极对数为 $|P_{\mathrm{f}}-P_{\mathrm{e}}|$ 的谐波磁场就是 2.1 节介绍的附加磁场，式(2.80)也和式(2.6)保持一致。假设 P_{e} 和 P_{f} 的数值较为接近，那么该磁场的转速远大于励磁单元转速 Ω_{e}，可见磁场调制电机的少极工作磁场具有升速的特征[17]。

2.3.2 励磁单元静止时的磁场运动情况

当励磁单元静止时，$\Omega_{\mathrm{e}}=0$，上述调制磁场谐波的角速度为

$$\Omega=\frac{P_{\mathrm{f}}\Omega_{\mathrm{f}}}{P_{\mathrm{e}}-P_{\mathrm{f}}} \tag{2.81}$$

式(2.81)有两点需要注意的地方。首先，对于常规永磁电机，当永磁体静止时，气隙中不可能具有旋转磁场，对应电枢绕组不可能是交流电枢绕组，只可能是带有电刷滑环的直流绕组；但是在磁场调制电机中，即使励磁单元静止，依靠旋转的调制单元仍可以在气隙中产生旋转磁场，这也是后文介绍的定子励磁型电机[18-20]的基本工作原理。其次，假设 P_{e} 和 P_{f} 的数值较为接近，该磁场仍具有升速的效果。

2.3.3 励磁与调制单元均旋转时的磁场运动情况

当磁场调制电机的励磁与调制单元均旋转时，对应工作磁场的角速度为

$$\Omega=\frac{P_{\mathrm{e}}\Omega_{\mathrm{e}}-P_{\mathrm{f}}\Omega_{\mathrm{f}}}{P_{\mathrm{e}}-P_{\mathrm{f}}} \tag{2.82}$$

可见，工作磁场是否旋转取决于两单元的转速关系。当 $P_{\mathrm{e}}\Omega_{\mathrm{e}}=P_{\mathrm{f}}\Omega_{\mathrm{f}}$ 时，该工作磁场静止；其他情况下，该磁场旋转[21]。

2.4 本 章 小 结

本章利用基本磁路模型，从物理上定性研究了电机中的磁场调制现象，并建立求解气隙磁场的磁动势-比磁导模型，定量求解磁场调制电机气隙磁场的特性，得到以下几个重要结论：

(1) 物理本质上，磁场调制现象的发生是气隙结构的不均匀性导致不同位置

气隙磁场被增强或削弱，整体波形发生畸变，从而在气隙内新增了不同极对数的气隙磁场谐波。

(2) 对于存在调制效应的电机结构，气隙磁场需要依靠比磁导函数计算，其数值上等于光滑气隙长度与不均匀气隙之比。通过理论推导，气隙磁密为两侧磁位差(即磁动势)与比磁导函数的乘积。本章也进一步分析了比磁导函数的性质。对于等效气隙较大的表贴式永磁电机，其基波分量往往只有常数项的 1/5～1/3，且当槽宽占槽距约 60%时基波项达到最大。对于等效气隙较小的电励磁电机，比磁导函数中的基波项可以达到 0.5 左右。

(3) 本章进一步推导了不同电机结构下的磁动势-比磁导模型。电枢绕组和表贴式永磁单元的调制过程较为简单，大部分情况下磁动势与比磁导互不影响；双边开槽结构下，总体比磁导近似为两侧分别开槽时单边比磁导的乘积，进一步产生极对数为两侧齿数之和与之差的比磁导谐波分量；对于内置式永磁单元，其磁动势取决于比磁导函数的分布，计算过程中必须加以考虑。

(4) 通过定量计算可知，磁场调制效应会产生极对数为$|P_f-P_e|$的磁场谐波，在各类磁场调制电机中均作为工作谐波，但其幅值远低于非调制分量。此外，无论是励磁单元还是调制单元静止，磁场调制均会导致很强的增速效应，即调制磁场的转速远高于转子的转速。

参 考 文 献

[1] Wang L L, Shen J X, Luk P, et al. Development of a magnetic-geared permanent-magnet brushless motor[J]. IEEE Transactions on Magnetics, 2009, 45(10): 4578-4581.
[2] 辜承林, 陈乔夫, 熊永前. 电机学[M]. 武汉: 华中科技大学出版社, 2018.
[3] 叶齐政, 陈德智. 电磁场教程[M]. 北京: 高等教育出版社, 2012.
[4] 励鹤鸣, 励庆孚. 电磁减速式电动机[M]. 北京: 机械工业出版社, 1982.
[5] Fang L, Li D W, Ren X, et al. A novel permanent magnet vernier machine with coding-shaped tooth[J]. IEEE Transactions on Industrial Electronics, 2022, 69(6): 6058-6068.
[6] 石超杰. 游标永磁直线电机电磁特性与拓扑研究[D]. 武汉: 华中科技大学, 2020.
[7] 汤蕴璆. 电机内的电磁场[M]. 北京: 科学出版社, 1998.
[8] Zhu Z Q, Howe D. Instantaneous magnetic field distribution in brushless permanent magnet DC motors. III. Effect of stator slotting[J]. IEEE Transactions on Magnetics, 1993, 29(1): 143-151.
[9] Li D W, Qu R H, Li J, et al. Analysis of torque capability and quality in vernier permanent magnet machines[J]. IEEE Transactions on Industry Applications, 2016, 52(1): 125-134.
[10] Wu L L, Qu R H, Li D W, et al. Influence of pole ratio and winding pole numbers on the performances and optimal parameters of the surface permanent magnet vernier machines[J]. IEEE Transcations on Industry Applications, 2015, 51(5): 3707-3715.
[11] 贾少锋. 电励磁游标磁阻电机研究[D]. 武汉: 华中科技大学, 2017.
[12] Jia S F, Qu R H, Li J, et al. Principle of stator DC winding excited vernier reluctance

machines[J]. IEEE Transactions on Energy Conversion, 2016, 31(3): 935-946.
[13] Li D W, Qu R H, Li J, et al. Synthesis of flux switching permanent magnet machines[J]. IEEE Transactions on Energy Conversion, 2016, 31(1): 106-117.
[14] Xie K F, Li D W, Qu R H, et al. A new perspective on the PM vernier machine mechanism[J]. IEEE Transactions on Industrial Electronics, 2019, 55(2): 1420-1429.
[15] Li D W, Qu R H, Li J, et al. Consequent pole, toroial winding, outer rotor vernier permanent magnet machines[J]. Transcations on Industry Applications, 2015, 51(6): 4470-4481.
[16] Ren X, Li D W, Qu R H, et al. Investigation of spoke array PM vernier machine with alternate flux bridges[J]. IEEE Transactions on Energy Conversion, 2018, 33(4): 2153-2162.
[17] 李大伟. 磁场调制永磁电机研究[D]. 武汉：华中科技大学, 2015.
[18] Gao Y T, Qu R H, Li D W, et al. Torque performance analysis of three-phase flux reversal machines[J]. IEEE Transactions on Industry Applications, 2017, 53(3): 2110-2119.
[19] Gao Y T, Qu R H, Li D W, et al. Design procedure of flux reversal permanent magnet machines[J]. IEEE Transactions on Industry Applications, 2017, 53(5): 4232-4241.
[20] 高玉婷. 磁通反向电机的理论分享及拓扑研究[D]. 武汉：华中科技大学, 2017.
[21] 谢康福. 基于电磁复合和永磁电机理论与拓扑研究[D]. 武汉：华中科技大学, 2020.

第 3 章　磁场调制电机的分类

不同于常规电机励磁与电枢组成的“双单元”结构，磁场调制电机具备励磁、调制与电枢三个单元，这导致其在结构设计上具备多自由度，从而形成丰富的磁场调制电机族。然而，以往许多电机类型，如永磁开关磁链电机、永磁磁通反向电机等均被独立研究，其中磁场调制的物理本质并未被揭示。这一方面导致各类电机的电磁性能，如高转矩密度、低功率因数等特征并未得到清晰的认识与深入的理论解释；另一方面也造成相关研究成果未对其他类型电机的发展起到指导意义，难以揭示电机拓扑研发与设计中极槽配合及尺寸参数选取的规律性。本章首先在基本模型的基础上，根据磁场约束条件以及功能单元的运动静止情况，推导出理论上可行的四大类磁场调制电机；然后基于功能单元的选取与集成关系推导出具体的磁场调制电机类型。根据这些推导，本章在将现有磁场调制电机进行拓扑理论统一的同时，提出磁场调制感应电机等新型电机与传动装置，这一类新型拓扑相关研究较少，还有很多的内容值得探讨。

3.1　磁场调制电机结构约束关系及分类

1.2 节介绍了磁场调制电机的基本结构。根据图 1.5，磁场调制电机的基本模型包含永磁励磁单元、调制单元与电枢单元三部分，励磁单元产生的磁动势经过调制后形成空载气隙磁场，其极对数与转速分别在表 2.2 中给出。如前所述，磁场调制电机采用极对数为$|P_f-P_e|$的谐波磁场作为工作磁场，需要和电枢磁动势作用实现机电能量转换，而根据基本电机学理论，两者不仅需要具备相同的极对数，还需要具有相同的转速。下面根据各部分旋转方式讨论磁场调制电机的分类[1]。

(1) 当励磁磁动势与调制单元比磁导均静止时，两者作用产生的空载气隙磁场同样静止。因此，电枢磁动势也应该静止。这类电机可命名为三单元静止型磁场调制电机。需要注意的是，此处的“静止”是指磁动势静止，不是各单元本身机械结构静止，因为按照后一种理解，各单元不存在机械能的输入与输出，也就不能够称为电机；而按照前一种理解，像直流电机中电枢磁动势静止的同时电枢单元机械上旋转，从而实现机电能量转换。

(2) 当励磁磁动势旋转，调制单元比磁导静止时，两者作用产生旋转的空载磁场，此时电枢磁动势同样应该旋转与之匹配。因此，这类电机可命名为调制单元静止型磁场调制电机。

(3) 当调制单元比磁导旋转，励磁磁动势静止时，空载磁场与电枢磁动势同样旋转。因此，这类电机可命名为励磁单元静止型磁场调制电机。

(4) 当励磁磁动势与调制单元比磁导均旋转时，电枢磁动势的运动情况存在两种可能性。假设励磁磁动势转速 Ω_e 和调制单元转速 Ω_f 满足

$$P_f\Omega_f = P_e\Omega_e \tag{3.1}$$

此时根据式(2.82)，空载磁场与电枢绕组磁动势均需要保持静止才能实现机电能量转换。因此，满足上述规定的电机可命名为电枢磁动势静止型磁场调制电机。

当励磁磁动势与调制单元比磁导均旋转，且两者转速关系不满足式(3.1)时，电枢绕组磁动势为旋转磁势，这一类电机可命名为无单元静止型磁场调制电机。

除了励磁磁动势或调制单元比磁导是否旋转外，各类磁场调制电机的差异还体现在励磁单元的结构上。其中，永磁电机采用永磁体励磁；电励磁电机采用在绕线式绕组中通入直流电流的方式励磁；对于无刷双馈等特殊电机类型，通常认为其具有功率绕组和控制绕组两套电枢绕组，但在本章中，为了保证理论的前后一致性，将交流控制绕组视为一种特殊的励磁结构；在感应电机中，由于其转子电流及磁场是通过定子磁场感应得到的，通常认为其不存在主动的励磁单元，但在本章中同样将这类自短路绕组视为一种特殊的励磁形式。综上，磁场调制电机一共具备四种可行的励磁结构(图 3.1)，结合上述基于旋转结构的分类，可以推导出多种可行的磁场调制电机类型，如表 3.1 所示。

从表 3.1 中可见，目前主流的磁场调制电机均可根据上述分析归类于其中，另有磁场调制直流电机和磁场调制感应电机这两类尚未在现有文献中被提出的新型电机类型。此外，部分电机类型(如调制单元静止型磁场调制电机采用交流励磁绕组)不具备任何功能性或难以实现，因此在表 3.1 中将其省略。虽然基于上述分析，理论上应当存在电枢磁动势静止型磁场调制电机，但目前并未发现任何可行的电机拓扑，因此在后文的介绍中将其省略。

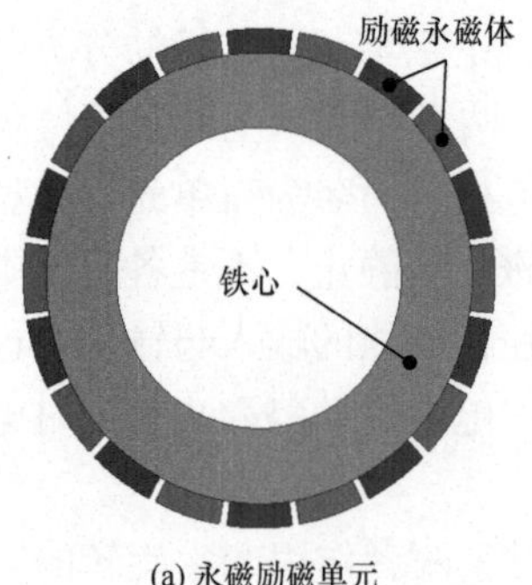

(a) 永磁励磁单元

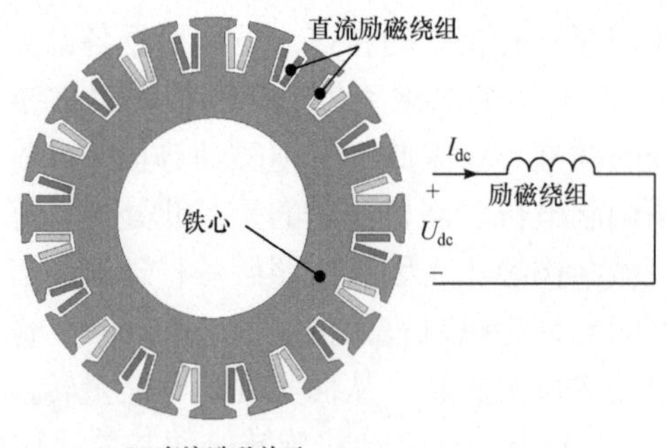

(b) 直流励磁单元

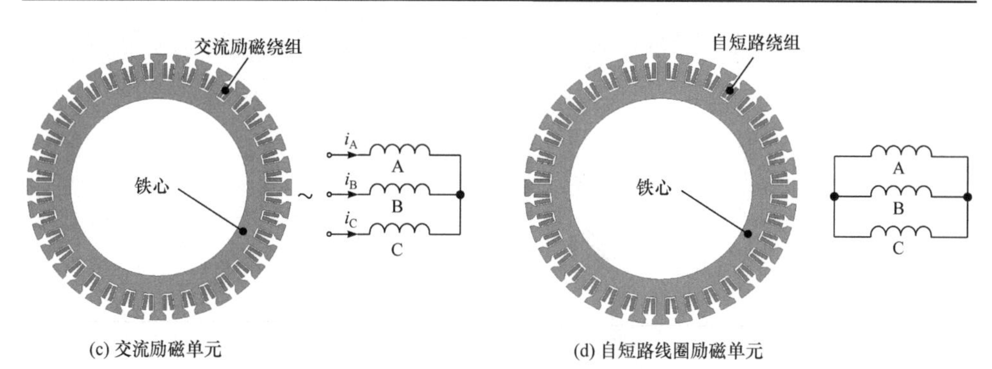

(c) 交流励磁单元　　(d) 自短路线圈励磁单元

图 3.1　磁场调制电机中可行的励磁结构

表 3.1　磁场调制电机的分类

励磁源	三单元静止型磁场调制电机	调制单元静止型磁场调制电机	励磁单元静止型磁场调制电机	无单元静止型磁场调制电机
永磁体	磁场调制永磁直流电机	磁齿轮电机、游标永磁电机、永磁横向磁通电机	永磁磁通反向电机、永磁开关磁链电机、永磁双凸极电机	磁场调制无刷双机电端口电机
直流励磁绕组	磁场调制电励磁直流电机	电励磁游标电机	磁场调制电励磁电机	—
交流励磁绕组	—	—	—	游标磁阻电机、无刷双馈电机
自短路绕组	—	磁场调制感应电机	—	异步感应子电机

3.2　三单元静止型磁场调制电机

在三单元静止型磁场调制电机中，励磁磁动势与调制单元均静止。为了实现机电能量转换，电枢单元必须旋转，否则无法实现机械能的输入与输出。由于该电机电枢磁动势为静止磁势，必须采用电刷与换向器将磁场“定位”。综上所述，无论在结构还是运行原理方面三单元静止型磁场调制电机都类似于普通直流电机，因此可将其命名为磁场调制直流电机。两者不同之处在于，普通直流电机的静止励磁磁场由永磁体或励磁绕组直接产生，并没有经过调制作用；而磁场调制直流电机的励磁磁场由励磁单元磁势经过调制单元调制后形成。

3.2.1　磁场调制永磁直流电机

在上述分析基础上，进一步考察这类电机可行的励磁单元形式。当励磁单元为永磁体时，可构成图 3.2 所示的磁场调制永磁直流电机。电机外侧为永磁定子，中间为调制环，内部为旋转电枢，电枢导体内交流电通过电刷滑环转换为直流输出。

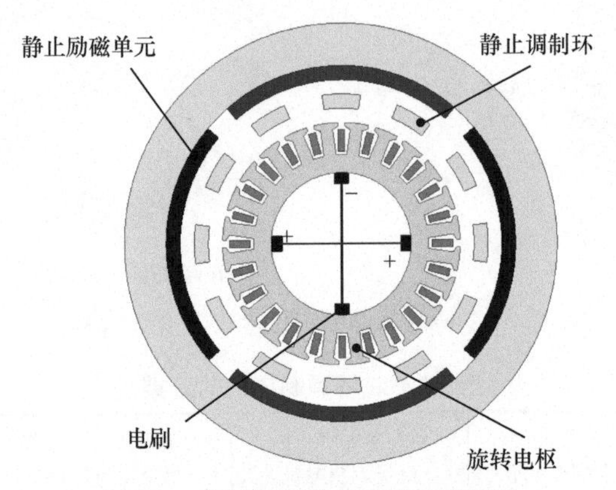

图 3.2　磁场调制永磁直流电机拓扑

根据式(2.79)，电枢极对数 P_a、调制环极对数 P_f 和励磁极对数 P_e 需要满足调制关系：

$$P_a = |P_e \pm P_f| \tag{3.2}$$

需要注意的是，在 2.3 节已介绍过磁场调制永磁电机中空载气隙磁场的调制分量幅值远低于非调制分量。常规永磁直流电机不存在调制单元，因此工作磁场为“非调制项”；而磁场调制直流电机基于调制磁场工作，磁场本身较弱，且双气隙结构进一步加剧了这一效应，导致其磁负荷远低于常规电机。此外，直流电机相较其他磁场调制电机较为特殊，其旋转部分为电枢单元本身，因此极比为 1，没有转矩放大效果。

3.2.2　磁场调制电励磁直流电机

磁场调制电励磁直流电机的形成过程如图 3.3 所示。可将磁场调制永磁直流电机的励磁永磁体替换为励磁绕组，若调制单元极对数 P_f 满足 $P_f=2n_fP_e$，其中 n_f 是任意正整数，那么可将调制环中的导磁块直接附着于定子齿上，将其变为单气隙结构。磁场调制电励磁直流电机与对应永磁拓扑在工作原理及特性上类似，但是对于低速场合，需要将直流电机设计为多极，此时只需采用磁场调制式拓扑将励磁与电枢极对数解耦，即可将励磁绕组设计为少极，具备更强的励磁磁动势，通过多极调制环调制后产生多极空载磁场。在该电机中，由于磁动势的增强，其空载气隙磁密相较常规多极电励磁直流电机提升明显。但是在上述永磁拓扑中，由于永磁体励磁能力与极对数没有关系，不具备这一优势。

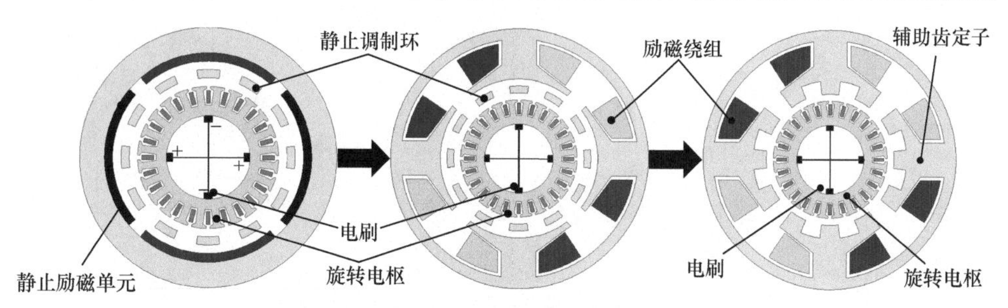

图 3.3　磁场调制电励磁直流电机形成过程

最后来考察当励磁单元采用交流电枢绕组或自短路绕组时能否产生新的磁场调制电机拓扑。由于三单元静止型磁场调制电机中励磁磁动势静止，无论采用上述何种励磁方式，对应励磁单元机械上必须旋转，否则不满足其约束条件。然而，采用旋转励磁势必导致机械结构的复杂化，且在性能上相较永磁或直流励磁不具备任何优势。因此，可认为采用交流电枢绕组或自短路绕组进行励磁的三单元静止型磁场调制电机并不存在。

3.3　调制单元静止型磁场调制电机

在图 1.5(b)中，当电机调制环静止、内部励磁单元旋转时，即构成了调制单元静止型磁场调制电机的经典拓扑，该拓扑被称为磁齿轮永磁电机。由于其存在双气隙，有必要通过功能单元的集成实现拓扑的简化。

3.3.1　游标永磁电机

游标永磁电机的形成过程如图 3.4 所示。在磁齿轮永磁电机中，调制单元与电枢单元均静止，因此可以去掉两者之间的间隙，将调制单元的导磁块与定子铁心直接相连。如果定子齿数与调制单元的导磁块数相同，则可以将原来的定子齿设计为开口槽结构，使定子齿槽同时实现传统齿槽和磁场调制的功能[2-4]。

在游标永磁电机中，调制单元极对数 P_f 即为定子齿数 Z_s。因此为实现机电能量转换，电枢绕组极对数需要满足

$$Z_s = P_e \pm P_a \tag{3.3}$$

由于游标永磁电机中励磁单元旋转，其极比定义为

$$\mathrm{PR} = \frac{P_e}{P_a} = \frac{Z_s}{P_a} \mp 1 \tag{3.4}$$

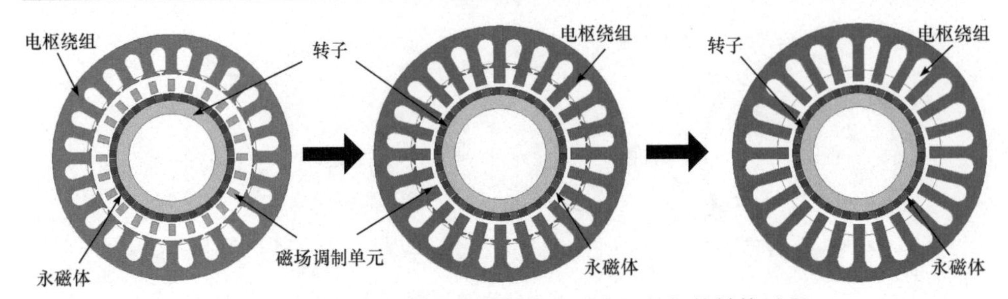

图 3.4 从磁齿轮永磁电机到游标永磁电机的拓扑转换过程

为了增加极比以获得高转矩密度，游标永磁电机的电枢绕组极对数 P_a 远小于定子槽数 Z_s。因此，这类电机绕组跨距较大，端部较长，从而增加了电机整体体积与铜耗水平，导致其转矩密度优势难以完全发挥。为了解决这一问题，有学者提出了具有辅助齿结构的游标永磁电机拓扑[5]。辅助齿游标永磁电机的拓扑形成过程如图 3.5 所示。不同于图 3.4，当调制单元中导磁块的数量为定子齿数的倍数时，将导磁块附着于定子齿后，无法形成直齿结构，而是在每个定子主齿顶部连接有数个小型辅助齿，这些辅助齿起到磁场调制的作用。

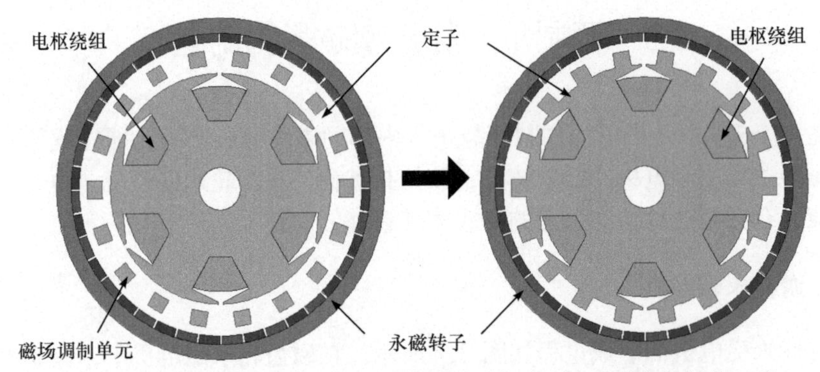

图 3.5 从外转子磁齿轮永磁电机到辅助齿游标永磁电机的拓扑转换过程

根据磁场调制理论，辅助齿游标永磁电机的极槽配合满足

$$\begin{aligned} &P_f = P_e \pm P_a \\ &P_f = n_f Z_s, \quad n_f = 2,3,\cdots \end{aligned} \tag{3.5}$$

式中，n_f 为每个主齿上辅助齿的数量。该电机的极比为

$$\text{PR} = \frac{P_e}{P_a} = \frac{n_f Z_s}{P_a} \mp 1 \tag{3.6}$$

表 3.2 和表 3.3 分别列出了直齿和辅助齿游标永磁电机常用的极槽配合，其中 k_{wa} 为电枢绕组基波绕组系数，q 为每极每相槽数。可见对于直齿结构，只有当极比较小时，电机才可能具有较短的端部；但就辅助齿结构而言，即使 Z_s 与 P_a 的

比值不大(如采用分数槽集中绕组时，$Z_s/P_a \approx 2$)，若每个主齿上辅助齿数 n_f较大，电机仍具备较高的极比，解决了游标永磁电机端部过长的问题。然而，辅助齿游标永磁电机也存在一定的问题,即辅助齿及其与主齿的连接部分占据一定的空间,同时减小了槽面积与气隙半径。在实际工程中，需要根据设计要求选择合适的拓扑方案。例如，当长径比要求较小时，选择端部较短的辅助齿结构较为有利；反之，则应当选择直齿结构以缩小电机外径。

表 3.2　直齿游标永磁电机极槽配合表

P_a	Z_s=6				Z_s=12				Z_s=18				Z_s=24			
	P_e	k_{wa}	PR	q	P_e	k_{wa}	PR	q	P_e	k_{wa}	PR	q	P_e	k_{wa}	PR	q
1	5	1	5	1	11	0.97	11	2	17	0.96	17	3	23	0.96	23	4
2	4	0.87	2	0.5	10	1	5	1	16	0.95	8	1.5	22	0.97	11	2
3	—				—				15	1	5	1	—			
4	—				8	0.87	2	1/2	14	0.95	3.5	3/4	20	1	5	1
5	—				7	0.93	1.4	2/5	13	0.95	2.6	3/5	19	0.93	3.8	4/5
6	—				—				12	0.86	2	1/2	—			
7	—				—				11	0.90	1.57	3/7	17	0.93	2.43	4/7
8	—				—				10	0.95	1.25	3/8	16	0.87	2	1/2
10	—				—				—				14	0.93	1.4	2/5
11	—				—				—				13	0.95	1.18	4/11

注：整数槽分布绕组；分数槽分布绕组；非重叠集中绕组。

表 3.3　辅助齿游标永磁电机极槽配合表

P_a	Z_s=6, P_f=12				Z_s=6, P_f=18				Z_s=6, P_f=24			
	P_e	k_{wa}	PR	q	P_e	k_{wa}	PR	q	P_e	k_{wa}	PR	q
2	10	0.87	5	0.5	16	0.87	8	0.5	22	0.87	11	0.5
P_a	Z_s=12, P_s=24				Z_s=12, P_s=36				Z_s=12, P_s=48			
	P_e	k_{wa}	PR	q	P_e	k_{wa}	PR	q	P_e	k_{wa}	PR	q
5	19	0.93	3.8	2/5	31	31	6.2	2/5	43	0.93	8.6	2/5

总体而言，游标永磁电机结构较为简单，除了定子采用开口槽、定转子极对数不等之外，结构与传统电机完全相同，因此加工制造技术较为成熟，装配、固定也较为简单。正因为这些优点，游标永磁电机成为了近年来电机领域的研究热点之一。

3.3.2　永磁横向磁通电机

永磁横向磁通电机拓扑结构如图 3.6 所示[6]，其定子铁心为沿圆周方向均匀

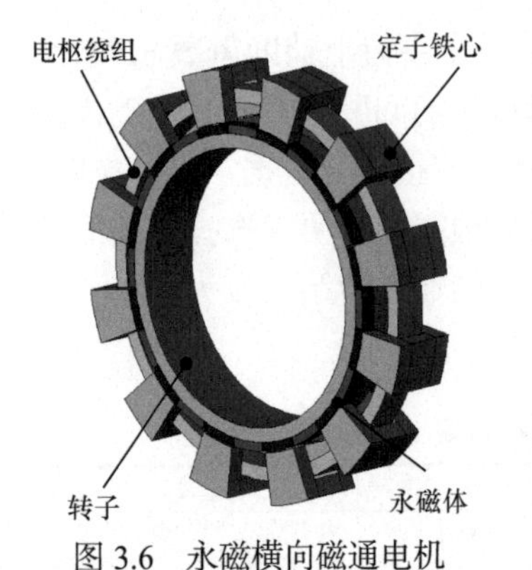

图 3.6　永磁横向磁通电机

分布的若干 U 形结构，铁心内绕有环形电枢绕组；转子为常规表贴永磁结构，但与径向磁通电机不同在于其沿轴向被分为两部分，两者永磁体励磁方向相反，且恰好与 U 形铁心的两侧齿相对，转子极对数 P_e 与 U 形铁心数量相等。

永磁横向磁通电机的调制原理较为特殊。首先考察单侧的永磁励磁磁场。由于 U 形铁心的铁齿可视为调制单元，且其极对数与转子相同，产生的气隙磁密可表示为

$$\begin{aligned} B_e(\theta,t) &= \frac{\mu_0}{g}F_e(\theta,t)\lambda_s(\theta) \\ &= \frac{\mu_0}{g}F_{e1}\left\{\lambda_{s0}\cos\left[P_f(\theta-\Omega_e t)\right]+\frac{1}{2}\lambda_{s1}\left[\cos\left(2P_f\theta-P_f\Omega_e t\right)+\cos\left(P_f\Omega_e t\right)\right]\right\} \end{aligned} \tag{3.7}$$

式中，P_f 为调制单元极对数，其与 P_e 相等；Ω_e 为励磁单元机械转速。可见，其气隙磁密仍主要包含 3 项，其中第一项为基波磁势与比磁导常数项作用产生的非调制磁场；第二项为调制产生的多极磁场；第三项通常为调制产生的少极磁场。但在横向磁通电机中，由于励磁与调制单元极对数相等，该磁场极对数为零，成为单极磁场，即气隙磁密中存在平均值。由于电枢为环形绕组，该单极磁场可以与电枢交链。随着转子旋转，单极磁场方向不断交变，从而在绕组中感应反电势。

基于上述分析，横向磁通电机有两个值得注意的地方。首先为了给单极磁场提供通路，横向磁通电机必须采用 U 形铁心这种三维结构；其次以磁场调制的观点，横向磁通电机电枢极对数为零，因此极比为无穷大，这也是其转矩密度高于其他磁场调制电机的原因。由于其高转矩密度的优点，这类电机在 20 世纪 90 年代成为了研究热点。但也正是由于这一特点，这类电机功率因数非常低，甚至只有 0.3～0.4 左右，制约了其应用。

3.3.3　电励磁游标电机

将游标永磁电机中励磁永磁体替换为励磁绕组，即得到了电励磁游标电机，其拓扑结构如图 3.7 所示。相较于游标永磁电机，电励磁游标电机省去了永磁体，因此具有更低的成本，且具备励磁调节能力。然而，电励磁游标电机

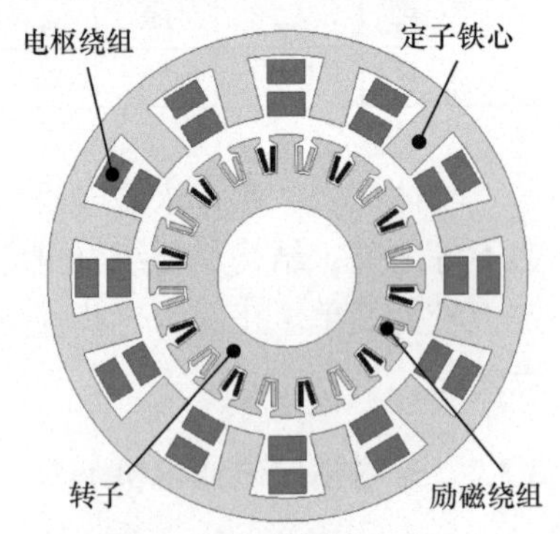

图 3.7　电励磁游标电机

缺点也较为明显。首先，为了实现更高的极比，电机励磁绕组极对数较大，导致励磁能力的下降；其次，电励磁游标电机气隙大幅削减，虽然提升了调制效果，但也导致电枢电感的进一步增大，一方面使得其相较游标永磁电机更易饱和，制约了其在强冷却以及大功率场合的应用；另一方面使其功率因数进一步减小。总体而言，由于励磁能力不足，电励磁游标电机难以发挥磁场调制电机高转矩密度的优势，且进一步放大了电励磁电机的固有缺陷。为了避免其劣势，可采用超导励磁，通过超导体的强通流能力弥补励磁不足的缺陷，同时提升功率因数[7]。

3.3.4 磁场调制感应电机

将磁齿轮电机中励磁单元替换为自短路绕组，即构成了一种新型磁场调制电机，其拓扑结构如图 3.8(a)所示。该电机在工作时，电枢绕组中通入交流电产生电枢磁动势，经过调制单元调制后的磁场切割转子，在转子上感应反电势与电流，之后转子磁动势经过调制后再与定子交链。该电机运行原理类似于感应电机，但定、转子耦合需要依靠磁场调制原理进行，因此将其命名为磁场调制感应电机。图 3.8(b)是通过有限元计算得到的该拓扑磁力线分布图。由图可以看到，在调制铁块数为 6 的调制单元作用下，5 对极定子磁场感应到转子侧，转子的感应绕组磁场极数为 1 对极，可见在这种感应电机中，磁场变化规律仍然满足式(2.79)，因此其极槽配合同样需要满足式(3.3)。下面将对磁场调制感应电机的拓扑作进一步探讨。

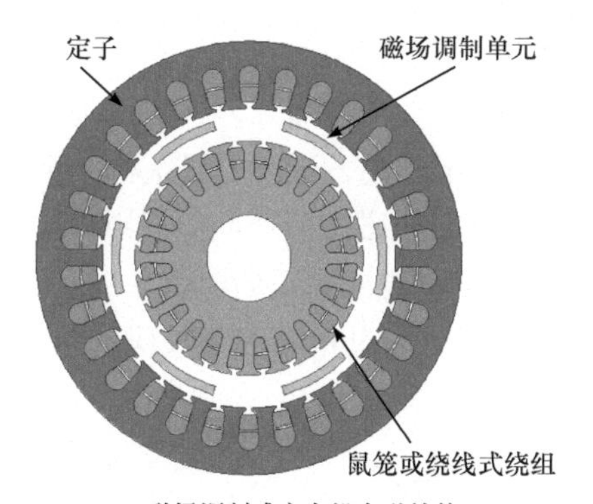

(a) 磁场调制感应电机电磁结构

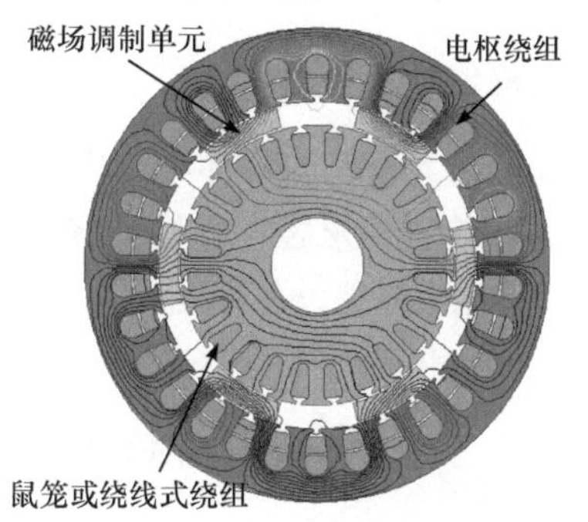

(b) 磁场调制感应电机磁力线分布

图 3.8　磁场调制感应电机

首先，类似于游标永磁电机的形成过程，当调制单元极对数等于定子齿数或其整数倍时，可将导磁块直接附着于定子齿顶，形成直齿或辅助齿结构，不仅简化了机械结构，还减小了等效气隙，提升了调制效果，从而增加整体输出转矩。其次，常规感应电机具有鼠笼与绕线式绕组两种转子结构，且考虑到加工便利性，大多数感应电机采用鼠笼式转子。然而磁场调制感应电机磁场谐波较为丰富，且各种谐波机械转向、转速差异较大，采用笼型转子后，各种谐波均可在其中感应反电势与电流，此时该电机相当于多个感应电机的物理集成。由于大量谐波转向与转子转向相反，或者转速低于转子转速，从而产生大量制动转矩成分，不仅降低了电机的转矩密度，还造成额外的转子损耗。因此，磁场调制感应电机转子侧应当采用具有单一极对数的绕线式绕组。前面介绍了调制单元静止型磁场调制电机采用永磁体、直流励磁绕组和自短路绕组励磁时形成的拓扑，最后简要讨论励磁单元采用交流绕组的情况。此时这类电机的调制单元静止，而电枢单元通常也静止，若励磁单元旋转，则电机等效于将磁场调制感应电机中的自短路绕组变为可控，整台电机变为有刷双馈型磁场调制电机；若励磁单元静止，则这种结构无法形成一台电机，只能构成磁场调制变压器。目前看来，这两种装置工程意义较弱，在此不作进一步讨论。

3.4 励磁单元静止型磁场调制电机

在图 1.5(b)中，当内部励磁单元静止、调制环旋转时，即构成了励磁单元静止型磁场调制电机的基本拓扑。类似于 3.3 节的拓扑演变过程，励磁单元需要和电枢单元集成实现简化。根据励磁单元极对数选取和永磁体排布方式等，这类电机形成了丰富的拓扑结构，下面将对其进行具体介绍。

3.4.1 永磁磁通反向电机

当励磁单元采用永磁体时，由于其放置于定子侧，这类电机统称为定子永磁型电机。目前定子永磁型电机共有三类，分别是永磁磁通反向电机[5]、永磁开关磁链电机[6]和永磁双凸极电机[7]。本小节将介绍永磁磁通反向电机。

图 3.9 给出了从图 1.5(b)的经典拓扑到磁通反向电机的演变过程。首先将励磁

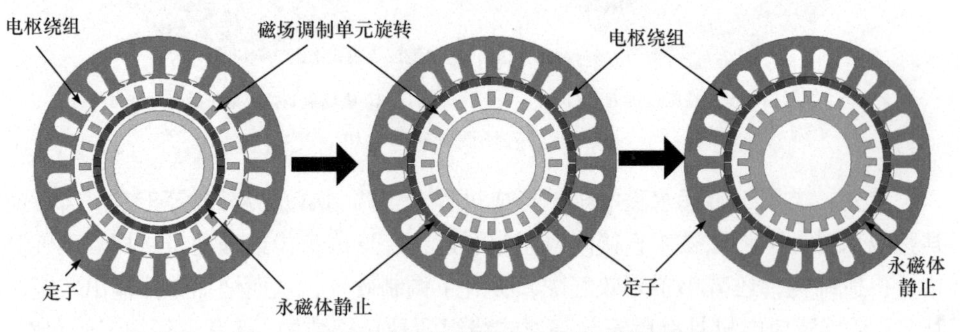

图 3.9 永磁体均布型磁通反向电机的演变过程

单元的永磁体从铁心上分离，并改变其位置，将其置于电枢与调制单元之间，且由于永磁体静止，可将其直接附着于定子表面；其次经过上述步骤后，电机内部为光滑铁心，其是否旋转对电机性能无任何影响，因此可将导磁块附着于铁轭上，两者同步旋转，最终形成具有单气隙的拓扑。从演变过程可知，上述电机极槽配合选择较为灵活，只需要满足 $Z_r=P_e \pm P_a$ 的磁场调制关系即可，这种电机可称为永磁体均布型磁通反向电机[8]。

然而，图 3.9 中的电机拓扑仍不同于常见的磁通反向电机，需要在此基础上进一步演变。首先，规定永磁体极对数 P_e 与定子齿数 Z_s 满足如下关系[9,10]：

$$P_e = \frac{3}{2} Z_s \tag{3.8}$$

其次，设置定子齿宽占据整个圆周的 2/3，则形成了图 3.10 左侧的电机拓扑；其中有若干磁钢放置于槽口，对于反电势与转矩的贡献较弱，可将其去掉，形成了图 3.10 右侧的拓扑，该拓扑即文献中常见的磁通反向电机结构。

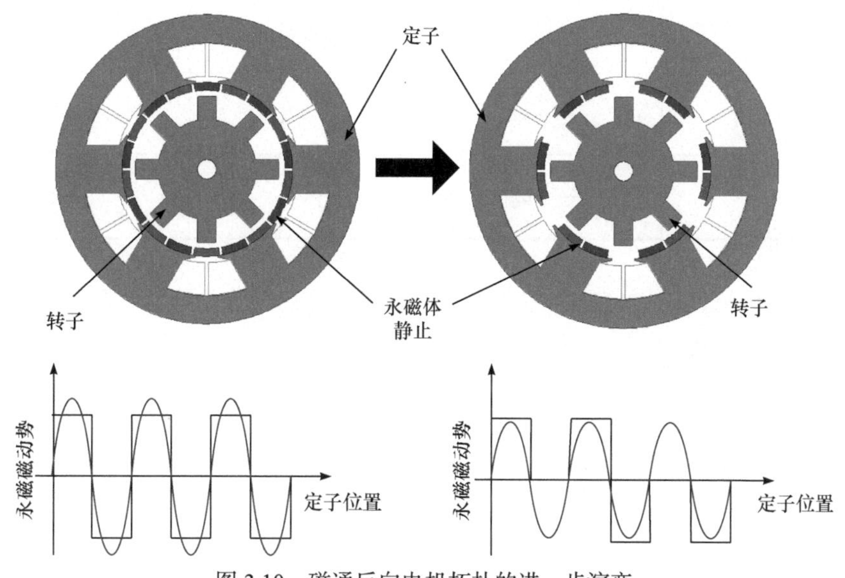

图 3.10　磁通反向电机拓扑的进一步演变

下面来分析磁通反向电机中的调制效应。需要注意的是，由于在拓扑演变的过程中去掉了部分永磁体，永磁磁动势不再是正负对称的方波，而是含有较多的“次谐波”，其极对数为齿数的一半，如图 3.10 所示，或者说励磁单元极对数为 $Z_s/2$，但其中含有大量高次谐波。为了与现有磁通反向电机文献叙述一致，本章采用后一种说法。此时，永磁体产生的励磁磁动势可表示为[11,12]

$$F_{\mathrm{e}} = \sum_{h=1,3,5,\cdots}^{\infty} F_{\mathrm{e}h} \sin\left(\frac{hZ_{\mathrm{s}}}{2}\theta\right) \tag{3.9}$$

式中，$F_{\mathrm{e}h}$为 h 次磁动势谐波幅值。此外，虽然永磁磁通反向电机定子槽开口较大，但此处没有永磁体，也就是励磁磁动势为零，因此槽开口比磁导的大小对于电机性能没有任何影响，即可假设定子表面光滑，只需要考虑转子开槽引入的比磁导函数

$$\lambda_{\mathrm{r}}(\theta,t) = \lambda_{\mathrm{r}0} + \sum_{l=1}^{\infty} \lambda_{\mathrm{r}l} \cos\left[lZ_{\mathrm{r}}(\theta - \Omega_{\mathrm{r}}t)\right] \tag{3.10}$$

根据磁场调制原理，可基于式(3.9)和式(3.10)求取各次空载气隙磁场分量，如表 3.4 所示。

表 3.4　磁通反向电机空载气隙磁场谐波

序号	极对数	幅值	角频率
1	$\frac{hZ_{\mathrm{s}}}{2}$	$\frac{\mu_0}{g}\lambda_{\mathrm{r}0}F_{\mathrm{e}h}$	0
2	$\frac{hZ_{\mathrm{s}}}{2}+lZ_{\mathrm{r}}$	$\frac{\mu_0}{2g}\lambda_{\mathrm{r}l}F_{\mathrm{e}h}$	$l\Omega_{\mathrm{r}}Z_{\mathrm{r}}$
3	$\left\lvert\frac{hZ_{\mathrm{s}}}{2}-lZ_{\mathrm{r}}\right\rvert$	$\frac{\mu_0}{2g}\lambda_{\mathrm{r}l}F_{\mathrm{e}h}$	$l\Omega_{\mathrm{r}}Z_{\mathrm{r}}$

从表中可见，永磁磁通反相电机的空载气隙磁场可分为两类，第一类为静止谐波，其极对数可表示为

$$P = \frac{h}{2}Z_{\mathrm{s}}, \quad h = 1,3,5,\cdots \tag{3.11}$$

这类谐波不参与机电能量转换。第二类谐波为旋转谐波，其极对数可表示为

$$P = \left|\frac{h}{2}Z_{\mathrm{s}} \pm lZ_{\mathrm{r}}\right|, \quad h = 1,3,5,\cdots; l = 1,2,3,\cdots \tag{3.12}$$

根据表 3.2，这些谐波对应电频率只与比磁导次数 l 有关，l=1 对应的磁密谐波均可在电枢绕组中感应基波反电势。此外，这些磁场谐波均互为齿谐波，因此，在设计电枢绕组时，只需要按照其中任意极对数绕制，即可与所有谐波交链。通常，定义电枢极对数为式(3.12)中 l 取 1 时最低的正整数，即

$$P_{\mathrm{a}} = \min\left\{\left|\frac{h}{2}Z_{\mathrm{s}} \pm Z_{\mathrm{r}}\right|\right\}, \quad h = 1,3,5,\cdots \tag{3.13}$$

磁通反向电机的极比定义为

$$\mathrm{PR}=\frac{Z_{\mathrm{r}}}{P_{\mathrm{a}}} \tag{3.14}$$

显然，式(3.14)是根据最低的工作极对数来定义电机的极比，但是从工作原理上看，式(3.13)中工作谐波各自具备不同的极比放大系数，并不全等于电机自身的极比。此外，由于磁通反向电机早期并未基于磁场调制原理研究，而是将其理解为一种变磁阻式电机，即随着转子齿位置的改变，各个齿下磁通的大小、方向发生变化。因此，磁通反向电机大多采用单齿绕的分数槽集中绕组。然而，根据式(3.14)，当绕组极对数较小时，显然采用叠绕组具备更大的绕组系数与输出转矩。表 3.5 列出了永磁磁通反向电机常见的极槽配合，可见当极比较高时采用叠绕组结构才能使绕组系数接近于 1。

表 3.5　永磁磁通反向电机极槽配合表

P_a	$Z_s=6, P_e=3$				$Z_s=12, P_e=6$				$Z_s=18, P_e=9$				$Z_s=24, P_e=12$			
	Z_r	k_{wa}	PR	q	Z_r	k_{wa}	PR	q	Z_r	k_{wa}	PR	q	Z_r	k_{wa}	PR	q
1	4	1	4	1	7	0.97	7	2	10	0.96	10	3	13	0.96	13	4
2	5	0.87	2.5	0.5	8	1	4	1	11	0.95	5.5	1.5	14	0.97	7	2
3	—				—				12	1	4	1	—			
4	—				10	0.87	2	1/2	13	0.95	3.25	3/4	16	1	4	1
5	—				11	0.93	1.4	2/5	14	0.95	2.8	3/5	17	0.93	3.4	4/5
6	—				—				15	0.86	2.5	1/2	—			
7	10	0.87	5	0.5	13	0.93	2.6	2/5	16	0.90	2.29	3/7	19	0.93	2.71	4/7
8	—				14	0.87	3.5	1/2	17	0.95	2.13	3/8	20	0.87	2.5	1/2
9	—				—				—				21	0.93	2.33	2/5
10	—				—				19	0.95	2.38	3/8	22	0.95	2.2	4/11
11	—				—				20	0.90	2.86	3/7	—			
12	—				—				21	0.86	3.5	1/2	—			
13	—				—				—				—			
14	—				—				—				26	0.95	2.6	4/11
15	—				—				—				27	0.93	3	2/5
16	—				—				—				28	0.87	3.5	1/2

注：■ 整数槽分布绕组；■ 分数槽分布绕组；□ 非重叠集中绕组。

3.4.2　永磁开关磁链电机

在永磁磁通反向电机中，每个定子齿被分为两部分，表面分别贴有励磁方向相反的永磁体，且相邻齿上靠近的两部分励磁方向相同。因此，可以将每个定子齿根据励磁的不同分为两部分，两者通过空隙隔开，原本具有相同励磁的部分改用轭部的单块永磁体励磁，从而得到图 3.11 中间的拓扑；该拓扑的励磁可进一步用放置于空隙的切向励磁永磁体代替，此时每个齿的励磁极性相比初始结构同样未发生变化，最终得到永磁开关磁链电机，如图 3.11 右侧所示[13]。

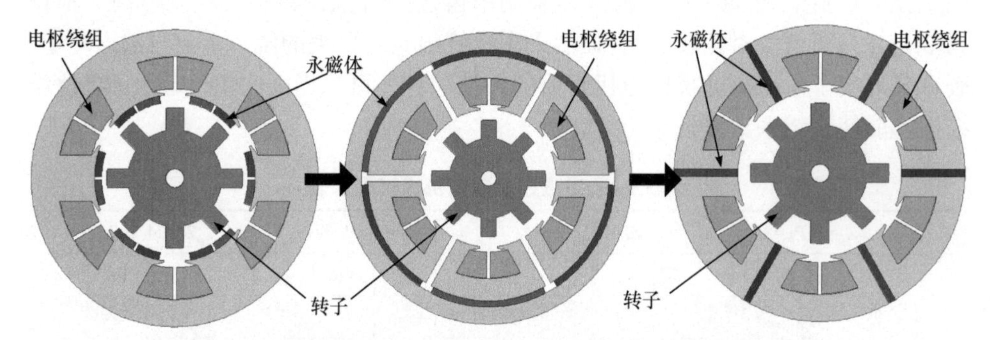

图 3.11　永磁磁通反向电机到永磁开关磁链电机的拓扑演变过程

相较于磁通反向电机，永磁开关磁链电机的磁动势与比磁导均发生一些变化。首先，永磁开关磁链电机的永磁体沿圆周均匀分布，若忽略转子开槽引入的磁路不对称，该电机永磁磁动势为理想方波，其极对数为 $Z_s/2$，三次谐波含量相比磁通反向电机明显降低，如图 3.12 所示，其数学表达式为

$$F_e(\theta)=\sum_{h=1,3,5,\cdots}^{\infty} F_{eh}\cos\left(\frac{h}{2}Z_s\theta\right) \tag{3.15}$$

其中 F_{e1} 较大，而其他谐波幅值较低。此外，根据 2.2.5 节的分析，转子开槽后，显然会引入附加磁动势谐波，定量解析计算中，若将其忽略会引入一定的误差，但在本章定性分析中暂不考虑。

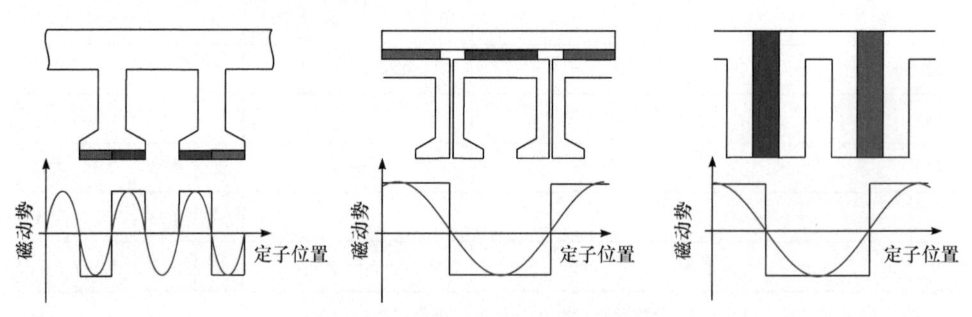

图 3.12　永磁开关磁链电机的磁动势

其次，永磁开关磁链电机每个定子齿被永磁体分隔为两个小齿，而最优的永磁体宽、小齿宽与槽口宽相等。因此，定子比磁导基波极对数为 $2Z_s$，比磁导函数可表示为

$$\lambda_s(\theta)=\lambda_{s0}+\sum_{l_s=1}^{\infty}\lambda_{sl_s}\cos(2l_sZ_s\theta) \tag{3.16}$$

在式(3.16)中，由于定子轴线取在齿中心线的位置，而该处为永磁体，比磁导最小，因此λ_{s1}为负值。

永磁开关磁链电机的转子比磁导与磁通反向电机相同，已经在式(3.10)中给出。但为了区分定、转子比磁导，将其次数改为用 l_r表示。定、转子均开槽下的气隙比磁导可表示为

$$\begin{aligned}\lambda_f(\theta,t)\approx\lambda_s\lambda_r&=\lambda_{s0}\lambda_{r0}+\lambda_{s0}\sum_{l_r=1}^{\infty}\lambda_{rl_r}\cos\left[l_rZ_r(\theta-\Omega_rt)\right]\\&+\lambda_{r0}\sum_{l_s=1}^{\infty}\lambda_{sl_s}\cos(2l_sZ_s\theta)+\frac{1}{2}\sum_{l_s,l_r}\lambda_{sl_s}\lambda_{rl_r}\cos\left[(l_rZ_r\pm2l_sZ_s)\theta-l_r\Omega_rt\right]\end{aligned} \tag{3.17}$$

根据式(3.15)和式(3.17)给出的磁动势与比磁导公式，利用磁场调制理论可求得永磁开关磁链电机的空载磁密，如表 3.6 所示。从表中可见，永磁开关磁链电机的空载磁场可分为两类，第一类为静止磁场，不参与机电能量转换；第二类为空间旋转磁场。这些磁场电频率只和转子比磁导次数 l_r有关，当 $l_r=1$ 时，对应气隙磁场在绕组中感应基波反电势。这些谐波极对数可统一表示为

$$P=\left|\left(\frac{h}{2}\pm2l_s\right)Z_s\pm Z_r\right|,\quad h=1,3,5,\cdots;l_s=0,1,2,\cdots \tag{3.18}$$

不难证明，满足式(3.18)的所有磁场谐波均为电枢绕组的齿谐波。因此，在设计永磁开关磁链电机的电枢绕组时，只需将其极对数设置为满足式(3.18)的最小正整数，即

$$P_a=\min\left|\left(\frac{h}{2}\pm2l_s\right)Z_s\pm Z_r\right|,\quad h=1,3,5,\cdots;l_s=0,1,2,\cdots \tag{3.19}$$

表 3.6　永磁开关磁链电机空载气隙磁场谐波

序号	极对数	幅值	角频率
1	$\frac{hZ_s}{2}$	$\frac{\mu_0}{g}\lambda_{s0}\lambda_{r0}F_{eh}$	0
2	$\left(2l_s+\frac{h}{2}\right)Z_s$	$\frac{\mu_0}{2g}\lambda_{sl_s}\lambda_{r0}F_{eh}$	0

续表

序号	极对数	幅值	角频率
3	$\left\|2l_s-\frac{h}{2}\right\|Z_s$	$\frac{\mu_0}{2g}\lambda_{sl_s}\lambda_{r0}F_{eh}$	0
4	$2l_sZ_s+l_rZ_r$	$\frac{\mu_0}{2g}\lambda_{s0}\lambda_{rl_r}F_{eh}$	$l_rZ_r\Omega_r$
5	$\|2l_sZ_s-l_rZ_r\|$	$\frac{\mu_0}{2g}\lambda_{s0}\lambda_{rl_r}F_{eh}$	$l_rZ_r\Omega_r$
6	$\left(2l_s+\frac{h}{2}\right)Z_s+l_rZ_r$	$\frac{\mu_0}{4g}\lambda_{sl_s}\lambda_{rl_r}F_{eh}$	$l_rZ_r\Omega_r$
7	$\left\|\left(2l_s-\frac{h}{2}\right)Z_s+l_rZ_r\right\|$	$\frac{\mu_0}{4g}\lambda_{sl_s}\lambda_{rl_r}F_{eh}$	$l_rZ_r\Omega_r$
8	$\left\|\left(2l_s+\frac{h}{2}\right)Z_s-l_rZ_r\right\|$	$\frac{\mu_0}{4g}\lambda_{sl_s}\lambda_{rl_r}F_{eh}$	$l_rZ_r\Omega_r$
9	$\left\|\left(2l_s-\frac{h}{2}\right)Z_s-l_rZ_r\right\|$	$\frac{\mu_0}{4g}\lambda_{sl_s}\lambda_{rl_r}F_{eh}$	$l_rZ_r\Omega_r$

开关磁链电机的极比同样按照式(3.14)定义，表 3.7 给出了这类电机常见的极槽配合方案。类似于磁通反向电机，当极比增加时，永磁开关磁链电机部分工作谐波的转矩放大系数可能下降，因此电机输出转矩不一定与极比正相关。此外，在某些极槽配合下，永磁开关磁链电机采用叠绕组具备更优的转矩能力。

表 3.7　永磁开关磁链电机极槽配合表

P_a	$Z_s=6, P_e=3$				$Z_s=12, P_e=6$				$Z_s=18, P_e=9$				$Z_s=24, P_e=12$			
	Z_r	k_{wa}	PR	q	Z_r	k_{wa}	PR	q	Z_r	k_{wa}	PR	q	Z_r	k_{wa}	PR	q
1	16	1	16	1	17	0.97	17	2	26	0.96	26	3	35	0.96	35	4
2	17	0.87	8.5	0.5	16	1	8	1	25	0.95	12.5	1.5	34	0.97	17	2
3	—				—				24	1	8	1	—			
4	—				14	0.87	3.5	1/2	23	0.95	5.75	3/4	32	1	8	1
5	—				13	0.93	2.6	2/5	22	0.95	4.4	3/5	31	0.93	6.2	4/5
6	—				—				21	0.86	3.5	1/2	—			
7	—				11	0.93	2.2	2/5	20	0.90	2.86	3/7	29	0.93	4.14	4/7
8	—				10	0.87	2.5	1/2	19	0.95	2.38	3/8	28	0.87	3.5	1/2
9	—				—				—				27	0.93	3	2/5
10	—				—				17	0.95	2.13	3/8	26	0.95	2.6	4/11

续表

P_a	$Z_s=6, P_e=3$				$Z_s=12, P_e=6$				$Z_s=18, P_e=9$				$Z_s=24, P_e=12$			
	Z_r	k_{wa}	PR	q	Z_r	k_{wa}	PR	q	Z_r	k_{wa}	PR	q	Z_r	k_{wa}	PR	q
11	—				—				16	0.90	2.29	3/7	—			
12	—				—				15	0.86	2.5	1/2	—			
13	—				—				—				—			
14	—				—				—				22	0.95	2.2	4/11
15	—				—				—				21	0.93	2.33	2/5
16	—				—				—				20	0.87	2.5	1/2

注：整数槽分布绕组；分数槽分布绕组；非重叠集中绕组。

3.4.3 永磁双凸极电机

考察一类特殊的永磁体均布型磁通反向电机，其永磁体极对数 P_e 和转子齿数 Z_r 分别为

$$
\begin{aligned}
P_e &= \frac{Z_s}{6} \\
Z_r &= \frac{2}{3} Z_s
\end{aligned}
\tag{3.20}
$$

在这一极槽配合下，每三个相邻的定子齿被一块永磁体覆盖，如图 3.13 左侧所示。可将永磁体转移至定子轭部而保证励磁磁场不变，从而形成了径向励磁永磁双凸极电机，如图 3.13 中间所示。进一步可将径向励磁永磁体改为在轭部每隔三个齿放置一块的切向励磁结构，同样可确保每个定子齿上的励磁磁场不变，从而形成切向励磁永磁双凸极电机，如图 3.13 右侧所示[14]。

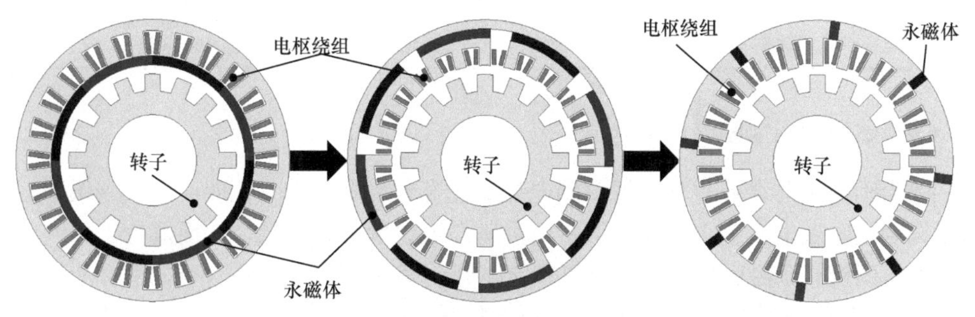

图 3.13　从永磁磁通反向电机到永磁双凸极电机的演变过程

在满足式(3.20)的基础上，可进一步推导永磁双凸极电机的气隙磁场。由于该

过程与上述永磁磁通反向电机和开关磁链电机类似，此处不再赘述。同样地，当转子比磁导次数 l_r=1 时，对应气隙磁场可在绕组中感应基波反电势，这些磁场的极对数为

$$P=\left|\frac{h}{6}\pm l_s\pm\frac{2}{3}\right|Z_s,\quad h=1,3,5,\cdots;\ l_s=0,1,2,\cdots \tag{3.21}$$

绕组极对数为上述磁场极对数的最小值，即

$$P_a=\min\left\{\left|\frac{h}{6}\pm l_s\pm\frac{2}{3}\right|Z_s\right\}=\frac{Z_s}{6} \tag{3.22}$$

电机极比为

$$\mathrm{PR}=\frac{Z_r}{P_a}=4 \tag{3.23}$$

由于极槽配合限制较为严格，永磁双凸极电机极比固定为 4。表 3.8 给出了永磁双凸极电机极槽配合方案。在式(3.22)的绕组极对数下，为保证绕组系数最大，电枢绕组应当设计为每极每相槽数 q=1 的叠绕组结构，其跨距为 3。然而，类似于磁通反向电机，由于早期这类电机不是基于磁场调制的视角进行研究，而是被视为变磁阻电机，其绕组采用单齿绕分数槽集中绕组，可计算其节距系数仅为 0.5，大幅降低了这类电机的转矩密度水平。

表 3.8　永磁双凸极电机极槽配合表

P_a	Z_s=6, P_e=1				Z_s=12, P_e=2				Z_s=18, P_e=3				Z_s=24, P_e=4			
	Z_r	k_{wa}	PR	q	Z_r	k_{wa}	PR	q	Z_r	k_{wa}	PR	q	Z_r	k_{wa}	PR	q
1	4	0.5	4	1	—				—				—			
2	—				8	0.5	4	1	—				—			
3	—				—				12	0.5	4	1	—			
4	—				—				—				16	0.5	4	1

3.4.4　磁场调制电励磁电机

当励磁磁动势静止型磁场调制电机通过直流绕组励磁时，即可形成一系列磁场调制电励磁电机，由于这类电机电励磁绕组放置于定子侧，从而避免了传统同步电机的旋转励磁问题。这类电机在航空起动/发电系统中具备优秀的潜在应用价值。磁场调制电励磁电机可分为电励磁游标磁阻电机[15-17]、电励磁开关磁链电机[18]与电励磁双凸极电机[19]三类。

电励磁游标磁阻电机可以从永磁体均布型磁通反向电机演变得到，如图 3.14

所示。

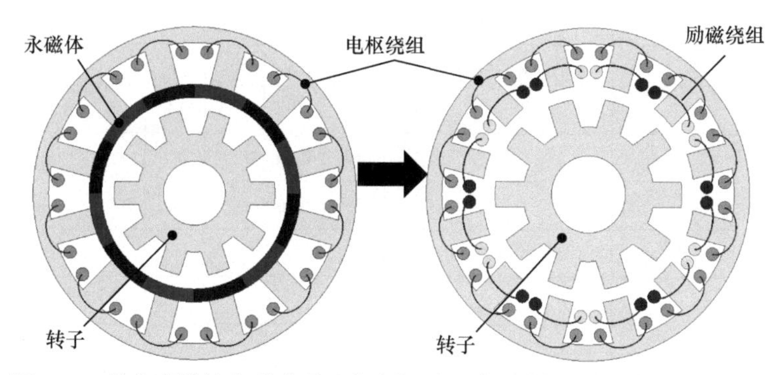

图 3.14　从永磁体均布型磁通反向电机到电励磁游标磁阻电机的演变过程

假设该电机的励磁永磁体极对数满足

$$P_{\mathrm{e}}=\frac{Z_{\mathrm{s}}}{2} \tag{3.24}$$

那么每个定子齿均被单独一块永磁体励磁，且相邻齿的励磁方向相反。在这种情况下，可将每块永磁体均用励磁线圈代替，从而形成图 3.14 右侧所示拓扑，其即为电励磁游标磁阻电机。类似于定子永磁型电机，可求得电励磁游标磁阻电机的工作磁场极对数为

$$P=\left|\left(\frac{h}{2}\pm l_{\mathrm{s}}\right)Z_{\mathrm{s}}\pm Z_{\mathrm{r}}\right| \tag{3.25}$$

这类电机的极比仍可用类似式(3.13)～式(3.14)的方式定义，其常见的极槽配合方案如表 3.9 所示。由于其励磁单元静止，为了提升励磁能力，可采用超导励磁绕组，相较于常规超导同步电机具备冷却方便、无电刷滑环的独特优势[20]。

表 3.9　电励磁游标磁阻电机极槽配合表

P_{a}	$Z_{\mathrm{s}}=6, P_{\mathrm{e}}=3$				$Z_{\mathrm{s}}=12, P_{\mathrm{e}}=6$				$Z_{\mathrm{s}}=18, P_{\mathrm{e}}=9$				$Z_{\mathrm{s}}=24, P_{\mathrm{e}}=12$			
	Z_{r}	k_{wa}	PR	q	Z_{r}	k_{wa}	PR	q	Z_{r}	k_{wa}	PR	q	Z_{r}	k_{wa}	PR	q
2	11	0.87	5.5	1/2	—				—				—			
4	—				22	0.87	5.5	1/2	—				—			
5	—				23	0.93	4.6	2/5	—				—			
6	—				—				21	0.86	3.5	1/2	—			
7	—				25	0.93	3.57	2/5	20	0.90	2.86	3/7	—			
8	—				26	0.87	3.25	1/2	19	0.95	2.38	3/8	28	0.87	3.5	1/2
9	—				—				—				27	0.93	3	2/5

续表

P_a	Z_s =6, P_e =3				Z_s =12, P_e =6				Z_s =18, P_e =9				Z_s =24, P_e =12			
	Z_r	k_{wa}	PR	q	Z_r	k_{wa}	PR	q	Z_r	k_{wa}	PR	q	Z_r	k_{wa}	PR	q
10	—				—				17	0.95	2.13	3/8	26	0.95	2.6	4/11
11	—				—				16	0.90	2.29	3/7	—			
12	—				—				15	0.86	2.5	1/2	—			
14	—				—				—				22	0.95	2.2	4/11
15	—				—				—				21	0.93	2.33	2/5
16	—				—				—				20	0.87	2.5	1/2

电励磁开关磁链电机拓扑如图 3.15 所示，其可视为直接由永磁开关磁链电机改造而来。在永磁开关磁链电机中，定子被永磁体分隔为若干个 U 形铁心，每个铁心被相邻的永磁体励磁，产生单极性励磁磁场。其中永磁体的作用可以用横跨该 U 形铁心的励磁绕组代替。此外，为了减小励磁磁路的磁阻，可将原本分离的铁心轭部打通(该轭部在永磁电机中会增加漏磁)，便得到最终的拓扑方案。由于原本放置永磁体的槽如今放置励磁绕组，电励磁开关磁链电机实际采用的是跨两齿绕组。

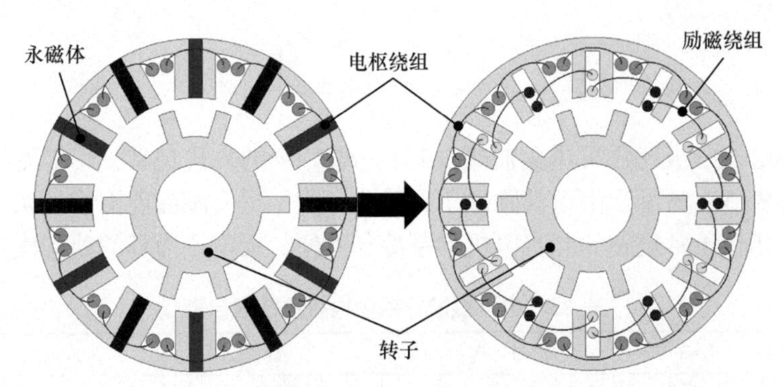

图 3.15　由永磁开关磁链电机到电励磁开关磁链电机的拓扑演变

电励磁双凸极电机拓扑如图 3.16 所示，其可视为直接由永磁双凸极电机改造而来。在永磁双凸极电机中，每块永磁体需要给相邻 3 个齿励磁，其励磁功能同样可用横跨 3 个齿的励磁绕组代替。然而，这种励磁方式导致 1/4 的槽中增设励磁导体，其槽面积需要增大。因此，在电机设计过程中，往往需要对定子齿形进行优化，从而使各个槽大小不等，便于放置励磁绕组。此外，虽然这类电机电枢为分数槽集中绕组，但绕组系数较小，且励磁绕组跨距固定为 3，端部仍相对较长，这两点成为其技术缺陷。

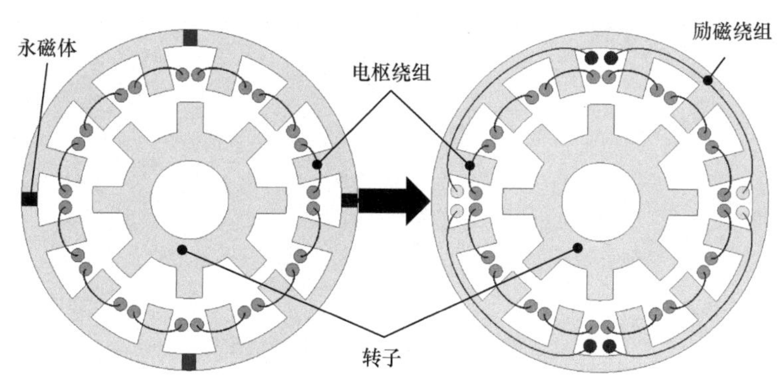

图 3.16　由永磁双凸极电机到电励磁双凸极电机的拓扑演变

前面分别介绍了励磁单元为永磁体和直流绕组的励磁磁动势静止型磁场调制电机，最后讨论励磁单元可否变为交流励磁绕组或自短路绕组。由于这类电机中励磁磁动势在空间上静止，采用上述两种励磁方式时励磁单元本身必须旋转。这种电机机械结构复杂，且性能上无特殊优势，本书暂不予研究。

3.5　无单元静止型磁场调制电机

本节介绍励磁磁动势、电枢磁动势与调制单元比磁导均旋转的无单元静止型磁场调制电机。这类电机工作原理相对复杂，结构演变繁多，且某些拓扑具备较为特殊的功能，值得深入探讨。

3.5.1　磁场调制无刷双机电端口电机

当磁场调制电机三单元均旋转，且采用永磁体励磁时，其拓扑为图 1.5 给出的基本模型。由于该电机励磁与调制单元为独立转子结构，是一种双机械端口电机。然而，该电机双转子转速只受式(2.82)的约束，存在额外自由度，并不完全受控，不能满足电机的控制功能。为了解决这一问题，可以在定子侧再放置一套电枢绕组，其极对数等于励磁单元极对数 P_e，如图 3.17(a)所示。为了区别此时的两套电枢绕组，不妨将原来磁场调制电机中的绕组称为调制绕组，将代表其的物理量用下标“a1”表征，新加入的绕组能够和励磁单元直接作用，它们构成一台常规永磁电机，所以称其为常规绕组，将代表其的物理量用下标“a2”表征。从外特性上看，这种新型电机具有双绕组，也就是两个电气端口；具有双转子，也就是两个机械端口；并且两套绕组都放置在定子侧，不需要电刷滑环。综合这些特点，把这种新型电机称为磁场调制无刷双机电端口电机(flux modulation brushless dual-mechanical-port dual-electrical-port machine, FM-BLDDM)[21,22]。

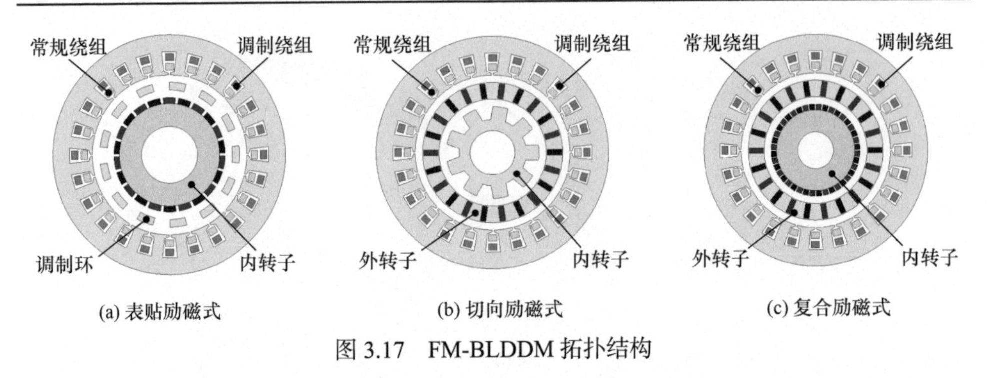

(a) 表贴励磁式　　(b) 切向励磁式　　(c) 复合励磁式

图 3.17　FM-BLDDM 拓扑结构

由于 FM-BLDDM 结构相对复杂，原理可行的拓扑种类较多，但整体而言，其必须为一台双机械端口磁场调制电机与一台单端口电机的拓扑集成。图 3.17(b)和(c)分别给出了两种演变拓扑，基于其励磁方式，分别命名为切向励磁和复合励磁拓扑。在切向励磁 FM-BLDDM 中，为了增强永磁体与常规绕组的耦合能力，将永磁转子与调制单元的位置互换，并将其变为切向励磁结构。该拓扑中，调制绕组与内、外转子构成一台双转子磁场调制电机，而常规绕组与外转子构成一台切向励磁永磁电机，如图 3.18(a)和(c)所示。而在复合励磁 FM-BLDDM 中，内、外转子上均放置永磁体，其中内转子为表贴永磁结构，外转子为切向励磁永磁结构。外转子上的铁心除了为永磁体提供回路外，还起到调制内转子产生磁场的作用。因此，调制绕组与外转子铁心及内转子构成一台磁场调制电机，而常规绕组仍与外转子构成一台切向励磁永磁电机，如图 3.18(b)和(c)所示。上述两种演变拓扑由于磁路结构与励磁方式的变化，相比图 3.17(a)所示的基本拓扑具备更高的转矩密度[23,24]。

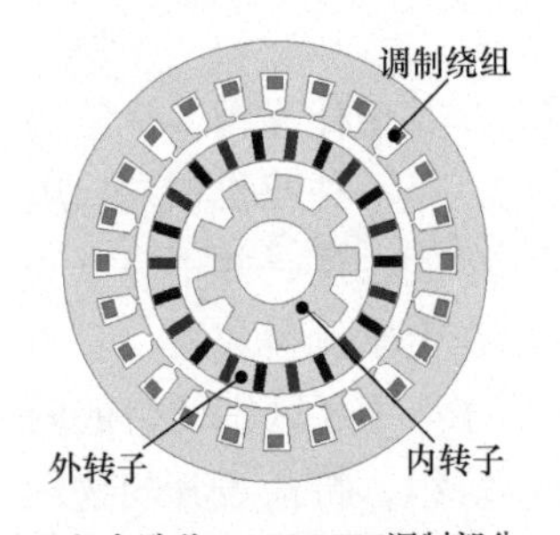

(a) 切向励磁FM-BLDDM调制部分

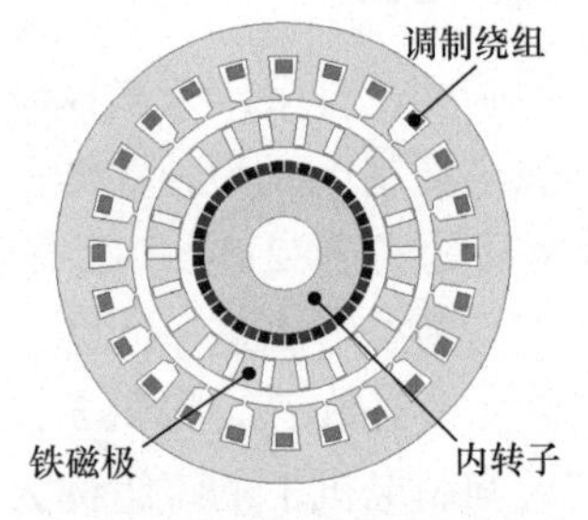

(b) 复合励磁FM-BLDDM调制部分

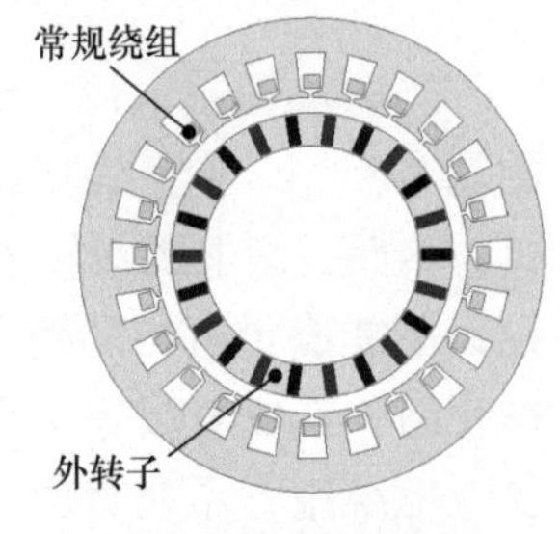

(c) 两拓扑常规部分

图 3.18　FM-BLDDM 结构分解

下面以图 3.17(a)中的基本拓扑为例，推导 FM-BLDDM 的端口特性。虽然其他拓扑在性能上相比基本拓扑有所提升，但功能特性没有变化，因此下面推导的结论具备一般性。以 $P_f > P_e$ 时的情况为例，从端口特性、能量传输两个角度来说明 FM-BLDDM 的功能。在这类电机中，若仅调制绕组通电，可以证明此时三单

元转矩分别与各自极对数成正比，三单元转矩可分别表示为

$$
\begin{aligned}
T_{f1} &= -k_{T1} I_{a1} P_f \\
T_{e1} &= k_{T1} I_{a1} P_e \\
T_{a1} &= k_{T1} I_{a1} P_{a1}
\end{aligned}
\tag{3.26}
$$

除了极对数外，各转矩均与调制绕组中的电流幅值 I_{a1} 成正比，k_{T1} 为对应的转矩常数。在常规绕组通电时，调制单元不参与作用，所以仅励磁单元与定子侧受到电磁转矩的作用：

$$
\begin{aligned}
T_{f2} &= 0 \\
T_{e2} &= k_{T2} I_{a2} \\
T_{a2} &= -k_{T2} I_{a2}
\end{aligned}
\tag{3.27}
$$

式中，I_{a2} 为常规绕组内电流幅值；k_{T2} 为对应转矩常数。当两套绕组同时通电时，不计饱和效应，最终转矩是两者的叠加：

$$
\begin{aligned}
T_f &= -k_{T1} I_{a1} P_f \\
T_e &= k_{T1} I_{a1} P_e + k_{T2} I_{a2}
\end{aligned}
\tag{3.28}
$$

因此，如果调节两套绕组的电流，就可以实现对电机转矩的自由控制。例如，要产生任意的 T_f 和 T_e，可以首先根据式(3.28)的第一个式子确定所需要的 I_{a1}，再将 T_e 和 I_{a1} 的数值代入第二个式子确定 I_{a2} 的大小；反之，将求得的电流通入绕组后，必然产生所需转矩。此外，根据式(2.82)，结合机电能量转换基本关系，可以得到

$$
\begin{aligned}
\omega_{a1} &= P_f \Omega_f - P_e \Omega_e \\
\omega_{a2} &= P_e \Omega_e
\end{aligned}
\tag{3.29}
$$

式中，ω_{a1} 和 ω_{a2} 分别为调制绕组和常规绕组中的电流频率。与转矩关系类似，双转子的转速同样可以根据两套绕组内的频率自由调节。

总之，FM-BLDDM 是一类双转子转速与转矩均能够单独控制的新型电机，整体紧凑性较高，在直升机螺旋桨驱动、水下推进等需要多个机械端口驱动的场合具备良好的应用潜力。由于 FM-BLDDM 端口众多，内部机电能量转换过程复杂，下面进一步推导这类电机的内部功率流动。

首先来分析仅调制绕组通电时的情况。此时两个转子的机械功率分别为

$$
\begin{aligned}
p_{f1} &= T_{f1} \Omega_f = -k_{T1} I_{a1} P_f \Omega_f \\
p_{e1} &= T_{e1} \Omega_e = k_{T1} I_{a1} P_e \Omega_e
\end{aligned}
\tag{3.30}
$$

在本章中，小写的“p”代表功率，大写的“P”代表极对数，需要注意两者的区分。可见，当两转子均逆时针旋转时，调制单元机械功率为负，也就是说它实际

上从外界吸收功率，而励磁单元输出机械功率(当然也可以让电流反相从而使功率反号，但是这种模式无意义，不进行讨论)。显然，这两者并不相等，剩下的功率从定子侧发出或吸收。虽然此时定子静止不产生机械功率，但调制绕组上会有电功率，其可计算为

$$p_{a1} = -\left(p_{f1} + p_{e1}\right) = k_{T1} I_{a1} \left(P_f \Omega_f - P_e \Omega_e\right) \tag{3.31}$$

调制绕组侧的功率显然与调制单元以及励磁单元的转速关系有关，当$P_f\Omega_f > P_e\Omega_e$时，其向电源充电，否则从电源吸收电功率。此时功率流向如图 3.19(a)所示，可见调制单元从外界吸收的功率一部分通过磁场直接传递给励磁单元，另一部分通过调制绕组发出(吸收)。所以，起到了机械功率传递的功能。

类似地，当常规绕组通电时，绕组与励磁单元发出的功率分别是

$$\begin{aligned} p_{e2} &= T_{e2} \Omega_e = k_{T2} I_{a2} \Omega_e \\ p_{a2} &= -p_{e2} = -k_{T2} I_{a2} \Omega_e \end{aligned} \tag{3.32}$$

常规绕组上的功率取决于其电流的正负，或者说其产生的附加转矩的正负。根据式(3.28)，常规绕组与励磁单元耦合而成的常规永磁电机用于补充励磁单元不足的转矩。当该转矩为正时，励磁单元输出机械功率，常规绕组吸收电源的电功率；反之，励磁单元吸收负载侧机械功率，常规绕组向电源输入电功率，总体功率流向如图 3.19(b)所示。可见如果考虑电源和逆变器，该电机具备两条能量通路，一部分功率p_{trans}通过磁场传输，另一部分通过绕组和逆变器传输。

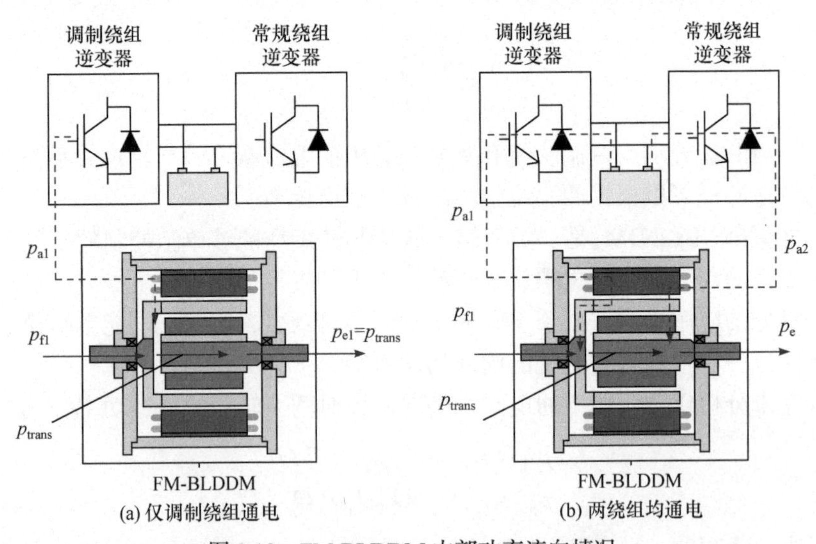

图 3.19　FM-BLDDM 内部功率流向情况

在解释了该电机的运行特性后，现在来说明电机的功能。在汽车中，内燃机

产生的能量需要传递至车轮侧。通常而言，这种传输是通过齿轮等机械传动装置进行的，所以内燃机与车轮之间的转速、转矩均为定比关系。由于路况的多变性，车轮需要的转速和转矩永远在变化，这导致内燃机工况随之变化。而内燃机仅在较窄的转速转矩区间具有高效率，所以车辆整体燃油效率较低。为了提升效率，人们发明了混合动力汽车，其中通过一套特殊的装置将内燃机和车轮的状态实现解耦，这套装置被称为能量分配装置。顾名思义，其将内燃机(此时转速转矩维持不变)产生的能量传输至车轮侧，由于车轮需要的功率不断变化，系统中存在储能装置(一般是蓄电池)，当车辆运行于低速或轻载工况时，内燃机产生的额外能量被临时储存在蓄电池中，而当车轮高速或重载运行时，这部分能量被释放供给车轮。因此，通过能量分配装置，混合动力汽车实现了能量的输送与调度。根据之前的分析，如果将无刷双机电端口电机的双转子，即调制与励磁单元分别连接内燃机与车轮，如图 3.20 所示，首先可以实现其运行状态的解耦，其次可以实现能量的传输与分配。因此，无刷双机电端口电机功能上可以作为能量分配装置，在新能源汽车领域具有较高的潜在应用价值。

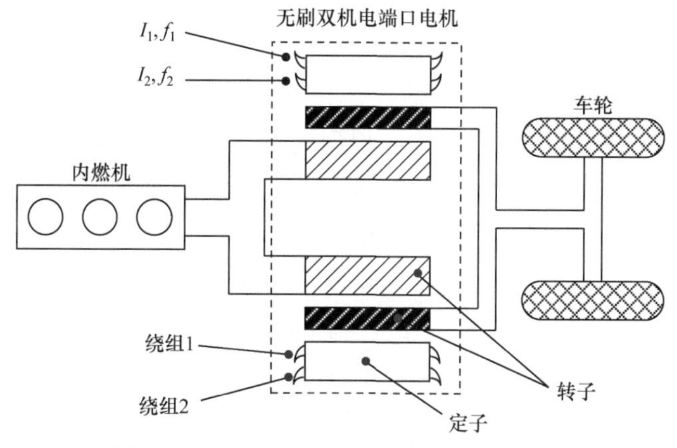

图 3.20　基于 FM-BLDDM 的混合动力系统

当励磁单元由永磁体变为直流励磁绕组时，可形成类似的多端口电机拓扑，但由于励磁需要电刷滑环，丧失了这类电机相较于常规双机械端口电机的优势，所以不具备实用价值，在此不作进一步讨论。

3.5.2　磁阻式无刷双馈电机

现考虑用交流励磁绕组代替图 1.5 中磁场调制电机永磁励磁单元后形成的电机拓扑。首先，类似于永磁磁通反向电机的演变过程，可替换励磁与调制单元的位置，此时调制单元变为放置于电机内部的磁阻转子。在此基础上，定子槽内增加一套绕组，绕组内通入交流电，用于替代旋转永磁体的励磁作用，从而最终形成定子侧包含双绕组的新型磁阻电机，如图 3.21 所示。由于该电机具有两个电端口，且绕组均放置于定子侧，不需要电刷滑环，所以学术界将其命名为磁阻式无刷双馈电机[25]。

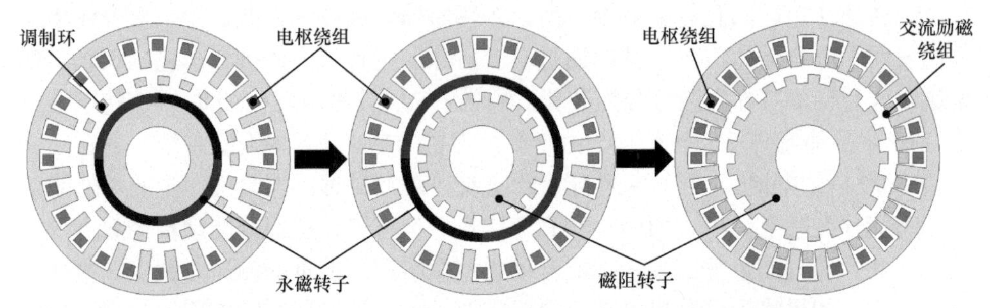

图 3.21　磁场调制电机基本拓扑到磁阻式无刷双馈电机的演变过程

磁阻式无刷双馈电机的极槽配合有两种选择方式。当定子槽开口较小时，调制单元极对数 P_f 即为转子齿数 Z_r。因此，根据表 2.2，两套绕组极对数与转子齿数满足磁场调制关系：

$$Z_r = \left|P_a \pm P_e\right| \tag{3.33}$$

式中，P_a 和 P_e 分别为电枢和交流励磁绕组的极对数。

其次，假设定子为开口槽结构，根据式(2.44)，气隙比磁导中含有极对数为 $|Z_s-Z_r|$ 的成分，将其作为工作比磁导，那么电机极槽配合为

$$\left|Z_s - Z_r\right| = \left|P_a \pm P_e\right| \tag{3.34}$$

表 3.10 列出了磁阻式无刷双馈电机的部分极槽配合。可见，当电机极槽配合满足式(3.33)时，Z_r 的数值与 P_a 或 P_e 差别不大，因此电机转矩放大系数偏小，转矩密度不高。但是若极槽配合满足式(3.34)，那么定转子齿数选择得较为接近，此时 Z_r 远大于 P_a 和 P_e，转矩放大系数极高，电机具有更高的转矩密度水平。

表 3.10　磁阻式无刷双馈电机极槽配合表

P_a	$Z_s=12$				$Z_s=18$				$Z_s=24$			
	P_e	Z_r	$k_{wa}k_{we}$	$Z_r/(P_aP_e)$	P_e	Z_r	$k_{wa}k_{we}$	$Z_r/(P_aP_e)$	P_e	Z_r	$k_{wa}k_{we}$	$Z_r/(P_aP_e)$
1	2	15	0.97	7.5	2	21	0.91	10.5	2	27	0.93	13.5
	—				3	22	1	7.33	—			
	—				4	23	0.95	5.75	4	29	0.96	7.25
	—				5	24	0.95	4.8	5	30	0.89	6
2	—				3	23	0.95	3.83	—			
	—				4	24	0.90	3	4	30	0.97	3.75

续表

P_a	$Z_s=12$				$Z_s=18$				$Z_s=24$			
	P_e	Z_r	$k_{wa}k_{we}$	$Z_r/(P_aP_e)$	P_e	Z_r	$k_{wa}k_{we}$	$Z_r/(P_aP_e)$	P_e	Z_r	$k_{wa}k_{we}$	$Z_r/(P_aP_e)$
2	—				5	25	0.90	2.5	5	31	0.90	3.1
	—				—				7	33	0.90	2.36
3	—				4	25	0.95	2.08	—			
	—				5	26	0.95	1.73	—			
4	—				5	27	0.90	1.35	5	33	0.93	1.65
	—				—	—	—	—	7	35	0.93	1.25
5	—				—	—	—	—	7	36	0.86	1.03

注：■ 整数槽分布绕组；■ 分数槽分布绕组；□ 非重叠集中绕组。

无刷双馈电机的绕组功率分配是其最为重要的特性之一，下面基于磁场调制原理进行推导。两套绕组的电磁功率可表示为

$$
\begin{aligned}
p_e &= \Omega_e T_e \\
p_a &= \Omega_a T_a
\end{aligned} \tag{3.35}
$$

式中，Ω_e 和 Ω_a 分别为两套绕组产生工作磁动势的转速；T_e 和 T_a 分别为两套绕组受到的等效电磁转矩。假设电机极槽配合满足

$$
Z_s - Z_r = P_a + P_e \tag{3.36}
$$

参考式(2.82)的推导过程，可得电机转速关系为

$$
P_e\Omega_e + P_a\Omega_a = -P_r\Omega_r \tag{3.37}
$$

类似地，各部分转矩与对应单元极对数成正比：

$$
\frac{T_e}{T_a} = \frac{P_e}{P_a} \tag{3.38}
$$

在无刷双馈电机中，往往定义同步速为励磁磁动势静止时的转子转速。根据式(3.37)，可求得同步速为

$$
\Omega_{r0} = -\frac{P_a\Omega_a}{P_r} \tag{3.39}
$$

定义转差率为

$$
s = \frac{\Omega_{r0} - \Omega_r}{\Omega_{r0}} \tag{3.40}
$$

将式(3.39)和(3.40)代入式(3.37)，可得

$$P_e\Omega_e = -sP_a\Omega_a \tag{3.41}$$

将式(3.41)和(3.38)代入式(3.35)，可得

$$p_e = -sp_a \tag{3.42}$$

根据式(3.42)，无刷双馈电机中交流励磁绕组上的功率等于电枢绕组功率与转差率的乘积，这一特性虽然是在假设电机满足式(3.36)的极槽配合基础上推导而来，但可证明其适用于极槽配合满足式(3.33)和(3.34)的任何无刷双馈电机。基于这一特性，无刷双馈电机适用于需要一定调速能力，但调速范围窄的领域。例如将其作为风力发电机，同步速设计在额定转速附近，其电枢绕组直接挂网，而交流励磁绕组通过逆变器控制。当风速发生变化时，根据式(3.37)，可通过调节励磁绕组中的电流幅值与频率，在电枢绕组电压、频率均固定的前提下，改变发电机及叶片转速，达到风能利用率最大化。由于叶片转速变化范围小，转差率较小，逆变器容量远低于发电容量，实现调速功能的同时起到节省逆变器重量、体积与成本的作用。

3.5.3 游标磁阻电机

游标磁阻电机可由磁阻式无刷双馈电机通过拓扑演变得到，其过程如图 3.22 所示。在极槽配合满足 $P_a+P_e=|Z_s-Z_r|$ 的磁阻式无刷双馈电机中，通过极槽配合设计使得励磁绕组极对数 P_e 与电枢绕组极对数 P_a 相等，这样一来两套绕组具有完全相同的结构。因此，可以将励磁绕组去掉，并在电枢绕组内通入励磁电流确保励磁磁动势不发生变化。此时根据式(3.37)，若转子转速满足

$$\Omega_r = -\frac{2P_a\Omega_a}{P_r} \tag{3.43}$$

则励磁与电枢电流具有相同频率，可视为同一电流通过平行四边形法则分解出的两个分量。

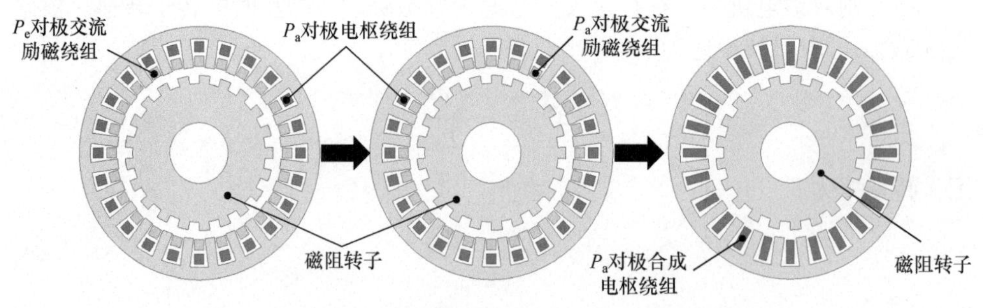

图 3.22 从磁阻式无刷双馈电机到游标磁阻电机的演变过程

综上，对于一台极槽配合满足

$$2P_{\mathrm{a}} = \left| Z_{\mathrm{s}} - Z_{\mathrm{r}} \right| \tag{3.44}$$

的单绕组双凸极电机，电枢绕组内通入交流电后，转子上会产生电磁转矩。由于该电机不存在励磁单元(或者说 d、q 轴电流相互励磁)，通常被视为一种磁阻电机，学术界将其命名为游标磁阻电机[26]。

游标磁阻电机的“游标”效应体现在其气隙比磁导转速的放大上。对于这类双边开槽拓扑，式(2.44)给出了气隙比磁导表达式，通过其可计算得到工作比磁导的转速为

$$\Omega_{\lambda} = \frac{Z_{\mathrm{r}}}{\left| Z_{\mathrm{s}} - Z_{\mathrm{r}} \right|} \Omega_{\mathrm{r}} \tag{3.45}$$

当定转子齿数接近时，工作比磁导的转速远高于转子转速，即微小的转子位置变化导致工作比磁导的大幅移动，类似于游标卡尺中测量长度的微小变化导致对齐刻度线的大幅移动，由此而得名。从另一角度看，根据式(3.44)和式(3.45)，游标磁阻电机在外特性上等效于一台电枢极对数为 $|Z_{\mathrm{s}}-Z_{\mathrm{r}}|/2$ 的同步磁阻电机并外接减速比为 $Z_{\mathrm{r}}/|Z_{\mathrm{s}}-Z_{\mathrm{r}}|$ 的齿轮箱的复合系统，而这也从侧面说明了游标磁阻电机的转矩密度高于同步磁阻电机。

3.5.4　异步感应子电机

将磁阻式无刷双馈电机的交流励磁绕组替换为自短路绕组，如图 3.23 所示，形成一种感应式磁场调制电机，学术界将其命名为异步感应子电机[27]。异步感应子电机的极槽配合与无刷双馈电机相同，满足式(3.33)或式(3.34)，只不过此时 P_{e} 代表自短路绕组的极对数。异步感应子电机不同于 3.3.4 节介绍的磁场调制感应电

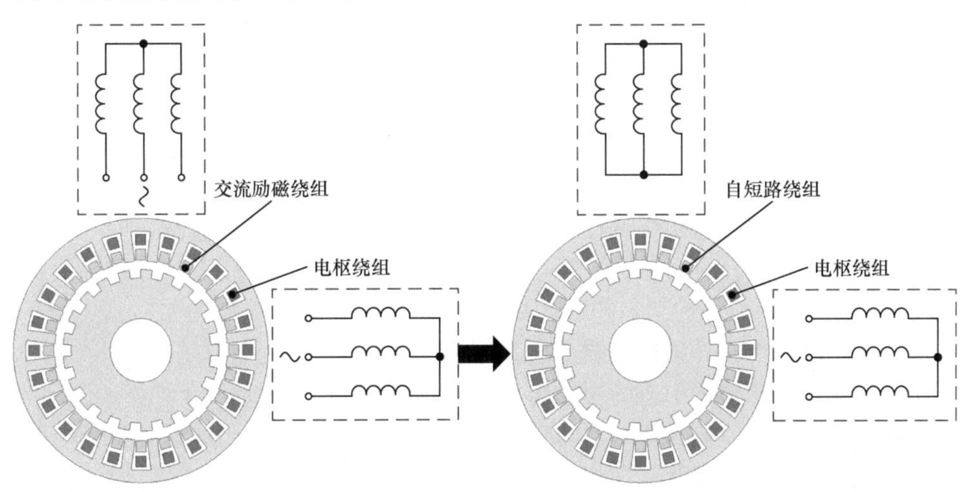

图 3.23　从磁阻式无刷双馈电机到异步感应子电机的拓扑演变过程

机，在后者中，调制单元静止，作为励磁的自短路绕组放置在转子侧，其本身以及产生的磁动势均旋转；而在异步感应子电机中，转子产生的工作比磁导旋转，且励磁单元放置在定子侧，其本身静止，但励磁电流基于电磁感应产生，对应励磁磁动势旋转。因此，异步感应子电机转子结构更为简单，坚固可靠，且自短路绕组中可采用串联电阻等方式提升其起动转矩。此外，感应子电机工作特性类似于无刷双馈电机和异步电机，其同步速和转差率按照式(3.39)和式(3.40)来定义。

异步感应子电机的运行原理可解释如下：当电枢绕组通电时，产生极对数为 P_a 的旋转电枢磁动势，该磁动势受到极对数为 $|Z_s-Z_r|$ 的旋转气隙比磁导调制后，产生极对数为 $||Z_s-Z_r|\pm P_a|$ 的气隙旋转磁场。根据极对数匹配关系，上述磁场之一极对数与自短路绕组相同，在其中感应反电势与电流。自短路绕组中感应电流产生的旋转磁势受到气隙比磁导调制，再次产生极对数为 P_a 的旋转磁场，其与电枢绕组产生交链作用。综上，两套绕组磁势通过转子实现交互，并在转子上产生电磁转矩。

3.6　磁场调制传动装置

除上述各类电机外，基于磁场调制电机的基本拓扑还可以推导出两类传动装置。虽然它们功能上不同于电机，但工作原理与磁场调制电机相同。下面将基于磁场调制原理的传动装置作为本章补充内容，对其进行简要的介绍。

传动装置与电机的最大区别在于其不具备电气端口，因此不存在电机中的电枢单元，而是具备两个励磁单元，两者通过调制单元的耦合实现转矩与能量的传输。考察 3.1 节中的 4 种励磁单元，其中直流和交流励磁绕组需要电气端口接入，不适合用于传动装置中，因此最终只有永磁体与自短路绕组两种励磁单元可用，且由于自短路绕组只能被动接收外界交变磁场，通过电磁感应提供励磁，两个励磁单元不能全部由自短路绕组构成，否则其中不存在磁场源，装置无法工作。综上，磁场调制传动装置只有两种类型，或者两个励磁单元均由永磁体构成，其被命名为磁场调制型磁齿轮[28]，下面将其简称为磁齿轮；或者一个励磁单元由永磁体构成，另一个由自短路绕组构成，其被命名为磁场调制电磁耦合器。

3.6.1　磁齿轮

磁齿轮的基本拓扑结构如图 3.24 所示，可视为磁场调制电机基本拓扑中将电枢绕组替换为永磁体后形成的新结构。其基本原理为：励磁单元 1 产生的磁动势通过调制环作用后调制为极对数与励磁单元 2 相同的磁场，该磁场与励磁单元 2 作用产生转矩。可发现其原理相较磁场调制电机没有区别，因此仍满足其极对数约束关系，即

$$P_{\mathrm{f}}=P_{\mathrm{e}}\pm P_{\mathrm{a}} \tag{3.46}$$

需要注意的是，由于磁齿轮中励磁单元 1 可视为电磁场调制电机电枢改造而来，为了与之前磁场调制电机使用的变量符号一致，相应下标仍然用“a”来表示，但其物理意义已经由电枢变为少极的励磁单元 1，而励磁单元 2 变量下标仍用“e”表示。

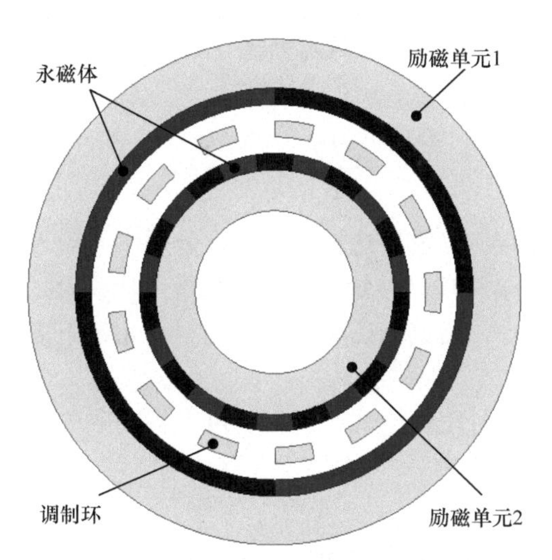

图 3.24　磁齿轮拓扑结构

下面来介绍磁齿轮的传输特性。不妨假设极槽配合为和调制，即式(3.46)取“+”号。此时，调制单元 2 的励磁磁动势为(只考虑基波)

$$F_{\mathrm{e}}=F_{\mathrm{e1}}\cos\left[P_{\mathrm{e}}\left(\theta-\varOmega_{\mathrm{e}}t\right)\right] \tag{3.47}$$

调制环的比磁导函数为

$$\lambda_{\mathrm{f}}\left(\theta,t\right)=\lambda_{\mathrm{f0}}+\lambda_{\mathrm{f1}}\cos\left[P_{\mathrm{f}}\left(\theta-\varOmega_{\mathrm{f}}t\right)\right] \tag{3.48}$$

调制单元 1 产生的气隙磁密为

$$\begin{aligned}B_{\mathrm{e}}\left(\theta,t\right)=\frac{\mu_0}{g}F_{\mathrm{e}}\lambda_{\mathrm{f}}=\frac{\mu_0}{g}F_{\mathrm{e1}}\Big\{&\lambda_{\mathrm{f0}}\cos\left[P_{\mathrm{e}}\left(\theta-\varOmega_{\mathrm{e}}t\right)\right]+\frac{1}{2}\lambda_{\mathrm{f1}}\cos\left[P_{\mathrm{a}}\theta-\left(P_{\mathrm{f}}\varOmega_{\mathrm{f}}-P_{\mathrm{e}}\varOmega_{\mathrm{e}}\right)t\right]\\&+\frac{1}{2}\lambda_{\mathrm{f1}}\cos\left[\left(P_{\mathrm{e}}+P_{\mathrm{f}}\right)\theta-\left(P_{\mathrm{f}}\varOmega_{\mathrm{f}}+P_{\mathrm{e}}\varOmega_{\mathrm{e}}\right)t\right]\Big\}\end{aligned} \tag{3.49}$$

式中，第二项与励磁单元 2 极对数相等，但两者实现恒定转矩传递必须转速一致，即

$$\Omega_a = \frac{P_f \Omega_f - P_e \Omega_e}{P_a} \tag{3.50}$$

再来推导磁齿轮的转矩特性。根据牛顿第三定律

$$T_e + T_a + T_f = 0 \tag{3.51}$$

以及能量守恒定律

$$\Omega_e T_e + \Omega_a T_a + \Omega_f T_f = 0 \tag{3.52}$$

结合式(3.50)～式(3.52)，可得

$$\frac{T_f}{T_a} = -\frac{P_f}{P_a}, \quad \frac{T_e}{T_a} = \frac{P_e}{P_a} \tag{3.53}$$

由于磁齿轮具有三单元结构，需要选择两个单元分别作为输入和输出端口，另一单元静止。根据式(3.53)，三单元转矩与其极对数成正比，因此极对数较少的励磁单元 1 必须作为端口之一，否则励磁单元 2 与调制单元转矩接近，无法起到变转矩的效果。

综上，磁齿轮具有两种工作模式。首先，可以将励磁单元 1 和 2 作为端口，调制环静止，此时端口特性为

$$\frac{\Omega_e}{\Omega_a} = -\frac{P_a}{P_e}, \quad \frac{T_e}{T_a} = \frac{P_e}{P_a} \tag{3.54}$$

可见，磁齿轮功能上与机械齿轮完全相同，起到变速变转矩的作用。根据能量守恒定律，在增加输出转矩的同时输出转速必然同比例下降，反之亦然。在这种工作模式下，可注意到两端口的转速是反向的。

其次，也可以让励磁单元 2 静止，励磁单元 1 与调制环作为端口，其特性为

$$\frac{\Omega_f}{\Omega_a} = \frac{P_a}{P_f}, \quad \frac{T_f}{T_a} = -\frac{P_f}{P_a} \tag{3.55}$$

在该工作模式下，两端口的转向相同。

在磁场调制电机中，转子上的转矩可以通过调节电枢电流来控制，而磁齿轮的励磁能力显然无法调节，其转矩是通过转矩角的变化来调节的。在磁齿轮中，转矩角是指励磁单元 2 产生的磁场经调制后与励磁单元 1 永磁体中心线的夹角，如图 3.25 所示。以励磁单元 1 和 2 作为输出端口为例，当 $\gamma = 0$ 时，端口上受到的电磁转矩为零；当 $\gamma = 90°$时，电磁转矩最大。结合式(3.53)可得

$$\begin{aligned} T_e &= T_{max} \sin\gamma \\ T_a &= \frac{P_a}{P_e} T_{max} \sin\gamma \end{aligned} \tag{3.56}$$

式中，T_{max} 为磁齿轮最大输出转矩。

式(3.56)被称为磁齿轮的矩角特性，该特性同样在图 3.26 中画出。从该式可知，当 $\gamma < 90°$时，若输入转矩增大，通过磁齿轮转子位置的自动调节，γ 将增大，从而使输入与输出转矩增加。然而，当 γ 增大到 90°后，如果进一步增加输入转矩，磁齿轮电磁转矩无法进一步增大，使得机械转矩与电磁转矩不再平衡，磁齿轮出现失步故障。通常而言，为了确保运行安全，磁齿轮运行转矩不会超过最大转矩的 70%。

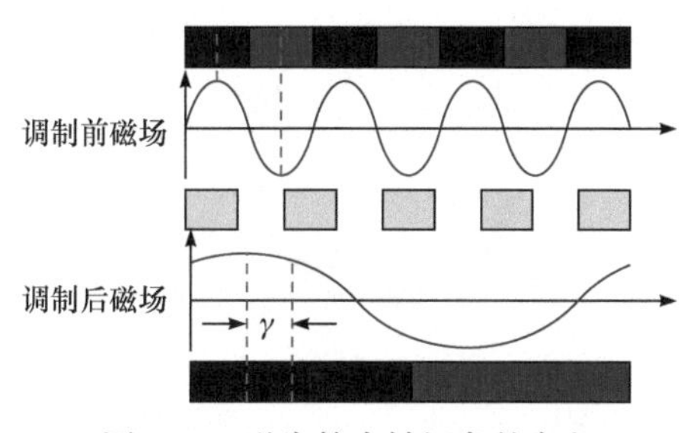

图 3.25　磁齿轮中转矩角的定义

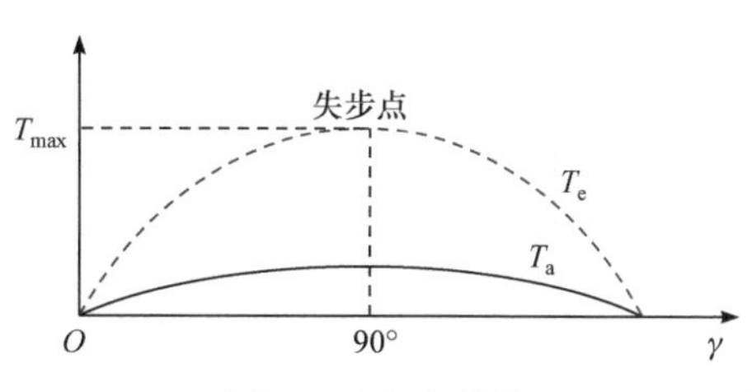

图 3.26　矩角特性

相较于机械齿轮，磁齿轮通过磁力传输转矩，是一种非接触式传输方式，避免了机械磨损问题，振动噪声低，维护周期长，且自带过载保护功能。然而，目前磁齿轮的转矩密度仍不及机械齿轮，且较大的永磁体用量造成其成本较高。因此，磁齿轮适用于密封要求高，如水下推进，以及维护成本高，如海上风力发电、潮汐发电等领域。

最后，利用磁齿轮的端口特性可以理解磁场调制电机的极比效应。对比图 1.5(b)和图 3.24，可发现两者唯一区别在于励磁单元 1 被替换为了电机中的电枢单元。进一步而言，无论是旋转的励磁单元还是静止的电枢单元，其最终目的是产生旋转的磁势，因此不管是站在调制单元还是励磁单元 2 上看，上述替换对于物理特性本质上没有影响，两者具有相同的转矩特性，对于磁场调制电机，有

$$\frac{T_e}{T_a} = \frac{P_e}{P_a} = \mathrm{PR} \tag{3.57}$$

式中，T_e 为电机输出转矩；T_a 为电枢单元受到的转矩。

对磁场调制电机而言，站在电枢的角度，其感受到一个少极、高速的旋转磁场，这与一台常规少极、高速的永磁电机感受到的磁场相同，因此两者具有相同的电磁转矩。综上，磁场调制电机将常规永磁电机的转矩放大了 PR 倍。关于这一点，第 4 章将进行更为详细的说明。

3.6.2　磁场调制电磁耦合器

当励磁单元 1 的形式为自短路绕组时，形成的拓扑称为磁场调制电磁耦合器，

如图 3.27(a)所示。为了简化加工，也可将其替换为铜环，如图 3.27(b)所示。该装置的极槽配合同样满足式(3.46)，其原理如下：永磁体产生的磁动势经过调制后形成气隙旋转磁场，该磁场与调制单元 1 具有不同的转速，因此会在绕组上感应反电势与电流，该感应电流产生的磁场与永磁磁场相互作用实现转矩的传输。下面来推导其传输特性。

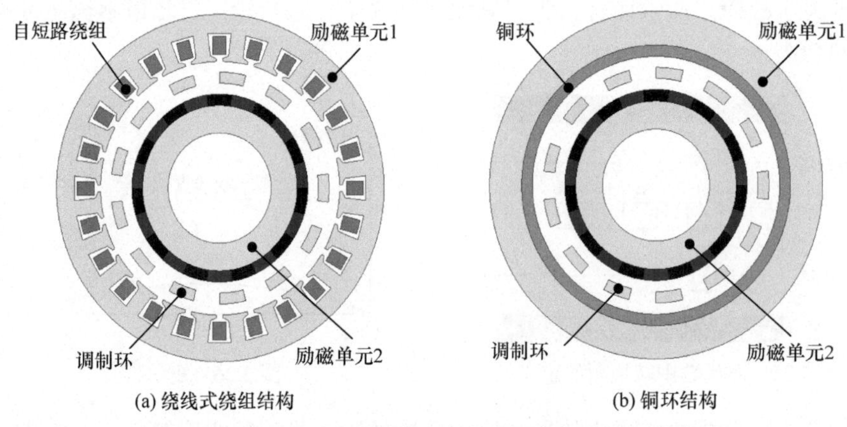

图 3.27　具有不同自短路绕组结构的磁场调制电磁耦合器

类似于式(3.39)，可定义励磁单元 1 的同步速为

$$\Omega_{a0}=\frac{P_e\Omega_e}{P_a} \tag{3.58}$$

转差率为

$$s=\frac{\Omega_{a0}-\Omega_a}{\Omega_{a0}} \tag{3.59}$$

通过类似感应电机的频率折算，可得励磁单元 1 的电磁转矩为

$$T_a=\frac{3I_a^2R_a}{s}=\frac{3\Psi_{a1}^2P_a^2\Omega_aR_a}{\dfrac{R_a^2}{s}+s\left(\Omega_aP_aL_a\right)^2} \tag{3.60}$$

式中，Ψ_{a1}为自短路绕组从永磁体上感应的基波磁链；电感 L_a 为该绕组总电感，不像感应电机转矩公式中电感为漏感。从式(3.60)中可以看出，当励磁单元 1 运行于同步速附近时，即使转速变化，该装置仍可传输转矩。此外，与感应电机类似，励磁单元 1 上输出功率与铜耗的比例为

$$p_a:p_{a\_out}:p_{a\_Cu}=1:1-s:s \tag{3.61}$$

因此，为了增加系统效率，转子转速需要接近同步速，从而减小转差率与铜

耗。与磁齿轮类似，磁场调制电磁耦合器中各单元的转矩比与其极对数成正比，但由于自短路绕组的损耗，即使在理想情况下，输入、输出端功率也不相同。

图 3.28 给出了一台磁场调制电磁耦合器的仿真结果。图 3.28(a)为该拓扑的磁力线分布，图中可以看出 22 对极永磁磁势在调制单元的作用下，形成两对极的磁场。图 3.28(b)给出当永磁转子转速为 300r/min、导体转子转速为 3080r/min 时，两转子的转矩波形。根据式(3.50)，两转子同步速之比为 11，而图中速度比为 10.2，励磁单元 1 运行于异步状态，仍稳定输出转矩，这也是该装置与磁齿轮最大的区别。

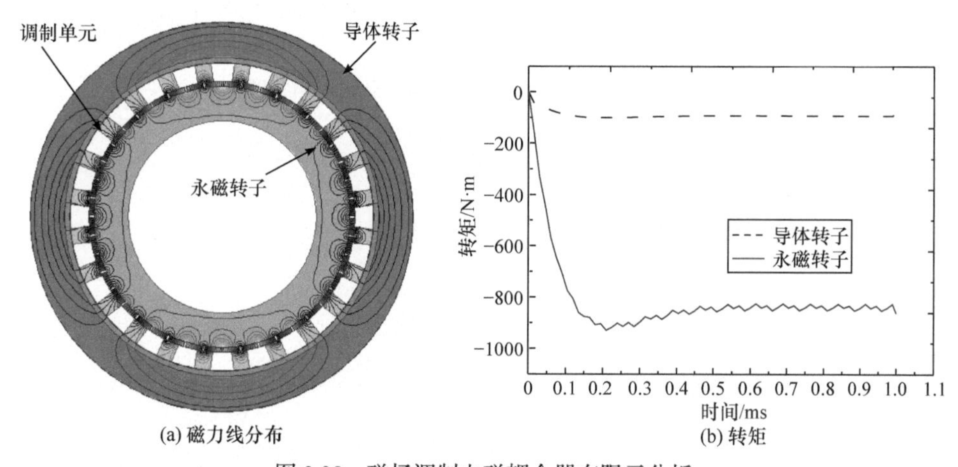

(a) 磁力线分布　(b) 转矩

图 3.28　磁场调制电磁耦合器有限元分析

最后来说明这类传动装置的功能。在风力发电系统中，叶片的转速往往极低，通常只有 10r/min 左右，且需要根据风速的变化调节叶片转速以捕获最大风能。因此，在叶片与发电机之间需要一套机械传动装置，一方面作为齿轮升高、降低转矩，从而减小发电机的重量与体积；另一方面稳定输出转矩，确保发电机运行于同步速。目前，这套装置由机械齿轮构成，但是机械齿轮接触式传动的方式不可避免带来磨损问题，需要定期维护，对于风力发电，尤其是海上风力发电，频繁维护极大增加了运营成本，因此近年学术界一直在探索无接触式的电磁传动方案。

图 3.29 给出了一类基于电磁齿轮与电磁耦合器的传动装置，其中叶片输出经过磁齿轮增速降转矩后再通过电磁耦合器稳速，整套系统较为复杂。本章介绍的磁场调制电磁耦合器可实现同样的功能，如图 3.30 所示，但其结构更为紧凑，更具实用价值。

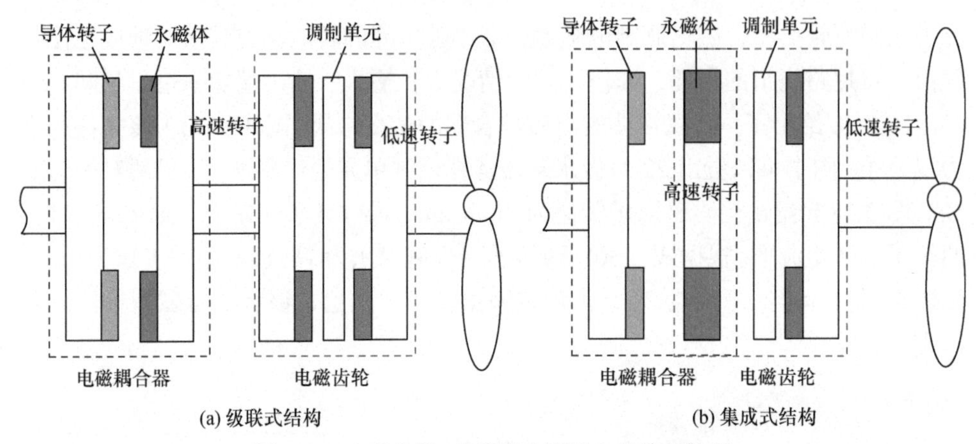

图 3.29　电磁齿轮+电磁耦合器的电磁传动装置

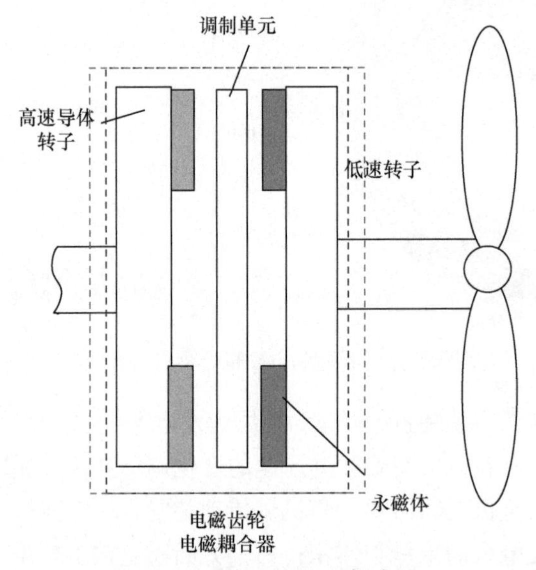

图 3.30　磁场调制电磁耦合器

3.7　本 章 小 结

本章从磁场调制电机基本模型出发，在其基础上对各单元施加静止与运动的限制条件，并限定励磁单元结构形式后，通过拓扑演变的方式，推导出不同的磁场调制电机拓扑类型，建立了磁场调制电机拓扑族。

(1) 就各功能单元的静止与运动形式而言，磁场调制电机可分为三单元静止型、调制单元静止型、励磁磁动势静止型和无单元静止型四大类。其中，常规直流电机和同步电机可视为三单元静止型和调制单元静止型中的特例，而励磁单元静止型和无单元静止型是引入调制单元后新增的电机类型，因此其结构、原理等与常规电机完全不同。前者的转子完全由凸极构成；后者或具有凸极转子，或具有多个机电端口。

(2) 就励磁单元形式而言，磁场调制电机可分为永磁式、电励磁式、交流励磁式和感应式四类。其中，磁场调制永磁电机又分为转子永磁型(游标永磁电机)、定子永磁型和双机电端口型三类；磁场调制电励磁电机除了励磁单元置于转子侧的常规有刷拓扑外，还存在多种定子电励磁电机，其具备无刷化的特有优势；磁阻式无刷双馈电机和游标磁阻电机属于交流励磁磁场调制电机，其定子侧产生的励磁和电枢磁动势与磁阻转子通过磁场调制效应耦合；基于感应原理的磁场调制电机同样分为两类，其自短路绕组分别位于定、转子侧。

(3) 磁场调制传动装置也有两类。其中，磁齿轮功能与机械齿轮完全相同，其具备恒定比例的转速与转矩传输特性；而磁场调制电磁耦合器的输入、输出端转矩比例固定，但转速比可调，适用于输入转速可变的变速恒频发电等领域。

参考文献

[1] 李大伟. 磁场调制永磁电机研究[D]. 武汉: 华中科技大学, 2015.

[2] Li D W, Zou T J, Qu R H, et al. Analysis of fractional-slot concentrated winding PM vernier machines with regular open-slot stators[J]. IEEE Transactions on Industry Applications, 2018, 54(2): 1320-1330.

[3] Li D W, Qu R H, Li J, et al. Analysis of torque capability and quality in vernier permanent-magnet machines[J]. IEEE Transactions on Industry Applications, 2016, 52(1): 125-135.

[4] 邹天杰. 高性能磁场调制电机理论与拓扑研究[D]. 武汉: 华中科技大学, 2018.

[5] Li J, Chau K, Jiang J Z, et al. A new efficient permanent-magnet vernier machine for wind power generation[J]. IEEE Transactions on Magnetics, 2010, 46(6):1475-1478.

[6] Weh H, May H. Achievable force densities for permanent magnet excited machines in new configurations[C]. International Conference on Electrical Machines, Munchen, 1986: 1107-1111.

[7] Gao Y T, Qu R H, Li D W, et al. Design of a dual-stator LTS vernier machine for direct-drive wind power generation[J]. IEEE Transactions on Applied Superconductivity, 2016, 26(4): 1-5.

[8] Li D W, Gao Y T, Qu R H, et al. Design and analysis of a flux reversal machine with evenly distributed permanent magnets[J]. IEEE Transactions on Industry Applications, 2018, 54(1): 172-183.

[9] 高玉婷. 磁通反向电机的理论分析及拓扑研究[D]. 武汉: 华中科技大学, 2017.

[10] Gao Y T, Qu R H, Li D W, et al. Torque performance analysis of three-phase flux reversal machines[J]. IEEE Transactions on Industry Applications, 2017, 53(3): 2110-2119.

[11] Gao Y T, Li D W, Qu R H, et al. Design procedure of flux reversal permanent magnet machines[J]. IEEE Transactions on Industry Applications, 2017, 53(5): 4232-4241.

[12] Gao Y T, Qu R H, Li D W, et al. Design of three-phase flux-reversal machines with

fractional-slot windings[J]. IEEE Transactions on Industry Applications, 2016, 52(4): 2856-2864.
[13] Li D W, Qu R H, Li J, et al. Synthesis of flux switching permanent magnet machines[J]. IEEE Transactions on Energy Conversion, 2016, 31(1): 106-117.
[14] Liao Y F, Liang F, Lipo T. A novel permanent magnet motor with doubly salient structure[C]. IEEE Industry Applications Society Annual Meeting, Houston, 1992: 308-314.
[15] 贾少锋. 电励磁游标磁阻电机研究[D]. 武汉：华中科技大学, 2017.
[16] Jia S F, Qu R H, Li J, et al. Principles of stator DC winding excited vernier reluctance machines[J]. IEEE Transactions on Energy Conversion, 2016, 31(3): 935-946.
[17] Li Z M, Yu Z X, Kong W B, et al. An accurate harmonic current suppression strategy for DC-biased vernier reluctance machines based on adaptive notch filter[J]. IEEE Transactions on Industrial Electronics, 2022, 69(5): 4555-4565.
[18] Chen J T, Zhu Z Q, Iwasaki S, et al. Low cost flux-switching brushless AC machines[C]. IEEE Vehicle Power and Propulsion Conference, Lille, 2010: 1-6.
[19] Li H S, Liang F, Zhao Y, et al. A doubly salient doubly excited variable reluctance motor[J]. IEEE Transactions on Industry Applications, 1995, 31(1): 99-106.
[20] Cheng Y, Zhang Y Z, Qu R H, et al. Design and analysis of 10 MW HTS double-stator flux-modulation generator for wind turbine[J]. IEEE Transactions on Applied Superconductivity, 2021, 31(5): 1-8.
[21] 任翔. 多机电端口电机研究[D]. 武汉：华中科技大学, 2019.
[22] Li D W, Qu R H, Ren X, et al. Brushless dual-electrical-port, dual mechanical port machines based on the flux modulation principle[C]. IEEE Energy Conversion Congress and Exposition, Milwaukee, 2016: 1-8.
[23] Ren X, Li D W, Qu R H, et al. A brushless dual-mechanical-port dual-electrical-port machine with spoke array magnets in flux modulator[J]. IEEE Transactions on Magnetics, 2017, 53(11): 1-6.
[24] Ren X, Li D W, Qu R H, et al. Analysis of spoke-type brushless dual-electrical-port dual-mechanical-port machine with decoupled windings[J]. IEEE Transactions on Industrial Electronics, 2019, 66(8): 6128-6140.
[25] Liao Y F, Xu L Y, Zhen L. Design of a doubly-fed reluctance motor for adjustable speed drives[J]. IEEE Transactions on Industry Applications, 1996, 32(5): 1195-1203.
[26] Lee C H. Vernier motor and its design[J]. IEEE Transactions on Power Apparatus and Systems, 1963, 82(66): 343-349.
[27] 励鹤鸣, 励庆孚. 电磁减速式电动机[M]. 北京：机械工业出版社, 1982.
[28] Atallah K, Howe D. A novel high-performance magnetic gear[J]. IEEE Transactions on Magnetics, 2001, 37(4): 2844-2846.

第4章　磁场调制电机特性分析

第2章和第3章分别对磁场调制原理以及磁场调制电机的类型作了介绍。从中可以发现，磁场调制电机既具有类似的工作原理，又根据各单元位置排布、类型与结构衍生出千差万别的电机拓扑。因此，磁场调制电机既应当具备不同于常规电机的共性特征，其内部又可根据拓扑的差异发展出个性化的性能特点。本章首先推导磁场调制电机基本模型的电磁转矩与功率因数，从中可清晰看出磁场调制电机所具备的共性特点，及其内部蕴含的机理；在此基础上进一步推导各类磁场调制电机平均转矩、转矩波动及功率因数三个主要的性能。根据不同磁场调制电机所包含基本模型的差异，充分揭示其中性能差异的原因。

4.1　基 本 思 路

电机作为机电能量转换装置，其性能体现在“电”与“机械”两个方面。机械端口的主要指标是平均转矩与转矩波动；而电端口的主要指标为电压、电流、功率因数、电压畸变程度等。根据电机学理论，电机的电压与电流可以通过线圈匝数调节，因此其内在的性能仅为功率因数与电压畸变程度两项。转矩波动很大程度取决于空载反电势谐波，因此本章对电气端口仅分析功率因数这一个指标，电压畸变程度则在转矩波动中体现。综上，本章主要介绍磁场调制电机的平均转矩、转矩波动和功率因数三项指标。

4.1.1　平均转矩与转矩波动

根据麦克斯韦应力张量法，任何一台单气隙电机的瞬时转矩均可以计算为

$$T = r_g l_{stk} \int_0^{2\pi} \frac{B_{rad} B_{tal}}{2\mu_0} d\theta \tag{4.1}$$

式中，B_{rad}和B_{tal}分别为气隙磁密中径向和切向分量；μ_0为真空磁导率；r_g为气隙半径；l_{stk}为电机有效叠片长度。在不计饱和时，电机磁场为励磁磁场和电枢磁场之和。因此，式(4.1)可进一步展开为

$$\begin{aligned} T &= r_g l_{stk} \int_0^{2\pi} \frac{\left(B_{rad\_e} + B_{rad\_a}\right)\left(B_{tal\_e} + B_{tal\_a}\right)}{2\mu_0} d\theta \\ &= r_g l_{stk} \int_0^{2\pi} \frac{B_{rad\_e} B_{tal\_e}}{2\mu_0} d\theta + r_g l_{stk} \int_0^{2\pi} \frac{B_{rad\_e} B_{tal\_a} + B_{rad\_a} B_{tal\_e}}{2\mu_0} d\theta \end{aligned}$$

$$
\begin{aligned}
&+ r_{g} l_{stk} \int_0^{2\pi} \frac{B_{rad\_a} B_{tal\_a}}{2\mu_0} d\theta \\
&= T_{cog} + T_{exc} + T_{rel}
\end{aligned}
\tag{4.2}
$$

式中，B_{rad_e} 和 B_{tal_e} 分别为励磁磁场的径向和切向分量；B_{rad_a} 和 B_{tal_a} 分别为电枢磁场的径向和切向分量。

在式(4.2)中，第一项只包含励磁磁场，也就是只有励磁单元作用，电枢单元不通电时电机的转矩，其被定义为齿槽转矩 T_{cog}；第二项表现励磁与电枢磁场的乘积，因此物理意义为两者的交互作用，其被定义为励磁转矩 T_{exc}；第三项只包含电枢磁场，物理意义为不计励磁磁场，只考虑电枢磁场时的转矩成分，其被定义为磁阻转矩 T_{rel}。

再来分析以上三种转矩的性质。首先，根据能量守恒定律，齿槽转矩不可能含有平均值，只会产生转矩波动。其次，励磁转矩是永磁与电励磁电机的主要转矩来源，只有在同步磁阻电机、游标磁阻电机这类纯磁阻式电机中才不具备该成分，因此，励磁转矩既包含平均值，又不可避免地引入部分转矩波动。最后，磁阻转矩 T_{rel} 为仅电枢磁场作用时的电机转矩，由于电枢单元需要通电，有可能输入平均功率，因此，磁阻转矩中可能包含平均转矩分量，也可能不包含，需要基于电机类型与极槽配合具体分析，但只要磁阻转矩存在，就不可避免会引入转矩波动成分。此外，当电机转子铁心没有任何凸极效应(如表贴式永磁转子)时，由于转子旋转不会引起电枢磁场产生磁场能的变化，电机磁阻转矩严格为零。因此，只有当电机转子存在磁阻效应时，磁阻转矩才会存在，这也是其名称的由来。

为了分析磁场调制电机的转矩波动水平，有必要分别研究上述三种转矩成分。但就平均转矩而言，可证明其在永磁与磁场调制电励磁电机中完全由励磁转矩提供，磁阻转矩几乎不贡献平均值；而在磁阻式磁场调制电机中虽然不存在励磁转矩，但可以将磁阻转矩等效为励磁转矩。因此，分析平均转矩时只需要考虑励磁转矩即可。

对于永磁或直流电励磁、单机械端口电机，励磁转矩可表示为[1]

$$
T_{exc} = \frac{e_A i_A + e_B i_B + e_C i_C}{\Omega_r} \tag{4.3}
$$

式中，e_A、e_B、e_C 分别为 A、B、C 三相空载反电势瞬时值；i_A、i_B、i_C 分别为 A、B、C 三相电枢电流瞬时值。

目前永磁电机通常采用逆变器驱动，电枢电流正弦度好，因此转矩波动主要源自空载反电势谐波。具体而言，I_d=0 控制下三相反电势与电流可表示为

$$
e_A(t) = \sum_{n=1}^{\infty} E_{an} \cos(n\omega_a t)
$$

$$
\begin{aligned}
e_{\mathrm{B}}(t) &= \sum_{n=1}^{\infty} E_{\mathrm{a}n} \cos\left(n\omega_{\mathrm{a}} t - \frac{2\pi n}{3}\right) \\
e_{\mathrm{C}}(t) &= \sum_{n=1}^{\infty} E_{\mathrm{a}n} \cos\left(n\omega_{\mathrm{a}} t + \frac{2\pi n}{3}\right)
\end{aligned} \tag{4.4}
$$

$$
\begin{aligned}
i_{\mathrm{A}}(t) &= I_{\mathrm{a1}} \cos(\omega_{\mathrm{a}} t) \\
i_{\mathrm{B}}(t) &= I_{\mathrm{a1}} \cos\left(\omega_{\mathrm{a}} t - \frac{2\pi}{3}\right) \\
i_{\mathrm{C}}(t) &= I_{\mathrm{a1}} \cos\left(\omega_{\mathrm{a}} t + \frac{2\pi}{3}\right)
\end{aligned} \tag{4.5}
$$

根据式(4.3)计算可得

$$
T_{\mathrm{exc}} = \frac{3}{2}\left\{E_{\mathrm{a1}} I_{\mathrm{a1}} + \sum_{n=3m+1}^{\infty} E_{\mathrm{a}n} I_{\mathrm{a1}} \cos\left[(n-1)\omega_{\mathrm{a}} t\right] + \sum_{n=3m-1}^{\infty} E_{\mathrm{a}n} I_{\mathrm{a1}} \cos\left[(n+1)\omega_{\mathrm{a}} t\right]\right\} \tag{4.6}
$$

可见，电机内平均转矩由空载反电势基波产生，其大小为

$$
T_{\mathrm{avg}} = \frac{3}{2} E_{\mathrm{a1}} I_{\mathrm{a1}} \tag{4.7}
$$

反之，空载反电势谐波会造成励磁转矩波动：

$$
T_{\mathrm{exc\_rip}} = \frac{3}{2} \sum_{n=3m\pm1}^{\infty} E_{\mathrm{a}n} I_{\mathrm{a1}} \cos(3m\omega_{\mathrm{a}} t) \tag{4.8}
$$

根据式(4.8)，励磁转矩波动的频次为基波的 $3m$ 倍，假设反电势不含有偶次谐波，那么励磁转矩波动频次为 6 的倍数，且各次转矩波动幅值与对应反电势谐波幅值成正比。因此通常而言，只需要对比反电势谐波与基波占比即可判断励磁转矩波动的大小。又由于空载反电势取决于空载气隙磁场，其计算的核心就在于后者的定量计算。

除了励磁转矩外，齿槽转矩显然同样取决于空载下的气隙磁场，而磁阻转矩取决于电枢磁场，这两种转矩波动成分会在后文中进一步探讨。

4.1.2　功率因数

严格意义上，电机的功率因数(power factor, PF)定义为电功率与容量的比例，但由于电压中的谐波相对难以计算，为了更加体现电机的内在特性，将功率因数近似为相电压基波与相电流基波相位差的余弦值。从电端口角度，磁场调制电机仍可以采用相量图来分析其功率因数。图 4.1 为忽略绕组电阻且 $I_{\mathrm{d}}=0$ 控制下磁场调制电机的相量图。其中，电压、电流符号上加点代表时间矢量。

此时，功率因数可以表示为

$$\mathrm{PF}=\cos\gamma=\frac{1}{\sqrt{1+\left(\dfrac{\omega_{\mathrm{a}}L_{\mathrm{a}}I_{\mathrm{a1}}}{E_{\mathrm{a1}}}\right)^2}}=\frac{1}{\sqrt{1+\left(\dfrac{\psi_{\mathrm{a1}}}{\psi_{\mathrm{e1}}}\right)^2}} \tag{4.9}$$

式中，L_{a}是电枢绕组电感；E_{a1}是电枢绕组相空载反电势基波幅值；ψ_{a1}是电枢自身产生的基波磁链幅值；ψ_{e1}是励磁单元产生的空载磁链基波幅值。根据式(4.9)，通过两种磁链的比值即可轻松判断磁场调制电机的功率因数水平。

综上，磁场调制电机性能分析的基本思路如图 4.2 所示，即首先基于磁场调制理论，推导空载与电枢磁场，接下来进一步推导转矩与功率因数性能。

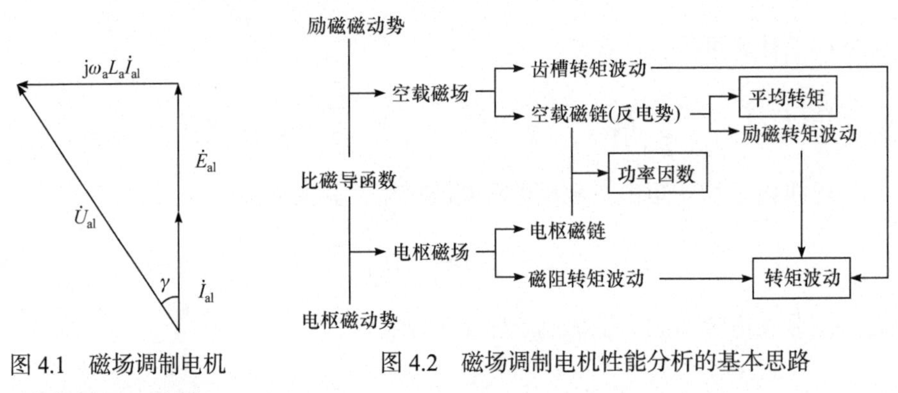

图 4.1　磁场调制电机相量图(I_{d}=0 控制)

图 4.2　磁场调制电机性能分析的基本思路

4.2　磁场调制电机基本模型的性能分析

图 1.5 中给出了磁场调制电机的基本模型，但需要注意的是，该模型中默认电机只含有单层调制单元。然而，在 2.2.4 节的分析中，早已明确磁场调制电机存在双边开槽，即具有双层调制单元的可能性，永磁开关磁链电机和电励磁双凸极电机即为典型实例。因此，有必要对基本模型进行扩展与分类。图 4.3 给出了三类基本模型，其中图 4.3(a)为常规永磁电机，虽然严格意义上其不属于磁场调制电机，但为了后续分析方便，可将其视为磁场调制电机的特例；图 4.3(b)和(c)分别为具有单层与双层调制单元的基本模型。

下面将按照图 4.2 的流程对基本模型的性能进行分析，在此之前需要做出如下假设。

(1) 定、转子铁心磁导率无限大，即忽略铁心饱和及磁阻；

(2) 忽略端部效应和边缘效应；

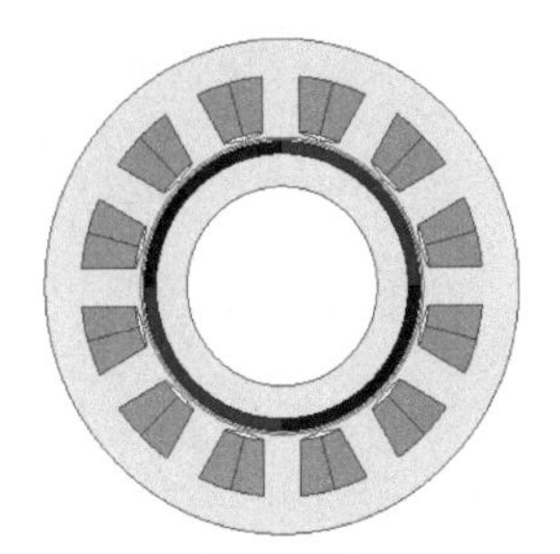
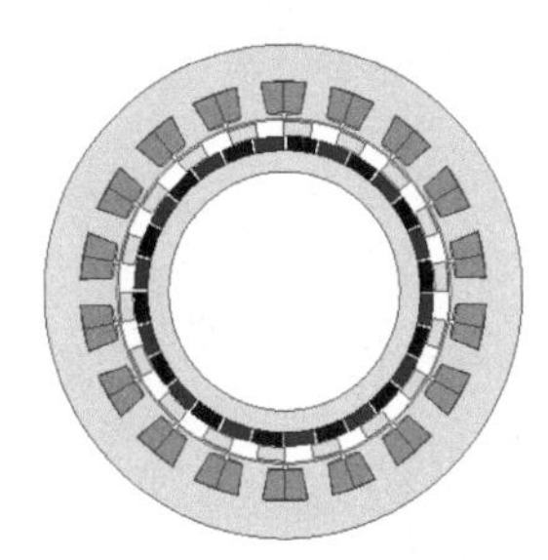
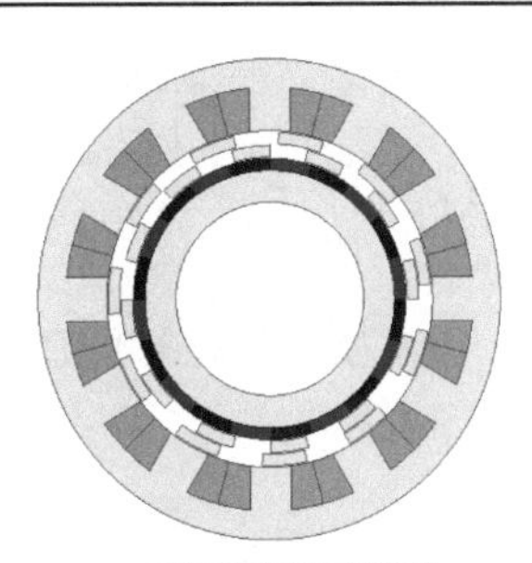

(a) 常规永磁电机　　(b) 单层调制单元模型　　(c) 双层调制单元模型

图 4.3　磁场调制电机基本模型

(3) 励磁与电枢绕组磁动势只存在基波分量，各层调制单元比磁导只含有常数项与基波分量；

(4) 不计电枢绕组各种漏感；

(5) 在初始时刻，磁动势与比磁导的波峰位置均在定子坐标系的原点位置。

需要注意的是，根据假设(3)，理想模型中气隙磁场十分“纯净”，无法反映实际电机的转矩波动情况，因此关于理想模型只针对其工作磁场、反电势、电磁转矩与功率因数特征进行分析。由于各类磁场调制电机的转矩波动形式差异极大，相应研究将在后续章节基于具体电机拓扑进行。

4.2.1　磁场调制电机基本模型的气隙工作磁场

假设磁场调制电机基本模型中调制单元共有 n 层，其中 n=0,1,2 分别对应图 4.3 的(a)、(b)、(c)三个拓扑。根据磁场调制原理，电机的极槽配合需要满足

$$P_{\mathrm{a}}=\sum_{m=1}^{n}\mathrm{sgn}_m P_{\mathrm{f}m}\pm P_{\mathrm{e}} \tag{4.10}$$

式中，P_{e} 为励磁单元的极对数；P_{a} 为电枢单元的极对数；$P_{\mathrm{f}m}$ 为第 m 层调制单元的极对数；sgn_m 可以取±1。

根据磁场调制理论，基本模型励磁单元产生的气隙磁密为

$$B_{\mathrm{e}}(\theta,t)=\frac{\mu_0}{g}F_{\mathrm{e}1}\cos(P_{\mathrm{e}}\theta-\omega_{\mathrm{e}}t)\prod_{m=0}^{n}\left[\lambda_{\mathrm{f}m0}+\lambda_{\mathrm{f}m1}\cos(P_{\mathrm{f}m}\theta-\omega_{\mathrm{f}m}t)\right] \tag{4.11}$$

式中，$F_{\mathrm{e}1}$ 为励磁磁动势基波幅值；ω_{e} 为励磁单元电角速度，$\omega_{\mathrm{e}}=P_{\mathrm{e}}\Omega_{\mathrm{e}}$，这里 Ω_{e} 为励磁单元机械转速；$\lambda_{\mathrm{f}m0}$ 为第 m 层调制单元的比磁导常数项；$\lambda_{\mathrm{f}m1}$ 为第 m 层调制单元的比磁导基波项；$\omega_{\mathrm{f}m}$ 为第 m 层调制单元的电角速度，$\omega_{\mathrm{f}m}=P_{\mathrm{f}m}\Omega_{\mathrm{f}m}$，这里 $\Omega_{\mathrm{f}m}$ 为第 m 层调制单元的机械转速。

根据基本模型的极对数关系，式(4.11)可以进一步表达为

$$B_{\mathrm{e}}(\theta,t)=\frac{\mu_0}{g}F_{\mathrm{e1}}\frac{\prod_{m=0}^{n}\lambda_{\mathrm{f}m1}}{2^n}\cos\left[P_{\mathrm{a}}\theta\pm\left(\omega_{\mathrm{e}}+\sum_{m=0}^{n}\mathrm{sgn}_m\,\omega_{\mathrm{f}m}\right)t\right]=B_{P_{\mathrm{a}}}\cos\left(P_{\mathrm{a}}\theta-\omega_{\mathrm{a}}t\right) \tag{4.12}$$

式中，B_{P_a}为工作磁密幅值；ω_a为工作磁密电频率。工作磁密幅值可表达为

$$B_{P_{\mathrm{a}}}=\begin{cases}\dfrac{\mu_0}{g}F_{\mathrm{e1}}, & n=0\\ \dfrac{\mu_0}{g}\dfrac{\lambda_{\mathrm{f11}}}{2}F_{\mathrm{e1}}, & n=1\\ \dfrac{\mu_0}{g}\dfrac{\lambda_{\mathrm{f11}}\lambda_{\mathrm{f21}}}{4}F_{\mathrm{e1}}, & n=2\end{cases} \tag{4.13}$$

利用式(4.13)可对基本模型的工作磁密大小作进一步分析。

(1) 当 n=0 时，对应常规永磁电机，其调制单元对应的比磁导为 1。

(2) 当 n=1 时，基本模型中只经过一次调制，2.2.2 节定量比较了气隙比磁导的常数与基波项大小。得到的结论是，当励磁单元由表贴式永磁体构成时，等效气隙较大，比磁导基波项 λ_{f11} 仅为 0.3 左右(常规永磁电机 λ_0 可接近 0.9)；当励磁单元由内置式永磁阵列或励磁绕组构成时，等效气隙小，λ_{f11} 最高可接近 0.5。将这一结论代入式(4.13)，可以得到当励磁单元为表贴式永磁结构时，工作磁密 B_{P_a} 不到常规永磁电机的 1/6，而在其他情况下，B_{P_a}不到常规永磁或电励磁电机的 1/4。

(3) 当 n=2 时，基本模型经过两次调制。同样可推导出当励磁单元为表贴式永磁结构时，工作磁密 B_{P_a}不到常规永磁电机的 1/36，而在其他情况下，B_{P_a}不到常规永磁电机的 1/16。

根据上述分析，磁场调制电机基本模型的气隙工作磁场非常弱，远低于常规永磁电机，且当调制单元层数增加时，工作磁密进一步降低。

4.2.2　磁场调制电机基本模型的反电势与电磁转矩

假设电枢绕组为理想绕组，即只产生 P_a 对极的电枢磁动势，则其绕组函数可表示为

$$\begin{cases}N_{\mathrm{A}}(\theta)=\dfrac{2}{\pi}\dfrac{N_{\mathrm{sa}}}{P_{\mathrm{a}}}k_{\mathrm{wa}P_{\mathrm{a}}}\cos(P_{\mathrm{a}}\theta)\\ N_{\mathrm{B}}(\theta)=\dfrac{2}{\pi}\dfrac{N_{\mathrm{sa}}}{P_{\mathrm{a}}}k_{\mathrm{wa}P_{\mathrm{a}}}\cos\left(P_{\mathrm{a}}\theta-\dfrac{2}{3}\pi\right)\\ N_{\mathrm{C}}(\theta)=\dfrac{2}{\pi}\dfrac{N_{\mathrm{sa}}}{P_{\mathrm{a}}}k_{\mathrm{wa}P_{\mathrm{a}}}\cos\left(P_{\mathrm{a}}\theta+\dfrac{2}{3}\pi\right)\end{cases} \tag{4.14}$$

式中，$N_A(\theta)$、$N_B(\theta)$、$N_C(\theta)$分别是 A、B、C 相的绕组函数；N_{sa}是电枢绕组每相

串联匝数；$k_{\mathrm{wa}P_\mathrm{a}}$ 是绕组系数，其下标中“a”代表电枢，以便与交流励磁绕组进行区分，而“P_a”是指对应的极对数，磁场调制电机谐波含量极为丰富，需要区分多个工作磁场。利用绕组函数可以求得 A 相反电势[2]为

$$\begin{aligned} e_\mathrm{A}(t) &= -\frac{\mathrm{d}\psi_\mathrm{A}}{\mathrm{d}t} = -\frac{\mathrm{d}}{\mathrm{d}t}\left[r_\mathrm{g} l_\mathrm{stk}\int_0^{2\pi} B_\mathrm{e}(\theta,t) N_\mathrm{A}(\theta)\mathrm{d}\theta\right] \\ &= 2\frac{N_\mathrm{sa}}{P_\mathrm{a}} r_\mathrm{g} l_\mathrm{stk}\omega_\mathrm{a} k_{\mathrm{wa}P_\mathrm{a}} B_{P_\mathrm{a}}\sin(\omega_\mathrm{a}t) = E_\mathrm{a1}\sin(\omega_\mathrm{a}t) \end{aligned} \tag{4.15}$$

式中，E_a1 为相反电势基波幅值；ψ_A 为 A 相空载励磁的相磁链。

(1) 当 n=0 时，常规永磁电机励磁单元旋转，根据式(4.12)可得 $\omega_\mathrm{a}=P_\mathrm{e}\Omega_\mathrm{e}=P_\mathrm{a}\Omega_\mathrm{e}$，此时有

$$E_\mathrm{a1} = 2r_\mathrm{g} l_\mathrm{stk} N_\mathrm{sa}\Omega_\mathrm{e} k_{\mathrm{wa}P_\mathrm{a}} B_{P_\mathrm{a}} \tag{4.16}$$

(2) 当 n>0 时，磁场调制电机旋转单元具有两种可能性，即励磁单元旋转或调制单元旋转，且上述两单元的极对数均不等于电枢极对数。当励磁单元旋转时，类似上述推导过程，可得

$$E_\mathrm{a1} = 2r_\mathrm{g} l_\mathrm{stk} N_\mathrm{sa}\Omega_\mathrm{e} k_{\mathrm{wa}P_\mathrm{a}} B_{P_\mathrm{a}}\frac{P_\mathrm{e}}{P_\mathrm{a}} \tag{4.17}$$

当第 m 个调制单元旋转时，$\omega_\mathrm{a}=P_{\mathrm{f}m}\Omega_{\mathrm{f}m}$，可得

$$E_\mathrm{a1} = 2r_\mathrm{g} l_\mathrm{stk} N_\mathrm{sa}\Omega_{\mathrm{f}m} k_{\mathrm{wa}P_\mathrm{a}} B_{P_\mathrm{a}}\frac{P_{\mathrm{f}m}}{P_\mathrm{a}} \tag{4.18}$$

对比式(4.16)～式(4.18)，发现在磁场调制电机中，由于旋转部分(无论是励磁还是调制单元)极对数不等于电枢极对数，反电势公式中相较常规电机多出一项 $P_\mathrm{e}/P_\mathrm{a}$ 或 $P_{\mathrm{f}m}/P_\mathrm{a}$，分子由具体旋转部分来确定。在第 3 章中已提前介绍过该项，即磁场调制电机的极比。

根据式(4.7)，即可得到基本模型的平均转矩。

(1) 当 n=0 时：

$$T_\mathrm{avg} = 3r_\mathrm{g} l_\mathrm{stk} N_\mathrm{s} k_{\mathrm{wa}P_\mathrm{a}} B_{P_\mathrm{a}} I_\mathrm{a1} \tag{4.19}$$

(2) 当 n>0 时：

$$T_\mathrm{avg} = 3r_\mathrm{g} l_\mathrm{stk} N_\mathrm{s} k_{\mathrm{wa}P_\mathrm{a}} B_{P_\mathrm{a}} I_\mathrm{a1}\frac{P_\mathrm{r}}{P_\mathrm{a}} \tag{4.20}$$

在式(4.20)中，为了将励磁与调制单元作为旋转部件的两种工况在公式表述上统一，将极比的分子用 P_r 即转子极对数来表征。对比式(4.19)和式(4.20)，可知磁场调制电机转矩具有极比放大特征，然而，其工作磁密亦远低于常规永磁电机。当励磁单元为表贴式永磁结构时，对于单层调制结构，其工作磁场下降至常规电

机 1/6 以下，因此只有当极比超过 5 时转矩才有可能接近常规永磁电机；内置式永磁结构虽然具备较大的比磁导基波分量，但由于附加磁动势效应，亦很难具备转矩优势。总体而言，对于只具有单一工作磁场的基本模型，需要设计超高的极比才能使转矩达到常规电机的水平。

4.2.3 磁场调制电机基本模型的功率因数

从式(4.9)可以看出，电机的功率因数由空载励磁磁链基波 ψ_{e1} 与电枢磁链基波 ψ_{a1} 的比值决定。该比值越大，功率因数越高。对基本模型而言，电枢绕组只能交链单一的 P_a 对极气隙磁密，因此这一比值完全等同于空载与电枢磁场中该极对数的磁场幅值之比。

对于不存在调制单元的基本模型 1，气隙磁场均由比磁导中的常数项产生，因此可以得到励磁与电枢磁链的比值为

$$\frac{\psi_{e1}}{\psi_{a1}}=\frac{\dfrac{F_{e1}\lambda_{f0}}{P_a}}{\dfrac{F_{a1}\lambda_{f0}}{P_a}}=\frac{F_{e1}}{F_{a1}} \tag{4.21}$$

即磁链之比等于磁动势基波之比。

对于基本模型 2，空载磁场中的 P_a 对极分量源于调制效应，但是电枢磁场中这一分量源于非调制效应，即比磁导中的基波项 λ_{f1}，可以得到

$$\frac{\psi_{e1}}{\psi_{a1}}=\frac{\dfrac{F_{e1}\lambda_{f1}}{2P_a}}{\dfrac{F_{a1}\lambda_{f0}}{P_a}}=\frac{F_{e1}}{F_{a1}}\frac{\lambda_{f1}}{2\lambda_{f0}} \tag{4.22}$$

类似地，对于双层调制结构，比值为

$$\frac{\psi_{e1}}{\psi_{a1}}=\frac{\dfrac{F_{e1}\lambda_{s1}\lambda_{r1}}{4P_a}}{\dfrac{F_{a1}\lambda_{s0}\lambda_{r0}}{P_a}}=\frac{F_{e1}}{F_{a1}}\frac{\lambda_{s1}\lambda_{r1}}{4\lambda_{s0}\lambda_{r0}} \tag{4.23}$$

可见，无论是具有单层调制单元还是双层调制单元的基本模型，相较于常规永磁电机，其励磁与电枢磁链的比值均会下降 50%以上，导致其功率因数大幅降低。

通过式(4.21)～式(4.23)可以非常直观地对比不同基本模型的功率因数情况。但如果需要定量计算，则有必要将励磁和电枢磁动势进一步展开。励磁磁动势可认为是定值，电枢磁动势为

$$F_{\mathrm{a}}\left(\theta,t\right)=N_{\mathrm{A}}i_{\mathrm{A}}+N_{\mathrm{B}}i_{\mathrm{B}}+N_{\mathrm{C}}i_{\mathrm{C}}=\frac{3}{\pi}\frac{N_{\mathrm{sa}}}{P_{\mathrm{a}}}k_{\mathrm{wa}P_{\mathrm{a}}}I_{\mathrm{a1}}\cos(P_{\mathrm{a}}\theta-\omega_{\mathrm{a}}t) \tag{4.24}$$

将其代入式(4.9)，并将电流用线负荷表征，即

$$A=\frac{3N_{\mathrm{sa}}I_{\mathrm{a1}}}{\sqrt{2}\pi r_{\mathrm{g}}} \tag{4.25}$$

可以得到不具备调制单元的基本模型：

$$\mathrm{PF}=\frac{1}{\sqrt{1+\left(\dfrac{\sqrt{2}Ar_{\mathrm{g}}k_{\mathrm{wa}P_{\mathrm{a}}}}{F_{\mathrm{e1}}P_{\mathrm{a}}}\right)^{2}}} \tag{4.26}$$

对于单层调制基本模型：

$$\mathrm{PF}=\frac{1}{\sqrt{1+\left(\dfrac{\sqrt{2}Ar_{\mathrm{g}}k_{\mathrm{wa}P_{\mathrm{a}}}}{F_{\mathrm{e1}}P_{\mathrm{a}}}\dfrac{2\lambda_{\mathrm{f0}}}{\lambda_{\mathrm{f1}}}\right)^{2}}} \tag{4.27}$$

对于双层调制基本模型：

$$\mathrm{PF}=\frac{1}{\sqrt{1+\left(\dfrac{\sqrt{2}Ar_{\mathrm{g}}k_{\mathrm{wa}P_{\mathrm{a}}}}{F_{\mathrm{e1}}P_{\mathrm{a}}}\dfrac{4\lambda_{\mathrm{s0}}\lambda_{\mathrm{r0}}}{\lambda_{\mathrm{s1}}\lambda_{\mathrm{r1}}}\right)^{2}}} \tag{4.28}$$

对比分析式(4.26)～式(4.28)，可以得到影响磁场调制电机基本模型功率因素的一系列因素：

(1) 线负荷 A 增加，显然会导致功率因数降低。

(2) 电机功率等级增加，一方面导致其尺寸增长，气隙半径 r_{g} 增加；另一方面在相同冷却条件下，线负荷 A 同样有所提升，两方面因素导致功率因数降低。

(3) 电枢绕组极对数 P_{a} 不变而电机极比增加，由于此时调制单元极对数必然增加，而根据 2.2.2 节的结论，比磁导的基波项 λ_{f1} 降低，常数项 λ_{f0} 增大，所以功率因数同样会降低。

(4) 电机极比不变而电枢绕组极对数 P_{a} 增加，显然在非调制的基本模型 1 中功率因数有所提升，但是在基本模型 2 和 3 中同时伴随着调制单元极对数的增加以及 λ_{f1} 的下降。在两种因素的综合作用下，功率因数同样是随 P_{a} 的增加呈现先增大后减小的趋势。

因素(1)和(2)在常规电机中存在，因素(3)和(4)是磁场调制电机特有的影响因素。

4.2.4 实际磁场调制电机与磁场调制电机基本模型的关系

从上述分析来看，磁场调制电机的基本模型似乎不具备任何优势，首先由于其工作磁密较弱，即使有着极比放大的效果，输出转矩至多与常规永磁电机持平；其次由于相同的原因，这类电机功率因数较低。然而，实际的磁场调制电机拓扑可视为多个基本模型的集成。例如，表 3.4 列出了永磁磁通反向电机的工作磁场情况。当 $l=1$ 时，第 2 行和第 3 行的磁场谐波均对应基波电频率，后续分析表明，它们都可以作为工作谐波。然而，这些谐波对应的基本模型是不一样的。对于第 2 行的磁场谐波，其对应基本模型的励磁单元极对数为 $hZ_s/2$，调制单元极对数为 Z_r，电枢单元极对数为 $hZ_s/2+Z_r$。由于磁动势次数 h 可以取多个数值，实际电枢绕组函数中也具有多个谐波，所以实际磁场调制电机可视为多个基本单元的集成。

综上，磁场调制电机输出转矩可视为其蕴含所有基本模型的转矩叠加，实际输出转矩远大于基本模型的转矩。基于这一思路，读者也更能理解为什么实际磁场调制电机转矩公式中，不同工作谐波具备不一样的转矩放大系数，且根据基本模型成分的差异，各类磁场调制电机具备不同的物理特性。此外，实际磁场调制电机转矩同样保留了基本模型的一些特点，例如，输出转矩与极比呈现正相关。通过上述分析，这一特性也能得到更深刻的理解。

就功率因数而言，由于实际磁场调制电机为多个基本模型的叠加，其空载磁链基波 ψ_{e1} 相较单个基本模型大幅提升，而电枢磁链基波 ψ_{a1} 仍然主要由电枢磁场中的低极非调制分量贡献，相比基本模型变化不大，因此功率因数有所增加，但仍无法达到常规电机的水平。同样地，上述功率因数随各参数的变化趋势适用于实际的磁场调制电机拓扑。

至此，本节分析了磁场调制电机基本模型的工作原理，探究了基本模型在转矩能力和功率因数两方面的特点。研究表明，虽然磁场调制电机基本模型在转矩能力和功率因数两方面，相较于常规单工作谐波的电机不具有优势，但实际磁场调制电机均可视为多个基本模型的叠加，从而在转矩能力上得到大幅提升。下面基于具体的磁场调制电机拓扑展开分析。

4.3 平 均 转 矩

为了更好地了解各类磁场调制电机的性能特点，揭示各类磁场调制电机的区别与联系，基于励磁方式的不同，将磁场调制电机进一步划分为永磁励磁和电励磁两大类。其中，采用直流励磁、交流励磁和自短路线圈励磁的磁场调制电机均可统一视为磁场调制电励磁电机。

4.3.1　磁场调制永磁电机

磁场调制永磁电机具有不同的励磁方式，首先对各拓扑的励磁磁动势进行分析。

(1) 常规游标永磁电机、永磁横向磁通电机采用表贴式永磁励磁结构，其励磁磁动势已在式(2.38)中给出。

(2) 永磁磁通反向电机同样采用表贴式永磁励磁结构，但是永磁体排布不是完全均匀，谐波含量相对较大，通过傅里叶分析可以得到其磁动势表达式为[3]

$$\begin{aligned} F_{\mathrm{e}}(\theta) &= F_{\mathrm{e}h}\sin\left(\frac{Z_{\mathrm{s}}h}{2}\theta\right) \\ &= \sum_{h=1,3,5,\cdots}\frac{4}{\pi h}\frac{B_{\mathrm{r}}h_{\mathrm{m}}}{\mu_0\mu_{\mathrm{r}}}\left[1+(-1)^{\frac{1+h}{2}}\sin\left(\frac{h\pi b_{\mathrm{s}}}{2t_{\mathrm{s}}}\right)\right]\sin\left(\frac{Z_{\mathrm{s}}h}{2}\theta\right) \end{aligned} \tag{4.29}$$

式中，F_{eh} 为 h 次永磁励磁磁动势幅值；B_r 为永磁体剩磁；h_m 为永磁体厚度；μ_0 为真空磁导率；μ_r 为永磁体相对磁导率；Z_s 为定子齿数；b_s 为定子槽开口宽度；t_s 为定子槽距。

(3) 永磁开关磁链电机和双凸极电机采用切向励磁结构，其基本结构如图 4.4 所示。其中，h_m 为永磁体厚度，d_m 为永磁体宽度，d_p 为极距，g 为气隙厚度。考虑到磁场调制电机气隙两侧均可能开槽，等效气隙长度分别被拉长至原来的 $1/\lambda_{s0}$ 和 $1/\lambda_{r0}$ 倍。

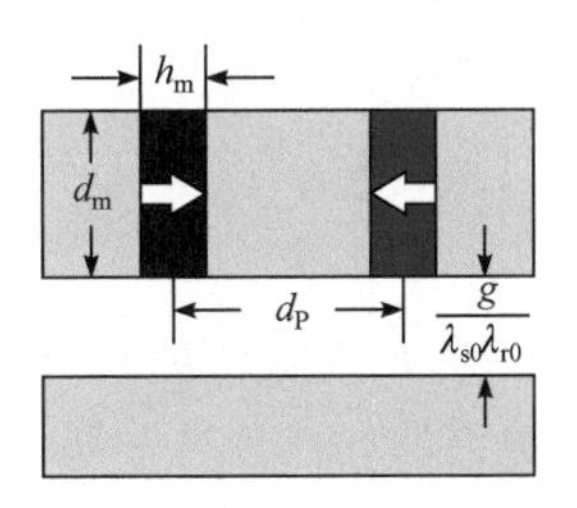

图 4.4　切向励磁结构

基于基本磁路模型可以计算得到气隙磁密幅值为

$$B_{\max} = \frac{B_{\mathrm{r}}h_{\mathrm{m}}d_{\mathrm{m}}}{d_{\mathrm{p}}h_{\mathrm{m}} + \frac{1}{\lambda_{\mathrm{s0}}\lambda_{\mathrm{r0}}}\mu_{\mathrm{r}}d_{\mathrm{m}}g} \tag{4.30}$$

如果不考虑开槽引起的附加磁动势，那么永磁体在励磁单元表面产生的磁位为正负对称的方波，通过傅里叶分析可将其展开为

$$F_{\mathrm{e}}(\theta,t) = \sum_{h=1}^{\infty}\frac{4}{h\pi}\frac{B_{\max}g}{\lambda_{\mathrm{s0}}\lambda_{\mathrm{r0}}\mu_0}\cos[hP_{\mathrm{e}}(\theta-\Omega_{\mathrm{e}}t)] \tag{4.31}$$

1. 游标永磁电机

利用磁场调制原理，游标永磁电机的气隙磁密可以计算如下：

$$
\begin{aligned}
B_{\mathrm{e}}(\theta,t)=&\frac{\mu_0}{g}\lambda_{\mathrm{s}0}\sum_{h=1}^{\infty}F_{\mathrm{e}h}\cos[h(P_{\mathrm{e}}\theta-\omega_{\mathrm{e}}t)]\\
&+\frac{1}{2}\frac{\mu_0}{g}\sum_{h,l=1}^{\infty}F_{\mathrm{e}h}\lambda_{\mathrm{s}l}\left\{\cos\left[\left(hP_{\mathrm{e}}+lP_{\mathrm{f}}\right)\theta-h\omega_{\mathrm{e}}t\right]+\cos\left[\left(hP_{\mathrm{e}}-lP_{\mathrm{f}}\right)\theta-h\omega_{\mathrm{e}}t\right]\right\}
\end{aligned}
\tag{4.32}
$$

式中，P_{f}为调制单元极对数，当电机采用直齿结构时，$P_{\mathrm{f}}=Z_{\mathrm{s}}$；当电机采用辅助齿结构时，$P_{\mathrm{f}}=n_{\mathrm{f}}Z_{\mathrm{s}}$，其中$n_{\mathrm{f}}$是一个主齿上的辅助齿数。

根据电磁感应定律，A 相空载反电势为[4]

$$
\begin{aligned}
e_{\mathrm{A}}(t)&=-\frac{\mathrm{d}\psi_{\mathrm{A}}}{\mathrm{d}t}=-\frac{\mathrm{d}}{\mathrm{d}t}\left[r_{\mathrm{g}}l_{\mathrm{stk}}\int_0^{2\pi}B(\theta,t)N_{\mathrm{A}}(\theta)\mathrm{d}\theta\right]\\
&=r_{\mathrm{g}}l_{\mathrm{stk}}\frac{\mu_0}{g}\varOmega_{\mathrm{e}}N_{\mathrm{s}}\left\{\sum_{h=1}^{\infty}F_{\mathrm{e}h}\left[2\lambda_{\mathrm{s}0}k_{\mathrm{wa}(hP_{\mathrm{e}})}\right.\right.\\
&\quad\left.\left.+\sum_{l=1}^{\infty}\lambda_{\mathrm{s}l}\left(\frac{hP_{\mathrm{e}}}{hP_{\mathrm{e}}+lP_{\mathrm{f}}}k_{\mathrm{wa}(hP_{\mathrm{e}}+lP_{\mathrm{f}})}+\frac{hP_{\mathrm{e}}}{\left|hP_{\mathrm{e}}-lP_{\mathrm{f}}\right|}k_{\mathrm{wa}\left|hP_{\mathrm{e}}-lP_{\mathrm{f}}\right|}\right)\right]\sin\left(h\omega_{\mathrm{e}}t\right)\right\}
\end{aligned}
\tag{4.33}
$$

式中，$N_{\mathrm{A}}(\theta)$是 A 相电枢绕组的绕组函数。实际电枢绕组的绕组函数包含大量谐波成分，可以表示为

$$
N_{\mathrm{A}}(\theta)=\sum_{P=1}^{\infty}\frac{2}{\pi}\frac{N_{\mathrm{sa}}}{P}k_{\mathrm{wa}P}\cos(P\theta)\tag{4.34}
$$

可见，反电势次数仅与磁动势次数 h 有关。$h=1$，即励磁磁动势基波产生反电势基波，而磁动势谐波产生反电势谐波。在计算平均转矩时，可只计及反电势中的基波，可得基波反电势幅值为

$$
E_{\mathrm{a}1}=r_{\mathrm{g}}l_{\mathrm{stk}}\frac{\mu_0}{g}\varOmega_{\mathrm{e}}N_{\mathrm{sa}}F_{\mathrm{e}1}\left[2\lambda_{\mathrm{s}0}k_{\mathrm{wa}P_{\mathrm{e}}}+\sum_{l=1}^{\infty}\lambda_{\mathrm{s}l}\left(\frac{P_{\mathrm{e}}}{P_{\mathrm{e}}+lP_{\mathrm{f}}}k_{\mathrm{wa}(P_{\mathrm{e}}+lP_{\mathrm{f}})}+\frac{P_{\mathrm{e}}}{\left|P_{\mathrm{e}}-lP_{\mathrm{f}}\right|}k_{\mathrm{wa}\left|P_{\mathrm{e}}-lP_{\mathrm{f}}\right|}\right)\right]\tag{4.35}
$$

根据式(4.7)，当采用 $I_{\mathrm{d}}=0$ 的控制策略时平均转矩可以计算为

$$
T_{\mathrm{avg}}=3r_{\mathrm{g}}l_{\mathrm{stk}}\frac{\mu_0}{g}I_{\mathrm{a}1}N_{\mathrm{sa}}F_{\mathrm{e}1}\left[\lambda_{\mathrm{s}0}k_{\mathrm{wa}P_{\mathrm{e}}}+\frac{1}{2}\sum_{l=1}^{\infty}\lambda_{\mathrm{s}l}\left(\frac{P_{\mathrm{e}}}{P_{\mathrm{e}}+lP_{\mathrm{f}}}k_{\mathrm{wa}(P_{\mathrm{e}}+lP_{\mathrm{f}})}+\frac{P_{\mathrm{e}}}{\left|P_{\mathrm{e}}-lP_{\mathrm{f}}\right|}k_{\mathrm{wa}\left|P_{\mathrm{e}}-lP_{\mathrm{f}}\right|}\right)\right]\tag{4.36}
$$

对游标永磁电机的转矩性能，可以从以下几个方面进行分析。

(1) 对比磁场调制电机基本模型的平均转矩公式(4.19)和(4.20)，以及游标永磁电机的平均转矩公式(4.36)，可以发现后者的平均转矩由多个基本模型产生，可分为 3 种：

① 极对数为 P_e 的旋转励磁单元与相同极对数的绕组耦合，构成第 1 种基本模型；

② 极对数为 P_e 的旋转励磁单元以及极对数为 lP_f 的调制单元、极对数为 (P_e+lP_f) 的电枢绕组，构成第 2 种基本模型；

③ 极对数为 P_e 的旋转励磁单元以及极对数为 lP_f 的调制单元、极对数为 $|P_e-lP_f|$ 的电枢绕组，构成第 3 种基本模型。

需要注意的是，虽然电枢绕组极对数 $P_a=|P_e-P_f|$，但由于绕组函数存在谐波，实际电枢绕组可视为无数个理想正弦绕组的集成，各理想绕组的能力取决于其对应的绕组系数。不难发现，各基本模型利用的绕组函数成分互为齿谐波，它们的绕组系数绝对值相等，转矩性能取决于其他参数的影响。

(2) 由于不同的基本单元利用的是定子比磁导和电枢绕组函数中不同极对数的谐波分量，具备不同的极比。游标永磁电机中励磁单元极对数 P_e 与调制单元极对数 P_f 接近，只有当 l=1 时，$P_e/|P_e-P_f|$ 这一极比较大，其他基本模型的极比均接近或远小于 1。又由于磁场调制电机工作磁密较低，只有上述以及极对数为 P_e 的常规永磁电机两个基本模型能够贡献较高的转矩分量，其他基本模型贡献的转矩相对于这两者可以忽略。综上，游标永磁电机的平均转矩可简化为

$$T_{\text{avg}} = 3r_{\text{g}}l_{\text{stk}}\frac{\mu_0}{g}N_{\text{sa}}F_{\text{e1}}I_{\text{a1}}\left(\lambda_{\text{s0}}k_{\text{wa}P_{\text{e}}}+\frac{\lambda_{\text{s1}}}{2}\frac{P_{\text{e}}}{P_{\text{a}}}k_{\text{wa}P_{\text{a}}}\right) \tag{4.37}$$

(3) 在式(4.37)中，两个基本模型转矩的正负取决于其对应电枢极对数绕组系数的正负。当两者符号相同时，两者转矩叠加；反之，两者转矩相互抵消。然而，虽然齿谐波的分布系数完全相等，但由于绕组结构、跨距多变，线圈短距系数的正负难以直接判断。为解决这一问题，此处采用一种虚拟线圈的方法。假设电机内存在单齿绕制的分数槽集中绕组线圈，如图 4.5 所示(对于辅助齿结构，虚拟线圈绕在单个辅助齿上)。由磁通连续性原理可知，实际单个线圈的磁链等于其跨距下的数个虚拟线圈磁链之和，从而推导出线圈反电势同样是虚拟线圈反电势之和。因此，任意 P 对极磁场在线圈中感应的反电势可以表示为

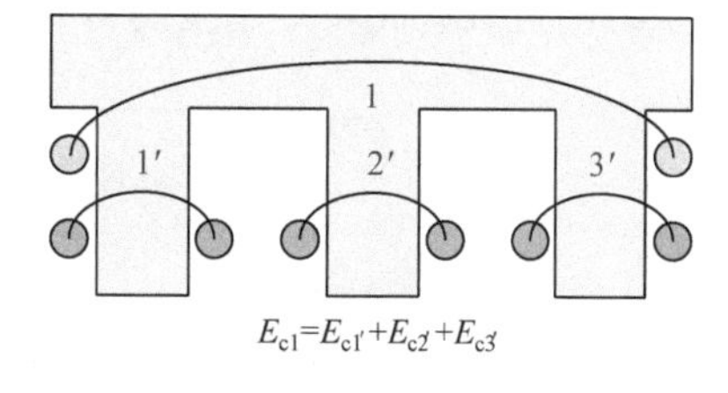

图 4.5　虚拟线圈形式

$$e_{cP}(t)=\tau_c k'_{paP}k'_{daP}E'_{cP1}\sin(P\Omega_e t) \tag{4.38}$$

式中，τ_c 为线圈跨距；k'_{paP} 为虚拟线圈 P 对极短距系数；k'_{daP} 为将实际线圈包含的虚拟线圈视为一个线圈组后对应的 P 对极分布系数；E'_{cP1} 为整距下虚拟线圈基波反电势最大值。由于虚拟线圈为槽数 P_f 的集中绕组结构，式(4.37)对应的两个磁场谐波对于虚拟线圈同样是齿谐波，它们对应的虚拟分布系数完全相同。因此，当两者对应的虚拟线圈短距系数同号时，两者产生的反电势分量同相位，对应的转矩分量相互增强；反之，两者的转矩分量相互抵消。虚拟线圈短距系数可表示为

$$k'_{paP} = \sin\left(\frac{P}{P_f}\pi\right) \tag{4.39}$$

对于少极 P_a 对极工作磁场，由于 $P_a<P_f$，显然 k'_{paP_a} 为正。当游标永磁电机采用和调制的极槽配合时，$P_e<P_f$，此时 k'_{paP_e} 同样为正，两者转矩相互叠加；采用差调制的极槽配合时，$P_e>P_f$，此时 k'_{paP_e} 为负，两者转矩相互抵消。因此，游标永磁电机通常采用和调制的极槽配合。

(4) 根据上述分析，游标永磁电机的转矩主要由 1 个常规分量和 1 个调制转矩分量构成。根据式(4.37)，在电机极比较小时，常规转矩分量占主导；在极比较大时，调制转矩分量占主导。为了更直观地了解各转矩分量的大小，这里以不同极比的游标永磁电机为例进行比较。图 4.6 给出了在相同电机尺寸和相同电负荷下，不同极比(和调制)的游标永磁电机的转矩大小。随着极比的增加，游标永磁电机中的调制转矩分量增大，使得电机总的转矩能力显著提升。当电机极比小于 2 时，电机常规转矩分量为主，调制转矩分量占比较小；当电机极比为 5 时，以定子槽数/励磁极对数/电枢极对数 18/15/3 为例，此时常规转矩分量和调制转矩分量相当；当极比大于 8 时，电机调制转矩分量为主。相较于常规永磁电机，游标永磁电机中转矩的常规分量由于定子开槽而略有下降，但相差不大。因此，游标永磁电机具有高转矩密度的特有优势。

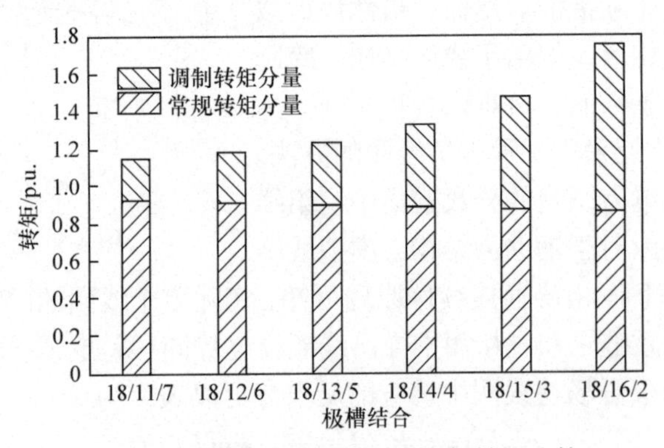

图 4.6　不同极比的游标永磁电机转矩比较

进一步，以具有相同转子结构、不同定子结构的常规永磁同步电机、游标永磁电机和辅助齿游标永磁电机为例，如图 4.7 所示，对各类电机的转矩能力进行比较。电机的详细参数如表 4.1 所示。

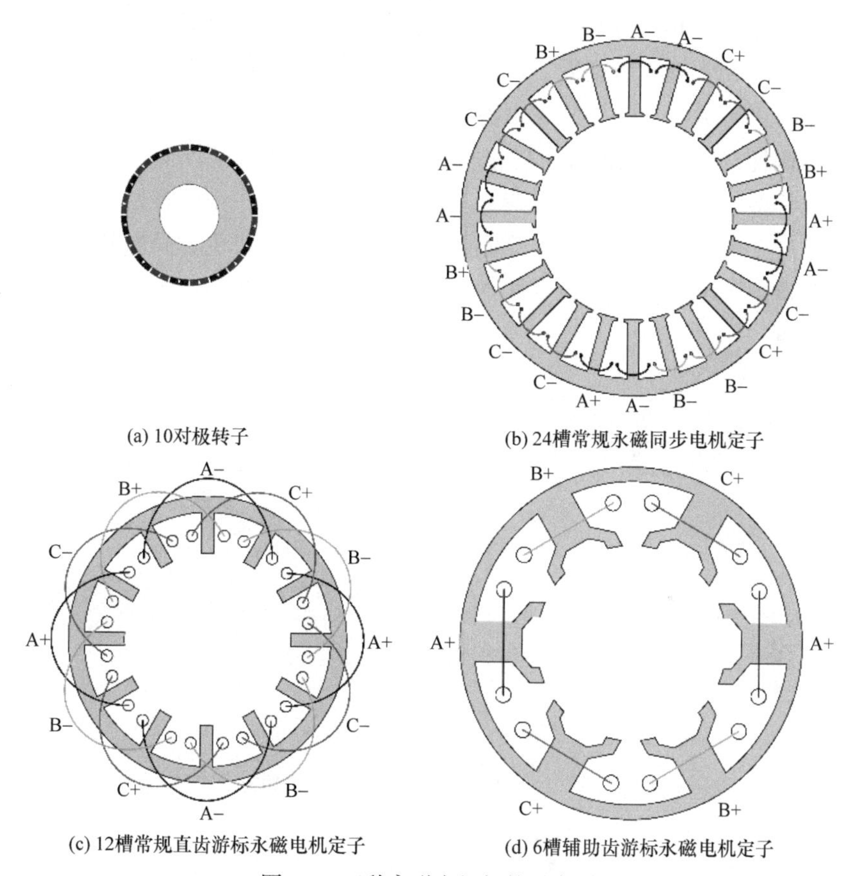

(a) 10对极转子

(b) 24槽常规永磁同步电机定子

(c) 12槽常规直齿游标永磁电机定子

(d) 6槽辅助齿游标永磁电机定子

图 4.7　三种永磁电机拓扑示意图

表 4.1　三种永磁电机参数

参数	常规永磁同步电机	常规直齿游标永磁电机	辅助齿游标永磁电机
槽数/极数	24/10	12/10	6/12/10
调制块数	—	12	12
电枢极对数	10	2	2
绕组系数	0.933	1	0.866
转速/(r/min)	600		
定子外径/mm	130	124	134
叠片长度/mm	70		
每相串联匝数	200		

图 4.8 给出了三种电机的空载磁力线及磁密分布。相较于常规永磁同步电机，游标永磁电机及辅助齿游标永磁电机的铁心磁密下降。这是由于采用开口槽的定子结构，虽然引入了气隙磁密调制分量，但仍无法弥补非调制分量的下降。在图 4.8(b)和图 4.8(c)中，10 对极永磁体经调制后产生了 2 对极磁场。两种游标永磁电机的空载反电势波形相近，且都显著高于常规永磁同步电机，达到 1.5 倍左右，如图 4.9 所示。辅助齿游标永磁电机相较于常规直齿游标永磁电机减少了绕组端部和铜耗，常规直齿游标永磁电机电枢磁势中谐波含量较少，只含有基波、5 次和 7 次等谐波分量；而辅助齿游标永磁电机电枢磁势中谐波含量极为丰富，除上述成分外，还含有 2 次、4 次等偶数次谐波，使得电机更容易饱和，导致辅助齿结构在重载工况下输出转矩不如常规直齿结构的游标永磁电机。

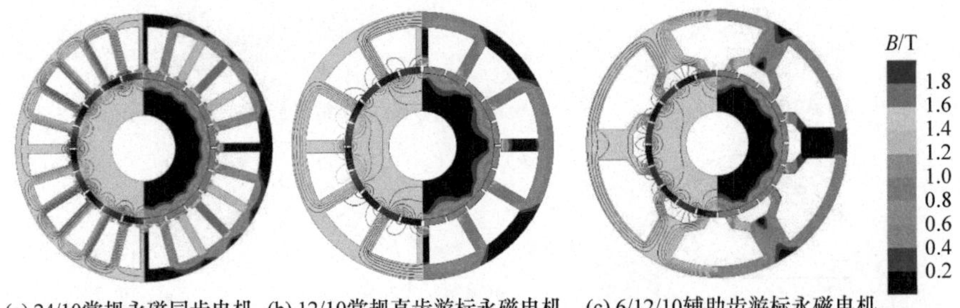

(a) 24/10常规永磁同步电机 (b) 12/10常规直齿游标永磁电机 (c) 6/12/10辅助齿游标永磁电机

图 4.8 三种永磁电机的空载磁密对比

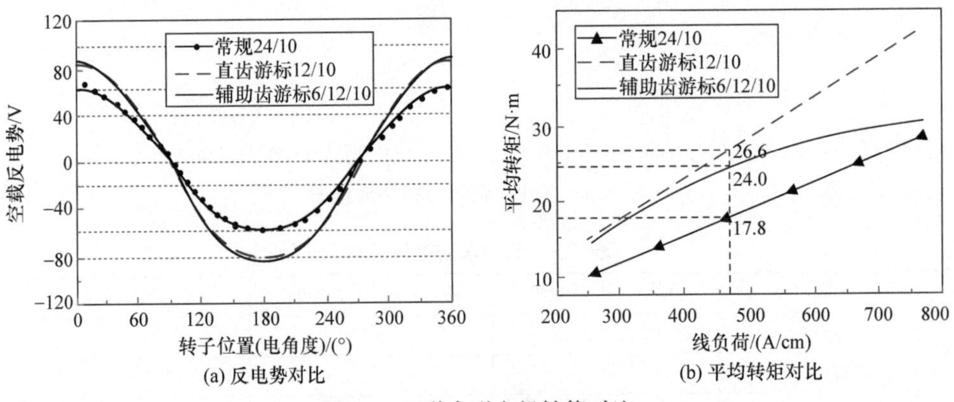

(a) 反电势对比 (b) 平均转矩对比

图 4.9 三种永磁电机性能对比

(5) 通过有限元仿真对比游标永磁电机输出转矩与极比的关系，如图 4.10 所示[5]。为了确保比较的公平性，电枢绕组极对数 P_a 分别固定为 1 和 2，并确保两者的铜耗相同。在式(4.37)中，游标永磁电机的转矩与极比存在显式上的正相关关系，但在图 4.10 中，转矩随极比增长的提升趋势却趋于饱和，在 P_a=2 的曲线中后期转矩甚至随极比增大而下降。这是由于随极比增大，定子齿数同样增加，根据图 2.15(b)的分析，比磁导基波项随之降低，当齿数较高时这一效应起到主导作用，所以游标永磁电机存在转矩最高的最优极比。在图 4.10 中，P_a=2 的电机对应的最优极比显然低于 P_a=1 的电机，这是由于相同极比下，P_a=2 的电机的定子齿数较多，拐点提前到来。在极比较低时，比磁导基波减小尚不明显的区域，相同极比下 P_a=2 的电机输出转矩大于 P_a=1 的电机，这是由于后者绕组端部较长，相同铜耗下线负荷较小，在极比增加后，两者比磁导函数差异逐渐体现，导致情况的反转。

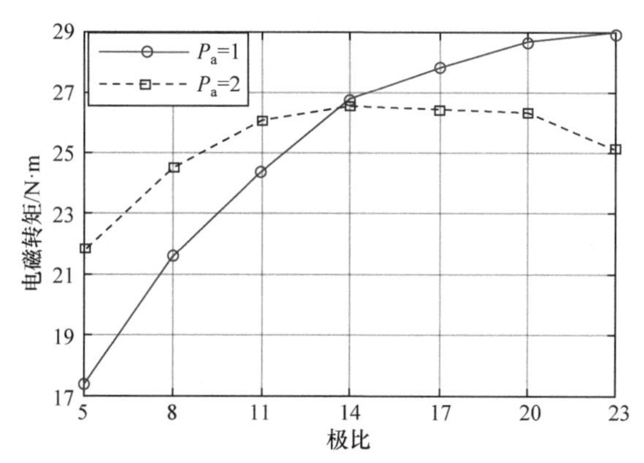

图 4.10　游标永磁电机的转矩输出能力与极比和定子绕组极对数的关系

2. 永磁横向磁通电机

式(3.7)已经给出了永磁横向磁通电机的空载气隙磁密，据此可求得相空载反电势为

$$e_A(t) = -\frac{d\psi_A}{dt} = -\frac{d}{dt}\left[r_g l_{stk} N_{sa}\int_0^{2\pi} B_e(\theta,t)d\theta\right] = \pi r_g l_{stk}\frac{\mu_0}{g}\Omega_e N_{sa}F_{e1}P_f\lambda_{s1}\sin(\omega_a t) \quad (4.40)$$

对于三相横向磁通电机，各相在物理上沿轴向完全隔离，如图 4.11 所示。可以计算得到 I_d=0 控制下的电机输出转矩为

$$T_{avg} = \frac{3}{2}\pi r_g l_{stk}\frac{\mu_0}{g}I_{a1}N_{sa}F_{e1}P_f\lambda_{s1} \quad (4.41)$$

根据式(4.41)，永磁横向磁通电机不同于游标永磁电机，其转矩只来自 1 个基本模型。从转矩表达式的推导来看，基本模型的极槽配合非常特殊，励磁与调制单元极对数相等，而电枢极对数为 0。因此，转矩公式中并没有实际的“极比”出现，而是直接与调制单元极对数 P_f 成正比。但实际上当 P_f 逐渐增加时，比磁导基波项会逐渐减小，转矩存在上限。相较于游标永磁电机，由于永磁横向磁通电机极比为无穷大，其转矩密度同样也更高。

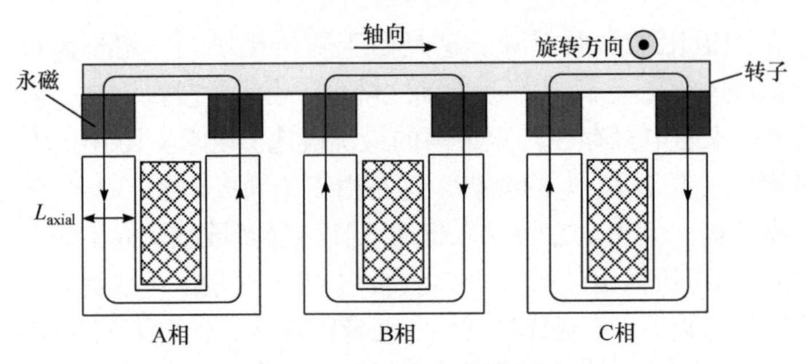

图 4.11　永磁横向磁通电机

3. 永磁磁通反向电机

表 3.4 已经列出了永磁磁通反向电机的气隙磁密，同样基于绕组函数的方法可以求得其空载反电势为[6,7]

$$e_{\mathrm{A}}(t)=-\frac{\mathrm{d}\psi_{\mathrm{A}}}{\mathrm{d}t}=-\frac{\mathrm{d}}{\mathrm{d}t}\left[r_{\mathrm{g}}l_{\mathrm{stk}}\int_0^{2\pi}B_{\mathrm{e}}(\theta,t)N_{\mathrm{A}}(\theta)\mathrm{d}\theta\right]=r_{\mathrm{g}}l_{\mathrm{stk}}\frac{\mu_0}{g}$$

$$\times\Omega_{\mathrm{r}}N_{\mathrm{sa}}\left\{\sum_{h,l=1}^{\infty}F_{\mathrm{e}h}\lambda_{\mathrm{r}l}\left[\frac{lZ_{\mathrm{r}}}{h\dfrac{Z_{\mathrm{s}}}{2}+lZ_{\mathrm{r}}}k_{\mathrm{wa}\left(h\frac{Z_{\mathrm{s}}}{2}+lZ_{\mathrm{r}}\right)}-\frac{lZ_{\mathrm{r}}}{\left|h\dfrac{Z_{\mathrm{s}}}{2}-lZ_{\mathrm{r}}\right|}k_{\mathrm{wa}\left|h\frac{Z_{\mathrm{s}}}{2}-lZ_{\mathrm{r}}\right|}\right]\cos(l\omega_{\mathrm{a}}t)\right\}$$

(4.42)

可见，反电势次数仅与转子比磁导谐波次数 l 相关。在考察平均转矩时，需要忽略谐波反电势，即令 l=1，从而得到

$$E_{\mathrm{a}1}=r_{\mathrm{g}}l_{\mathrm{stk}}\frac{\mu_0}{g}\Omega_{\mathrm{r}}N_{\mathrm{sa}}\lambda_{\mathrm{r}1}\left\{\sum_{i=1}^{\infty}F_{\mathrm{e}h}\left[\frac{Z_{\mathrm{r}}}{h\dfrac{Z_{\mathrm{s}}}{2}+Z_{\mathrm{r}}}k_{\mathrm{wa}\left(h\frac{Z_{\mathrm{s}}}{2}+Z_{\mathrm{r}}\right)}-\frac{Z_{\mathrm{r}}}{\left|h\dfrac{Z_{\mathrm{s}}}{2}-Z_{\mathrm{r}}\right|}k_{\mathrm{wa}\left|h\frac{Z_{\mathrm{s}}}{2}-Z_{\mathrm{r}}\right|}\right]\right\}\cos(\omega_{\mathrm{a}}t)$$

(4.43)

进一步可求得平均转矩为

$$T_{\mathrm{avg}}=\frac{3}{2}r_{\mathrm{g}}l_{\mathrm{stk}}\frac{\mu_0}{g}I_{\mathrm{a}1}N_{\mathrm{sa}}\lambda_{\mathrm{r}1}\left\{\sum_{i=1}^{\infty}F_{\mathrm{e}h}\left[\frac{Z_{\mathrm{r}}}{h\dfrac{Z_{\mathrm{s}}}{2}+Z_{\mathrm{r}}}k_{\mathrm{wa}\left(h\frac{Z_{\mathrm{s}}}{2}+Z_{\mathrm{r}}\right)}-\frac{Z_{\mathrm{r}}}{\left|h\dfrac{Z_{\mathrm{s}}}{2}-Z_{\mathrm{r}}\right|}k_{\mathrm{wa}\left|h\frac{Z_{\mathrm{s}}}{2}-Z_{\mathrm{r}}\right|}\right]\right\}$$

(4.44)

式(4.44)中不同工作磁场的谐波均互为齿谐波，它们绕组系数的绝对值相同，但不一定同号。类似于游标永磁电机的推导，可采用虚拟线圈的方式计算其符号，可将式(4.44)进一步简化为

$$T_{\text{avg}} = \frac{3}{2} r_{\text{g}} l_{\text{stk}} \frac{\mu_0}{g} I_{\text{a1}} N_{\text{sa}} \lambda_{\text{r1}} k_{\text{wa}P_{\text{a}}} \left[\sum_{h=1}^{\infty} (-1)^{\frac{h+1}{2}} F_{\text{e}h} \left(\frac{Z_{\text{r}}}{h\dfrac{Z_{\text{s}}}{2} + Z_{\text{r}}} + \frac{Z_{\text{r}}}{h\dfrac{Z_{\text{s}}}{2} - Z_{\text{r}}} \right) \right] \tag{4.45}$$

式(4.45)相较于游标永磁电机存在一些类似的地方，如括号前的系数，以及不同转矩成分对应的极比，但仍有很大的区别。从公式中看出，永磁磁通反向电机的转矩完全由比磁导的基波分量产生，不存在常数项比磁导贡献的转矩成分，因此比磁导的利用率较低。一个自然的问题是，永磁磁通反向电机是否类似游标永磁电机具备“主要”的工作磁场以及反电势成分，而这取决于电机具体极槽配合以及槽开口比例。以 Z_{s}=12 为例，当转子齿数 Z_{r}=11 时，取 h=1 具有最高极比 11/5，取 h=3 极比为 11/7，与前者差别不大，因此不存在贡献远超其他谐波的主要工作磁场；当转子齿数 Z_{r}=16 时，取 h=3 具有最大的极比 8，2 对极工作磁场为主要的工作磁场。但即使如此，取 h=1 可以具有 1.6 的极比，考虑到基波磁动势幅值往往较大，后者产生转矩占主要成分的 20%以上，亦不可忽略，且当槽开口占比增加时，后者贡献转矩的比例会进一步提升。从上述对比也可以看出，为了提升整体输出转矩，应当设计具有主导工作谐波的极槽配合以及尺寸，其优于具有多个工作谐波但每个都不强的极槽配合方案。然而，永磁磁通反向电机由于不存在比磁导常数项贡献的转矩成分，转矩能力至多与游标永磁电机的调制分量持平，且这类电机通常采用分数槽集中绕组，绕组系数与极比无法兼顾，进一步削弱了转矩能力。因此，永磁磁通反向电机即使相较于常规永磁电机，亦不具备明显的转矩优势，更不及游标永磁电机，其优点在于转子结构简单，适用于对转子机械强度要求较高的场合[8-10]。

4. 永磁开关磁链电机

表 3.6 列出了永磁开关磁链电机的气隙磁场谐波成分，根据该表可推导出这类电机的相反电势表达式为[11]

$$e_{\text{A}}(t) = r_{\text{g}} l_{\text{stk}} \frac{\mu_0}{g} \Omega_{\text{e}} N_{\text{s}} \sum_{l_{\text{r}}=1}^{\infty} \lambda_{\text{r}l_{\text{r}}} \left[\sum_{h,l_{\text{s}}=1}^{\infty} \frac{1}{2} F_{\text{e}h} \lambda_{\text{s}l_{\text{s}}} (-1)^{\frac{h+1}{2}} \left(\frac{l_{\text{r}} Z_{\text{r}}}{\dfrac{hZ_{\text{s}}}{2} + 2l_{\text{s}} Z_{\text{s}} - l_{\text{r}} Z_{\text{r}}} \right.\right.$$

$$+\frac{l_{\mathrm{r}}Z_{\mathrm{r}}}{\frac{hZ_{\mathrm{s}}}{2}-2l_{\mathrm{s}}Z_{\mathrm{s}}-l_{\mathrm{r}}Z_{\mathrm{r}}}-\frac{l_{\mathrm{r}}Z_{\mathrm{r}}}{\frac{hZ_{\mathrm{s}}}{2}+2l_{\mathrm{s}}Z_{\mathrm{s}}+l_{\mathrm{r}}Z_{\mathrm{r}}}-\frac{l_{\mathrm{r}}Z_{\mathrm{r}}}{\frac{hZ_{\mathrm{s}}}{2}-2l_{\mathrm{s}}Z_{\mathrm{s}}+l_{\mathrm{r}}Z_{\mathrm{r}}}\Bigg)k_{\mathrm{wa}\left(\frac{hZ_{\mathrm{s}}}{2}-l_{\mathrm{r}}Z_{\mathrm{r}}\right)}$$

$$+\sum_{h=1}^{\infty}F_{\mathrm{e}h}\lambda_{\mathrm{s}0}(-1)^{\frac{h+1}{2}}\left(\frac{l_{\mathrm{r}}Z_{\mathrm{r}}}{\frac{hZ_{\mathrm{s}}}{2}-l_{\mathrm{r}}Z_{\mathrm{r}}}-\frac{l_{\mathrm{r}}Z_{\mathrm{r}}}{\frac{hZ_{\mathrm{s}}}{2}+l_{\mathrm{r}}Z_{\mathrm{r}}}\right)k_{\mathrm{wa}\left(\frac{hZ_{\mathrm{s}}}{2}-l_{\mathrm{r}}Z_{\mathrm{r}}\right)}\Bigg]\sin(l_{\mathrm{r}}\omega_{\mathrm{a}}t)$$

(4.46)

同样地，令 $l_{\mathrm{r}}=1$，根据机电能量转换关系即可求出永磁开关磁链电机的平均转矩为

$$T_{\mathrm{avg}}=\frac{3}{2}r_{\mathrm{g}}l_{\mathrm{stk}}\frac{\mu_0}{g}I_{\mathrm{a}1}N_{\mathrm{sa}}\lambda_{\mathrm{r}1}\Bigg[\sum_{h,l_{\mathrm{s}}=1}^{\infty}\frac{1}{2}F_{\mathrm{e}h}\lambda_{\mathrm{s}l_{\mathrm{s}}}(-1)^{\frac{h+1}{2}}\Bigg(\frac{Z_{\mathrm{r}}}{\frac{hZ_{\mathrm{s}}}{2}+2l_{\mathrm{s}}Z_{\mathrm{s}}-Z_{\mathrm{r}}}$$

$$+\frac{Z_{\mathrm{r}}}{\frac{hZ_{\mathrm{s}}}{2}-2l_{\mathrm{s}}Z_{\mathrm{s}}-Z_{\mathrm{r}}}-\frac{Z_{\mathrm{r}}}{\frac{hZ_{\mathrm{s}}}{2}+2l_{\mathrm{s}}Z_{\mathrm{s}}+Z_{\mathrm{r}}}-\frac{Z_{\mathrm{r}}}{\frac{hZ_{\mathrm{s}}}{2}-2l_{\mathrm{s}}Z_{\mathrm{s}}+Z_{\mathrm{r}}}\Bigg)k_{\mathrm{wa}\left(\frac{hZ_{\mathrm{s}}}{2}-Z_{\mathrm{r}}\right)}$$

$$+\sum_{h=1}^{\infty}F_{\mathrm{e}h}\lambda_{\mathrm{s}0}(-1)^{\frac{h+1}{2}}\left(\frac{Z_{\mathrm{r}}}{\frac{hZ_{\mathrm{s}}}{2}-Z_{\mathrm{r}}}-\frac{Z_{\mathrm{r}}}{\frac{hZ_{\mathrm{s}}}{2}+Z_{\mathrm{r}}}\right)k_{\mathrm{wa}\left(\frac{hZ_{\mathrm{s}}}{2}-Z_{\mathrm{r}}\right)}\Bigg]$$

(4.47)

从式中可以看出，永磁开关磁链电机工作谐波极为复杂，除了转子比磁导为基波项外，任意励磁磁动势谐波和定子比磁导谐波均可产生转矩。正因为如此，永磁开关磁链电机转矩随极比不具有明显的递增关系。例如，现有两台永磁开关磁链电机，其定子/转子齿数配合分别为 12/16 和 36/16，通过分析可知，两者的极比均为 8。现计算两者极比最高时对应的工作磁场。对于前一台电机，定子磁动势 3 次谐波、定子比磁导常数项、转子比磁导基波项，以及定子磁动势基波项、定子比磁导基波项、转子比磁导基波项两组配合均可产生 2 对极工作磁场，但其幅值均较弱；而后一台电机依靠定子磁动势基波项、定子比磁导常数项、转子比磁导基波项即可产生 2 对极工作磁场，幅值相对较高，因此具有更高的反电势与输出转矩。若电枢采用常见的分数槽集中绕组，极比较低时更是如此，以 12/10、12/11、12/13、12/14 四台电机为例，前后两台电机的极比为 2.5，中间两台电机的极比为 2.2，但理论分析与仿真均表明 12/13 电机具备最高的输出转矩。

与永磁磁通反向电机类似，永磁开关磁链电机由于不存在转子比磁导常数项引入的工作谐波，在极比较低时其转矩密度略高于常规永磁同步电机，但不及游标永磁电机，且采用切向励磁结构，极比较高时附加磁动势效应明显，导致输出转矩下降。

4.3.2　磁场调制电励磁电机

相较于永磁电机，电励磁电机的最大区别在于其励磁单元磁动势的变化。对于交流励磁绕组和自短路绕组，可以只计及磁动势基波的作用：

$$F_e(\theta,t)=\frac{3N_{se}I_{e1}}{\pi P_e}k_{weP_e}\cos(P_e\theta-\omega_e t) \tag{4.48}$$

式中，P_e 为电励磁基波极对数；ω_e 为励磁单元各次谐波电角速度；k_{weP_e} 为 P_e 对极磁动势绕组系数；N_{se} 为单相串联匝数；I_{e1} 为励磁电流基波幅值。

需要注意的是，在某些定子励磁型电机中，为了发挥定子齿的调制效果，其槽开口往往较大，此时磁动势槽口系数不可忽略，必须在绕组系数 k_{weP_e} 中加以计算。

不计槽口系数时，直流励磁绕组磁动势为

$$F_e(\theta,t)=\sum_{h=1}^{\infty}\frac{2N_{se}I_{e1}}{\pi P_e h}\cos\left[hP_e(\theta-\Omega_e t)\right] \tag{4.49}$$

计及槽口系数时，直流励磁绕组磁动势为

$$F_e(\theta,t)=\sum_{h=1}^{\infty}\frac{4N_{se}I_{e1}\sin\left(\dfrac{\pi}{2}h\dfrac{b_s}{t_s}\right)}{\pi^2 P_e h^2\dfrac{b_s}{t_s}}\cos\left[hP_e(\theta-\Omega_e t)\right] \tag{4.50}$$

根据式(4.50)，当槽开口较大，如 b_s/t_s=0.5 时，励磁磁动势谐波与其次数的平方成反比，最低次(3 次)谐波幅值仅是基波的约 10%，此时对于平均转矩，高次谐波作用可忽略。因此，在分析励磁绕组所在槽开口较大的磁场调制电机时，励磁磁动势可写为

$$F_e(\theta,t)\approx\frac{4N_{se}I_{e1}\sin\left(\dfrac{\pi}{2}\dfrac{b_s}{t_s}\right)}{\pi^2 P_e\dfrac{b_s}{t_s}}\cos\left[P_e(\theta-\Omega_e t)\right] \tag{4.51}$$

1. 电励磁游标电机

电励磁游标电机属于转子直流电励磁型单边调制的磁场调制电机，可视为将

游标永磁电机中的转子永磁体改为直流电励磁绕组，因此，两者具有相同的转矩产生原理。结合游标永磁电机的转矩表达式(4.37)，将励磁磁动势用式(4.49)代替，可得电励磁游标电机的平均转矩为

$$T_{\mathrm{avg}}=\frac{12}{\pi}r_{\mathrm{g}}l_{\mathrm{stk}}\frac{\mu_0}{g}N_{\mathrm{sa}}N_{\mathrm{se}}I_{\mathrm{a1}}I_{\mathrm{e1}}\left(\frac{\lambda_{\mathrm{s0}}}{P_{\mathrm{e}}}+\frac{\lambda_{\mathrm{s1}}}{2P_{\mathrm{a}}}\right)k_{\mathrm{wa}P_{\mathrm{a}}} \tag{4.52}$$

在式(4.37)中，游标永磁电机的转矩分为两部分，其中比磁导常数项产生的转矩与极比没有显式关系，基波项产生的转矩与极比成正比。然而，电励磁电机的励磁能力与励磁单元极对数成反比，将这一效应引入转矩表达式后可发现，比磁导常数项产生的转矩与励磁单元极对数成反比，这也是常规电励磁同步电机的特性；而基波项产生的转矩与电枢单元极对数成反比。

现将电励磁游标电机的输出转矩与常规 P_{a} 对极电励磁同步电机进行对比，后者输出转矩对应式(4.52)第一项，但需要将分母上的 P_{e} 替换为 P_{a}，因此远大于电励磁游标电机的转矩分量。此外，磁场调制电机定子槽开口较大，根据图 2.16，λ_{s0} 可能只有约 0.6，远低于闭口槽的同步电机；再来看第二项，其虽然同样与 P_{a} 成反比，但是由于调制过程出现 1/2 的调制系数，且对应 λ_{s1} 较小，导致该项数值偏小。综合来看，式(4.52)中转矩第二项只有同步电机转矩约 1/3，第一项更是远低于同步电机水平。因此总体而言，电励磁游标电机转矩还是低于电枢极对数相同的同步电机。

2. *磁场调制感应电机*

磁场调制感应电机在原理上较为复杂，为了更为清晰地反映其工作特性，在推导转矩公式前，假设该电机定、转子均为理想绕组结构。在这一假设下，电枢磁动势可表示为[12]

$$F_{\mathrm{a}}(\theta,t)=F_{\mathrm{a1}}\cos(P_{\mathrm{a}}\theta+\omega_{\mathrm{a}}t) \tag{4.53}$$

同样地，调制单元也只计及比磁导常数项与基波分量。此时，气隙比磁导为

$$\lambda_{\mathrm{f}}(\theta,t)=\frac{\mu_0}{g}\left[\lambda_{\mathrm{f0}}+\lambda_{\mathrm{f1}}\cos(P_{\mathrm{f}}\theta)\right] \tag{4.54}$$

气隙磁密为

$$\begin{aligned}B_{\mathrm{a}}(\theta,t)=\frac{\mu_0}{g}F_{\mathrm{a1}}\Big\{&\lambda_{\mathrm{f0}}\cos(P_{\mathrm{a}}\theta+\omega_{\mathrm{a}}t)\\&+\frac{\lambda_{\mathrm{f1}}}{2}\big\{\cos\left[(P_{\mathrm{f}}-P_{\mathrm{a}})\theta-\omega_{\mathrm{a}}t\right]+\cos\left[(P_{\mathrm{f}}+P_{\mathrm{a}})\theta+\omega_{\mathrm{a}}t\right]\big\}\Big\}\end{aligned} \tag{4.55}$$

若采用和调制的极槽配合，则自短路绕组(励磁)极对数 $P_{\mathrm{e}}=P_{\mathrm{f}}-P_{\mathrm{a}}$，相应工作

磁场的同步转速 $\Omega_{e0}=\omega_a/P_e$，假设电机转差率为 s，那么转子(励磁单元)转速为

$$\Omega_e=(1-s)\frac{\omega_a}{P_e} \tag{4.56}$$

由于转子与电枢磁场转速不等，转子绕组上会感应反电势，其基波幅值为

$$E_{e1}=s\frac{\mu_0}{g}F_{a1}\lambda_{f1}r_g L_{stk}N_{se}k_{weP_e}\frac{\omega_a}{P_e}=\frac{3}{\pi}\frac{\mu_0}{g}I_{a1}\lambda_{f1}r_g L_{stk}(N_{sa}N_{se})(k_{weP_e}k_{waP_a})s\omega_a\frac{1}{P_eP_a} \tag{4.57}$$

该反电势产生的励磁电流幅值为

$$I_{e1}=\frac{E_{e1}}{\sqrt{R_e^2+(s\omega_a L_e)^2}} \tag{4.58}$$

对应的相位角为

$$\gamma=\operatorname{atan}\left(\frac{s\omega_a L_e}{R_e}\right) \tag{4.59}$$

根据电磁感应定律，可以求得励磁电流在绕组中产生的空载反电势幅值为

$$E_{a1}=\frac{3}{\pi}\frac{\mu_0}{gP_a}r_g L_{stk}\lambda_{f1}(N_{sa}N_{se})(k_{weP_e}k_{waP_a})\Omega_{e0}I_{e1}\cos\gamma \tag{4.60}$$

式中，Ω_{e0}为转子同步转速。对于感应式电机，由于存在大小为 sP_e 的转子铜耗，定子侧传导的电磁功率无法完全转化为机械功率输出，转矩为

$$T_e=(1-s)\frac{e_A i_A+e_B i_B+e_C i_C}{\Omega_e}=\frac{e_A i_A+e_B i_B+e_C i_C}{\Omega_{e0}} \tag{4.61}$$

根据式(4.61)可得磁场调制感应电机的平均转矩为

$$T_{avg}=\frac{9}{2\pi}\frac{\mu_0}{gP_a}r_g L_{stk}\lambda_{f1}(N_{sa}N_{se})(k_{weP_e}k_{waP_a})I_{a1}I_{e1}\cos\gamma \tag{4.62}$$

磁场调制感应电机在特性和功能上与常规异步电机较为类似，应当就两者的转矩能力进行对比分析。由于感应式电机电磁转矩的产生分为两个阶段，即电枢电流感应产生励磁电流、励磁与电枢磁场交互产生反电势与转矩，所以分别对比上述两个阶段的电磁性能。

(1) 转子绕组只能与电枢的调制磁场相互作用。调制磁场幅值本身较小，相较于非调制磁场，最多达到前者的一半。此外，由于转子极对数较大，同频率下感应的反电势幅值较小，呈现“反极比”的特征。因此，对于一台极比为 5 的磁场调制感应电机，转子绕组感应的反电势可能不到相同电枢极对数异步电机的 1/10。

(2) 感应式电机的转子电流分为交、直轴两个分量，其中直轴分量产生的磁场与电枢磁场相互抵消，两者相差 180°，不可能产生电磁转矩，只有交轴分量作为实际的励磁电流，其大小为

$$I_{\mathrm{e1q}} = I_{\mathrm{e1}} \cos\gamma = \frac{E_{\mathrm{e}} R_{\mathrm{e}}}{R_{\mathrm{e}}^2 + \left(s\omega_{\mathrm{a}} L_{\mathrm{e}}\right)^2} \tag{4.63}$$

在常规异步电机中，转子侧感抗 $s\omega_{\mathrm{a}}L_{\mathrm{e}}$ 远大于电阻 R_{e}，两者比值在 20 以上。而磁场调制感应电机的励磁单元极对数较大，对于极比为 5 的极槽配合，主电感降至常规异步电机的 1/25，但槽漏感等变化不大，总体而言，励磁侧总电感最多也只能降至常规异步电机的 1/5 左右。将这一数据代入式(4.63)，结合反电势的比例，可知有效励磁电流增长不到 1 倍。

(3) 在励磁电流产生反电势与转矩的过程中，类似于电励磁游标电机，虽然存在极比放大效应，但由于励磁磁动势幅值本身与其极对数成反比，最终转矩只与电枢极对数成反比，相较于常规异步电机不存在转矩放大的优势。此外，由于励磁与电枢绕组通过调制效应耦合，工作磁场调制系数减小一半。综合励磁电流的数值，相较于电枢极对数相等的异步电机，磁场调制感应电机的转矩并没有优势。

感应式电机的转矩往往采用等效电路进行分析，本节同样推导磁场调制感应电机的等效电路图，并将其与异步电机进行对比。首先，将式(4.58)写成向量形式：

$$\dot{I}_{\mathrm{e1}} = \frac{\dot{E}_{\mathrm{e1}}}{R_{\mathrm{e}} + \mathrm{j}s\omega_{\mathrm{a}} L_{\mathrm{e}}} \tag{4.64}$$

式中，j 为虚数单位。

由于励磁绕组感应反电势的频率与电枢频率不等，为了建立两者的联系，采用类似于异步电机频率折算的方式，利用静止的虚拟励磁单元替代实际结构，并确保两者产生的励磁电流幅值、相位均相等。将式(4.64)进行变形：

$$\dot{I}_{\mathrm{e1}} = \frac{\dfrac{\dot{E}_{\mathrm{e1}}}{s}}{\dfrac{R_{\mathrm{e}}}{s} + \mathrm{j}\omega_{\mathrm{a}} L_{\mathrm{e}}} = \frac{\dot{E}_{\mathrm{e10}}}{\dfrac{R_{\mathrm{e}}}{s} + \mathrm{j}\omega_{\mathrm{a}} L_{\mathrm{e}}} \tag{4.65}$$

也就是说虚拟励磁单元电阻变为原来的 $1/s$ 倍，电感不变，这与常规异步电机的频率折算是一样的。对于电励磁电机，电枢绕组的空载反电势可以用互感来计算：

$$\dot{E}_{\mathrm{e10}} = -\mathrm{j}\omega_{\mathrm{a}} M_{\mathrm{ae}} \dot{I}_{\mathrm{a1}} \tag{4.66}$$

将式(4.66)代入式(4.65)，可得

$$\dot{I}_{\mathrm{e1}} = \frac{-\mathrm{j}\omega_{\mathrm{a}} M_{\mathrm{ae}} \dot{I}_{\mathrm{a1}}}{\dfrac{R_{\mathrm{e}}}{s} + \mathrm{j}\omega_{\mathrm{a}} L_{\mathrm{e}}} \tag{4.67}$$

式中，M_{ae}是励磁与电枢绕组间互感的最大值。根据式(4.67)，励磁与电枢电流之间的关系可以用并联电路来表征，I_{a1} 是总电流，$-I_{e1}$ 是支路分流，两条支路的阻抗分别为 $j\omega_a M_{ae}$ 和 $R_e/s+j\omega_a(L_e-M_{ae})$，如图 4.12(a)所示。

在图 4.12(a)中，所有电气参数后面都加了撇，这是指通过匝数折算后的电气量。然而，采用图 4.12(a)进行分析时，必须确定电枢电流。对于感应式电机，很多时候需要挂网运行，此时电枢电压已知，但电流未知，因此需要将等效电路进行进一步演变。

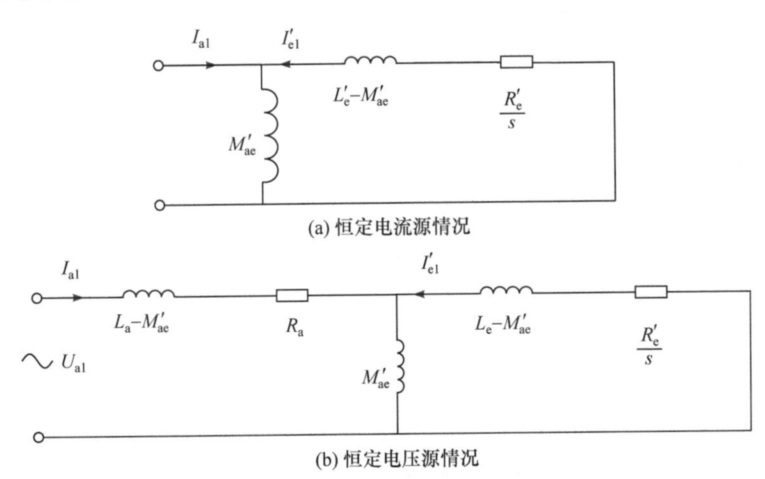

图 4.12　磁场调制感应电机等效电路

根据电磁感应定律，电枢电压满足

$$\begin{aligned}\dot{U}_{a1} &= \dot{I}_{a1}R_a + j\omega_a L_a \dot{I}_{a1} + j\omega_a M'_{ae}\dot{I}'_{e1} \\ &= \dot{I}_{a1}R_a + j\omega_a\left(L_a - M'_{ae}\right)\dot{I}_{a1} + j\omega_a M'_{ae}\left(\dot{I}'_{e1} + \dot{I}_{a1}\right)\end{aligned} \tag{4.68}$$

根据式(4.68)，可以在图 4.12(a)中补足左侧缺失的一部分，最终结果如图 4.12(b)所示。可见，磁场调制感应电机的等效电路与异步电机的 T 形等效电路完全相同。那么，两者在参数上是否有什么区别？在上述等效电路中，励磁单元均进行了匝数折算，其实异步电机等效电路的推导过程也有相同的步骤，这是为了解决定、转子电感参数不匹配的问题。例如，假设转子绕组匝数很少，那么在匝数折算时，需要用转子匝数乘以定转子匝比，将两者变为等效匝数完全相等的绕组结构。在这种情况下，对于常规异步电机，电枢产生的主磁场在其自身以及转子励磁绕组上交链的磁链完全相同，也就是电枢主电感 L_{am} 和折算后互感 M'_{ae} 完全相同，因此 M'_{ae} 可以被认为是总电感的一部分。在图 4.12(b)中，有

$$L_a - M'_{ae} = L_a - L_{am} = L_{a\sigma} \tag{4.69}$$

这也是异步电机在旁路上的电感参数值，即漏感。然而，对于磁场调制感应电机，

励磁与电枢绕组通过调制效应耦合，当电枢绕组通电时，其 P_a 对极磁势一方面产生 P_a 对极气隙磁场，这部分磁场能够在电枢内部交链磁链，构成一部分自感；另一方面通过调制产生 P_e 对极磁场，这部分磁场不会产生自感，但可以产生互感 M_{ae}，也就是说 M'_{ae} 不能被认为是 L_a 的一部分，$L_a - M'_{ae}$ 只是一种数学上的表征，不具备任何物理意义。

再来计算具体电感的数值。励磁电感 L_e 与电枢电感 L_a 均由主电感与漏感构成，由于漏感的影响因素较多，只计算主电感的数值：

$$
\begin{aligned}
L_{am} &= \frac{6\sqrt{2}\mu_0 r_g l_{stk} \left(N_{sa} k_{wa}\right)^2 \lambda_{f0}}{\pi g P_a^2} \\
L_{em} &= \frac{6\sqrt{2}\mu_0 r_g l_{stk} \left(N_{se} k_{we}\right)^2 \lambda_{f0}}{\pi g P_e^2} \\
M_{ae} &= \frac{3\sqrt{2}\mu_0 r_g l_{stk} N_{sa} k_{wa} N_{se} k_{we} \lambda_{f1}}{\pi g P_a P_e}
\end{aligned}
\tag{4.70}
$$

可见

$$
\frac{L_{am} L_{em}}{M_{ae}^2} = 4\left(\frac{\lambda_{f0}}{\lambda_{f1}}\right)^2 \gg 1 \tag{4.71}
$$

如前文所述，在磁场调制感应电机中，匝数折算只是一种数学运算，没有实际物理意义，因此只需确保电感参数 $L_a - M'_{ae}$ 和 $L'_e - M'_{ae}$ 为正即可。根据式(4.71)，这样的折算比很多，且折算完后 L_{am} 和 L'_{em} 均会明显大于 M'_{ae}，这就导致 $L_a - M'_{ae}$ 和 $L'_e - M'_{ae}$ 都比对应漏感大很多，即 T 形等效电路中两条侧臂上的阻抗大幅增加。由于电磁转矩

$$
T_e = \frac{p_e}{\Omega_{e0}} = \frac{P_e {I'_{e1}}^2 R'_e}{\omega_a s} \tag{4.72}
$$

当转子回路阻抗提升后，M'_{ae} 支路存在大量分流，从而导致 I'_{e1} 远小于 I_{a1}。因此，磁场调制感应电机的转矩性能反而不如常规异步电机，这与之前根据转矩表达式分析的结果一致。此外，由于旁路电感值较大，其不能像常规异步电机那样忽略主电感支路，从而得到简化等效电路。

3. 电励磁游标磁阻电机

定子磁场调制电励磁电机包含电励磁游标磁阻、电励磁开关磁链与电励磁双凸极三类电机结构[13]。由于这些拓扑均为双凸极结构，定子包含励磁与电枢两套绕组，工作原理与特性类似，下面以电励磁游标磁阻电机为例说明其工作特性。

根据磁场调制理论，可以推导得到电励磁游标磁阻电机的平均转矩表达式如下：

$$
\begin{aligned}
T_{\mathrm{avg}} &= \sum_{h=-\infty}^{\infty} T_h + \sum_{h,l_s=-\infty}^{\infty} T_{h,l_s} \\
T_h &= \frac{3}{2} r_g l_{\mathrm{stk}} \frac{\mu_0}{g} N_{\mathrm{sa}} F_{\mathrm{e}h} \lambda_{\mathrm{s}0} \lambda_{\mathrm{r}1} I_{\mathrm{a}1} \frac{Z_r}{\dfrac{hZ_s}{2}+Z_r} k_{\mathrm{wa}\left(\frac{hZ_s}{2}+Z_r\right)} \\
&= \frac{6}{\pi^2} r_g l_{\mathrm{stk}} \frac{\mu_0}{g} (N_{\mathrm{sa}} N_{\mathrm{se}})(I_{\mathrm{a}1} I_{\mathrm{e}1}) \lambda_{\mathrm{s}0} \lambda_{\mathrm{r}1} \\
&\quad \times \frac{Z_r}{h^2 \dfrac{Z_s}{2}\left(\dfrac{hZ_s}{2}+Z_r\right)} \frac{\sin\left(\dfrac{\pi}{2} h \dfrac{b_s}{t_s}\right)}{\dfrac{b_s}{t_s}} k_{\mathrm{wa}\left(\frac{hZ_s}{2}+Z_r\right)} \\
T_{h,l_s} &= \frac{3}{\pi^2} r_g l_{\mathrm{stk}} \frac{\mu_0}{g} (N_{\mathrm{sa}} N_{\mathrm{se}})(I_{\mathrm{a}1} I_{\mathrm{e}1}) \lambda_{\mathrm{s}|l_s|} \lambda_{\mathrm{r}1} \frac{Z_r}{h^2 \dfrac{Z_s}{2}\left(\dfrac{hZ_s}{2}+l_s Z_s+Z_r\right)} \\
&\quad \times \frac{\sin\left(\dfrac{\pi}{2} h \dfrac{b_s}{t_s}\right)}{\dfrac{b_s}{t_s}} k_{\mathrm{wa}\left(\frac{hZ_s}{2}+l_s Z_s+Z_r\right)}
\end{aligned}
\tag{4.73}
$$

在式(4.73)中，磁动势次数 h 和定子比磁导函数次数 l_s 均可取负值，这是一种表述上的简化，当其为负时，实际代表调制过程中极对数作差的那一个分量。

在式(4.73)中，即使只考虑 $Z_s/2$ 对极的励磁磁动势基波项，电励磁游标磁阻电机的输出转矩成分仍非常复杂，其由多个基本模型对应的转矩分量构成。其中，第一类基本模型为单层调制结构，凸极转子为调制单元，等效电枢极对数为 $|Z_s/2\pm Z_r|$；第二类基本模型为双层调制结构，凸极定转子分别作为调制单元，等效电枢极对数为 $|Z_s/2\pm l_sZ_s\pm Z_r|$。可以发现，其中所有的电枢磁动势均互为齿谐波，绕组系数等于基波绕组系数。

另外，式(4.73)中的极比项在将励磁磁动势具体表达式代入后，既不像永磁电机那样表现为 P_r/P_a，也不像调制单元静止型电励磁电机那样表现为 $1/P_a$，而是 $2Z_r/(Z_sP_a)$，这是因为极比本来是 Z_r/P_a，但是励磁磁动势的基波极对数为 $Z_s/2$，大小与其成反比，从而得到最终的极比形式。

下面来研究这类电机的转矩密度水平，选择定子槽数 Z_s=6，转子齿数 Z_r=5，那么励磁极对数 P_e=3，电枢极对数 P_a=2。由于同步磁阻电机同样一方面可以视为特殊的定子励磁型电机，另一方面又是一种常见的同步电机类型，所以适合作为参考对象。选择同步磁阻电机的定子极对数 P_a=2，转子凸极数 Z_r=4。根据磁场调

制原理，其励磁与电枢磁动势可分别视为由 d、q 轴电流产生，最终转矩为

$$T_{\mathrm{avg}}=\frac{3}{\pi}r_{\mathrm{g}}l_{\mathrm{stk}}\frac{\mu_0}{g}N_{\mathrm{sa}}^2\left(I_{\mathrm{a}1d}I_{\mathrm{a}1q}\right)\lambda_{\mathrm{r}1}\frac{Z_{\mathrm{r}}}{P_{\mathrm{a}}^2}k_{\mathrm{wa}P_{\mathrm{a}}}^2 \tag{4.74}$$

相较于电励磁游标磁阻电机，同步磁阻电机的定子为闭口槽，可以不计槽口系数，且定子比磁导函数为 1，将其忽略。此外，根据之前的分析，对应极比为 $Z_{\mathrm{r}}/P_{\mathrm{a}}^2$。现在考察这些差异项，比较两种电机的转矩能力。

(1) 同步磁阻电机的极比为 $4/2^2=1$，不需要考虑其他系数，因此转矩相对大小为 1。

(2) 电励磁游标磁阻电机具有不同的电枢工作磁动势，极对数最低为 2，其对应转矩分量为 T_{-1} 和 $T_{1,-1}$，前者极比为 5/6，对应定子比磁导函数为常数项，槽开口较大时约为 0.6；后者极比相同，但对应比磁导为基波项，约为 0.4，且需计及 1/2 的调制系数，最后两者槽口系数约为 0.9($b_{\mathrm{s}}/t_{\mathrm{s}}$=0.5)，因此两者转矩相对值分别为 0.45 和 0.15；另外，T_1 和 $T_{-1,1}$ 占比相对较高，分别为 0.11 和 0.04。即使所有转矩成分均为正，上述所有项相加后约为 0.75，也不及同步磁阻电机。此外，上述分析基于电励磁游标磁阻电机励磁与电枢绕组的线负荷分别与同步磁阻电机 d、q 轴电流负荷相等，但后者总有效值为矢量和，前者为代数和，因此相同铜耗下后者电流高出前者 40%，更是增大了两者的转矩差距。可见电励磁游标磁阻电机的转矩成分极为丰富，但含量均较低，导致最终转矩密度不足。

实际上，电励磁游标磁阻电机的优势在于功能特性。相较于电励磁同步电机，其励磁绕组位于定子上，避免了旋转励磁缺陷；相较于同步磁阻电机，其具备自励磁能力，省去了电枢控制器。总体而言，这类电机在航空起动/发电系统中具备良好的应用前景。

4. 磁阻式无刷双馈电机

磁阻式无刷双馈电机相较于电励磁游标磁阻电机主要有两点区别：首先，前者为交流绕组励磁，而后者采用直流励磁。其次，前者采用叠绕组结构，定转子齿数往往远大于励磁与电枢极对数；后者的励磁极对数为 $Z_{\mathrm{s}}/2$，且电枢采用分数槽集中绕组，极对数同样与之接近。尽管存在上述区别，两者的转矩产生机理仍然十分类似，因此将式(4.73)中的极对数稍作变化即可得到无刷双馈电机的平均转矩表达式：

$$\begin{aligned}T_{\mathrm{avg}}=&\frac{9}{2\pi}r_{\mathrm{g}}l_{\mathrm{stk}}\frac{\mu_0}{g}\left(N_{\mathrm{sa}}N_{\mathrm{se}}\right)\left(I_{\mathrm{a}1}I_{\mathrm{e}1}\right)\lambda_{\mathrm{r}1}\left(\lambda_{\mathrm{s}0}\frac{Z_{\mathrm{r}}}{P_{\mathrm{e}}\left(Z_{\mathrm{s}}-P_{\mathrm{a}}\right)}+\sum_{l_{\mathrm{s}}=1}^{\infty}\frac{(-1)^{l_{\mathrm{s}}+1}}{2}\lambda_{\mathrm{s}l_{\mathrm{s}}}\right.\\&\left.\times\left\{\frac{Z_{\mathrm{r}}}{P_{\mathrm{e}}\left[\left(l_{\mathrm{s}}-1\right)Z_{\mathrm{s}}+P_{\mathrm{a}}\right]}-\frac{Z_{\mathrm{r}}}{P_{\mathrm{e}}\left[\left(l_{\mathrm{s}}+1\right)Z_{\mathrm{s}}-P_{\mathrm{a}}\right]}\right\}\right)k_{\mathrm{wa}P_{\mathrm{a}}}k_{\mathrm{we}P_{\mathrm{e}}}\end{aligned} \tag{4.75}$$

在式(4.75)中，忽略了励磁磁动势高次谐波，这是由于 Z_s 远大于 P_e，所以磁动势中最低次齿谐波仍远大于基波，其幅值较小，完全可以忽略。再来观察公式中不同项的极比，为了更为形象，取相应极槽配合为 Z_s=72、P_a=2、P_e=3、Z_r=67。公式中极比均含有 Z_r/P_e，它们的差异体现在分母另外一项，即电枢工作磁动势中。显然该项最低为 2，对应双边调制基本模型；除此之外最低为 Z_s-P_a=70，相较 P_a 高出 35 倍，即便考虑对应基本模型单层调制的优势，产生的转矩仍较弱。综上，磁阻式无刷双馈电机只含有一项主要的转矩成分，即式(4.75)可简化为

$$T_{\text{avg}}=\frac{9}{4\pi}r_g l_{\text{stk}}\frac{\mu_0}{g}\left(N_{\text{sa}}N_{\text{se}}\right)\left(I_{\text{a1}}I_{\text{e1}}\right)\lambda_{\text{s1}}\lambda_{\text{r1}}\frac{Z_r}{P_e P_a}k_{\text{wa}P_a}k_{\text{we}P_e} \tag{4.76}$$

将式(4.76)与同步磁阻电机转矩式(4.74)对比，可发现由于其极槽配合的特殊性，转矩放大比 $Z_r/(P_eP_a)$远高于同步磁阻电机，即使计及双层调制 1/4 的调制系数以及比磁导基波的衰减，其相比前者理论上具备转矩密度的优势。最后需要注意的是，对于同步磁阻电机，其转矩放大系数为 $4/Z_r$，即其适用于转子齿数较低的高速场合，而磁阻式无刷双馈电机转子齿数 Z_r 越高时，转矩放大系数同样越高，更加适用于低速场合。

5. 游标磁阻电机

根据图 3.22，游标磁阻电机可视为磁阻式无刷双馈电机双绕组集成后的特例。根据式(4.76)，改变绕组相关参数即可得到其平均转矩表达式：

$$T_{\text{avg}}=\frac{9}{4\pi}r_g l_{\text{stk}}\frac{\mu_0}{g}N_{\text{as}}^2\left(I_{\text{a1}d}I_{\text{a1}q}\right)\lambda_{\text{s1}}\lambda_{\text{r1}}\frac{Z_r}{P_a^2}k_{\text{wa}P_a}^2 \tag{4.77}$$

显然，游标磁阻电机与无刷双馈电机类似，均具有超高极比，例如当 Z_s=72、P_a=1、Z_r=70 时，极比为 70，因此其相较于同步磁阻电机同样具备理论上较高的输出转矩。但需要注意的是，一味地增加游标磁阻电机的极比，电机的转矩并不会成比例提升。这是因为当电机极比较高时，最优槽开口下的最大比磁导基波项往往降低。因此，在游标磁阻电机设计时，为了获得较大平均转矩，需要兼顾极比和比磁导的影响。

6. 异步感应子电机

如前所述，异步感应子电机可以视为将励磁绕组替换为自短路绕组的无刷双馈电机[14,15]。与之类似，虽然理论上异步感应子电机两套绕组的大量齿谐波均可贡献平均转矩，但转矩主要仍由基波磁动势产生。相应地，其特性与磁场调制感应电机也非常类似，因此本节不花费大量篇幅对其进行详细介绍，主要强调两者的区别。首先，异步感应子电机中调制单元旋转，其极对数为转子齿数 Z_r，电枢

磁场可以通过磁场调制理论计算，这里只考虑 $|Z_s-Z_r|-P_a$ 对极的磁场谐波：

$$B_a(\theta,t)=\frac{\mu_0}{g}\frac{\lambda_{s1}\lambda_{r1}}{4}F_{a1}\cos\left[\left(Z_s-Z_r-P_a\right)\theta+\left(\omega_a+Z_r\Omega_r\right)t\right] \tag{4.78}$$

通常，感应式电机的同步速定义为使得电枢工作磁场与自短路绕组转速相同时的转子转速。由于异步感应子电机的自短路绕组静止，同步速应当定义为

$$\Omega_{r0}=-\frac{\omega_a}{Z_r} \tag{4.79}$$

这与式(3.39)中无刷双馈电机的同步速完全相同。在同步速外，两绕组可耦合产生电磁转矩。由于异步感应子电机相较无刷双馈电机，仅仅是励磁电流产生方式不同，所以转矩表达式十分类似，唯一区别在于其自短路绕组上的电流相位不可控，存在电流角 γ：

$$T_{avg}=\frac{9}{4\pi}r_g l_{stk}\frac{\mu_0}{g}\left(N_{sa}N_{se}\right)\left(I_{a1}I_{e1}\right)\lambda_{s1}\lambda_{r1}\frac{Z_r}{P_eP_a}k_{waP_a}k_{weP_e}\cos\gamma \tag{4.80}$$

相较于磁场调制感应电机，异步感应子电机由于采用双边调制结构，其转矩表达式中的调制系数由 1/2 变为 1/4，极比并未抵消，而是展现出 $Z_r/(P_aP_e)$的形式，这一点与其他定子励磁磁场调制电机是相同的。

此外，异步感应子电机同样可以利用 T 形等效电路分析，但由于双边开槽的影响，两套绕组间的互感表达式有所不同，其表示为

$$M_{ae}=\frac{3\mu_0 r_g l_{stk}N_{sa}N_{se}k_{waP_a}k_{weP_e}\lambda_{s1}\lambda_{r1}}{2\pi gP_aP_e} \tag{4.81}$$

可见，式(4.81)中同样由于双边调制，调制系数减半，并出现了定子基波比磁导 λ_{s1}。当电机采用双边调制后，为提升极比定、转子齿数往往较大，使得 λ_{s1} 和 λ_{r1} 降低。其互感相较磁场调制感应电机更低，这就导致在图 4.12 的等效电路中 $L_a-M'_{ae}$ 和 $L'_e-M'_{ae}$ 更大，电机转矩输出能力进一步下降。因此，异步感应子电机往往采用转子绕组串联电容的方式，对阻抗进行补偿，将电机转矩输出能力提升至异步电机的水平。

4.4 转矩波动

转矩波动是电机的关键指标之一，关乎电机转速稳定性、定位精度、动态控制性能等。目前永磁电机在航空航天、伺服加工、汽车驱动、轨道交通等高端领域得到了广泛应用，这些领域对于电机的转矩密度与转矩波动均有较高的要求。相对而言，非永磁电机用于大型发电以及中低端家电领域，对于转矩波动指标要

求较低。因此，本节主要分析游标永磁电机、永磁开关磁链电机、永磁磁通反向电机三类磁场调制永磁电机的转矩波动特性。其他电机虽然在本节并未给出，但转矩波动的分析方法是一样的。4.1.1 节介绍了电机的三种转矩成分，它们均会产生一定的转矩波动，需要分开来考虑。

4.4.1　励磁转矩波动

根据式(4.8)，各类电机的励磁转矩波动可直接借助空载反电势计算。

1. *游标永磁电机*

式(4.33)给出了游标永磁电机的相反电势，从中可得到第 h 次反电势幅值为

$$E_{\mathrm{a}h}=r_{\mathrm{g}}l_{\mathrm{stk}}\frac{\mu_0}{g}\varOmega_{\mathrm{e}}N_{\mathrm{sa}}F_{\mathrm{e}h}\left[2\lambda_{\mathrm{s}0}k_{\mathrm{wa}(hP_{\mathrm{e}})}+\sum_{l=1}^{\infty}\lambda_{\mathrm{s}l}\left(\frac{hP_{\mathrm{e}}}{hP_{\mathrm{e}}+lP_{\mathrm{f}}}k_{\mathrm{wa}(hP_{\mathrm{e}}+lP_{\mathrm{f}})}+\frac{hP_{\mathrm{e}}}{\left|hP_{\mathrm{e}}-lP_{\mathrm{f}}\right|}k_{\mathrm{wa}|hP_{\mathrm{e}}-lP_{\mathrm{f}}|}\right)\right] \tag{4.82}$$

可见，h 次反电势谐波由 h 次磁动势谐波产生，因此 h 只能为奇数，且 3 的倍数次谐波不起作用，只需要考虑$(6m\pm1)$次谐波。由于产生 h 次反电势谐波的空间磁场极对数为 $|hP_{\mathrm{e}}\pm lP_{\mathrm{f}}|$，全部互为齿谐波，所以绕组系数大小相同，式(4.82)中反电势各项大小完全取决于比磁导及极比大小。基波反电势主要由非调制分量和 l=1 对应的调制分量组成。对于第 h 次谐波反电势，非调制成分同样占较大比例，但是 l=1 对应反电势谐波极比为 $hP_{\mathrm{e}}/|hP_{\mathrm{e}}-P_{\mathrm{f}}|$和 $hP_{\mathrm{e}}/(hP_{\mathrm{e}}+P_{\mathrm{f}})$，由于 h 至少为 5，该数值接近于 1，远低于基波磁动势对应的极比，导致对应反电势分量远低于非调制分量。当 $l=h$ 时，相应反电势极比等于基波极比 $P_{\mathrm{e}}/P_{\mathrm{a}}$。然而，由于比磁导的次数过高，对应反电势分量可忽略。综上，游标永磁电机谐波反电势中的各成分与基波反电势完全不同，非调制分量占据绝大部分，比磁导基波产生的调制分量占据小部分，其他可忽略。

转矩波动指标(torque ripple index, TRI)可用于快速比较不同极比游标永磁电机的转矩波动，其物理意义为反电势谐波与基波的比值，但是剔除了磁动势幅值的影响。根据式(4.82)，忽略各次反电势中的微小成分，并假设不同成分的相位完全相同，可推导出游标永磁电机的 TRI 表达式为[16-18]

$$\mathrm{TRI}=\frac{\left[\lambda_{\mathrm{s}0}+\dfrac{\lambda_{\mathrm{s}l}}{2}\left(\dfrac{hP_{\mathrm{e}}}{hP_{\mathrm{e}}+P_{\mathrm{f}}}+\dfrac{hP_{\mathrm{e}}}{\left|hP_{\mathrm{e}}-P_{\mathrm{f}}\right|}\right)\right]k_{\mathrm{wa}(hP_{\mathrm{e}})}}{\left[\lambda_{\mathrm{s}0}+\dfrac{\lambda_{\mathrm{s}1}}{2}\left(\dfrac{P_{\mathrm{e}}}{P_{\mathrm{e}}+P_{\mathrm{f}}}+\dfrac{P_{\mathrm{e}}}{P_{\mathrm{a}}}\right)\right]k_{\mathrm{wa}P_{\mathrm{a}}}} \tag{4.83}$$

根据式(4.8)，游标永磁电机的励磁转矩波动可表示为

$$T_{\text{exc-rip}} = \sum_{h=6m\pm1}^{\infty} \text{TRI}\frac{F_{eh}}{F_{e1}}\cos\left[(h\mp1)\omega_{e}t\right]\times100\% \tag{4.84}$$

根据之前的分析，游标永磁电机的空载反电势基波中包含两个主要成分，但谐波反电势只有一个主要成分，因此其 TRI 值必然显著低于常规永磁电机。随着极比增加，基波反电势中的调制分量占比提升，使得 TRI 值随极比升高而下降。图 4.13 给出了不同极比的游标永磁电机的 TRI 图。从图中可见，极比 P_e/P_a 越大，游标永磁电机的 TRI 值越小，励磁转矩波动更小。

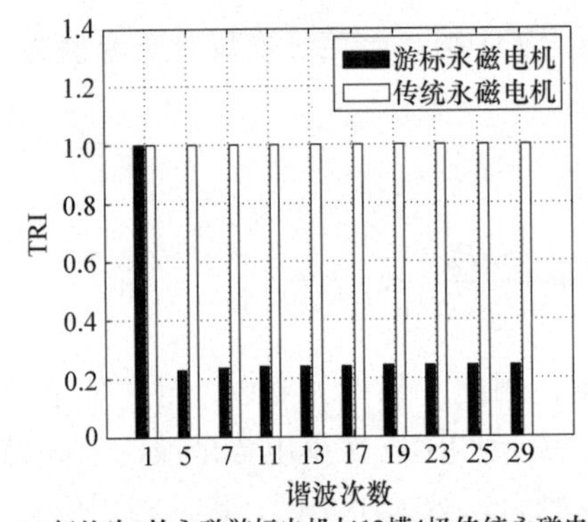

(a) 极比为5的永磁游标电机与12槽4极传统永磁电机

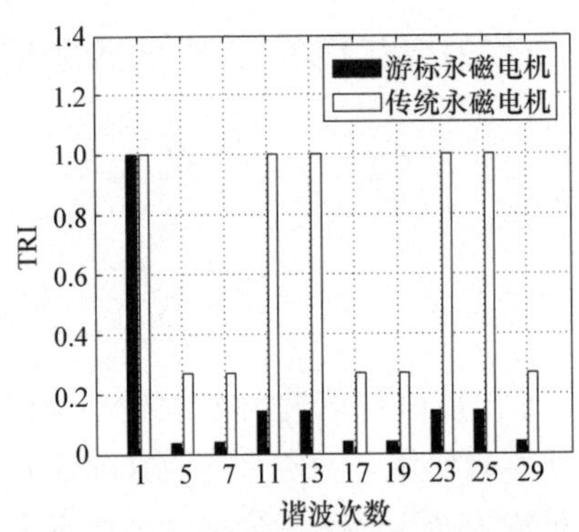

(b) 极比为11的永磁游标电机与12槽2极传统永磁电机

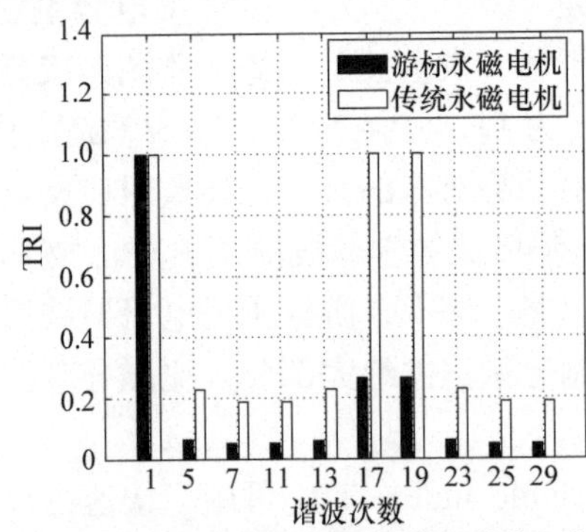

(c) 极比为17的游标永磁电机与18槽2极传统永磁电机

图 4.13　不同极比的游标永磁电机转矩波动指标(TRI)对比

此外，根据式(4.82)，励磁转矩波动包含很多成分，每一成分均可用基本模型来表征。h 次磁动势与 l 次比磁导作用产生空间磁场谐波，再与绕组交链产生转矩波动，这一过程可以设想一个励磁极对数为 hP_e、调制单元极对数 lP_f、电枢极对数 hP_e+lP_f 或 $|hP_e-lP_f|$ (实际电枢绕组对应极对数的绕组函数分量)的基本模型，结构如图 4.3(b)所示。励磁单元旋转时，对应电频率为 $h\omega_a$，如果电枢通入相同频

率的电流，显然可以产生平均转矩，但由于实际电流频率不匹配，相应相位一直在 0°到 360°之间交变，该转矩表现为波动的形式。

2. 永磁磁通反向电机

式(4.40)给出了永磁磁通反向电机的绕组相反电势的表达式，从中可以得到 l 次谐波幅值为

$$E_{al}=r_{\rm g}l_{\rm stk}\frac{\mu_0}{g}\Omega_{\rm r}N_{\rm sa}\lambda_{{\rm r}l}\left\{\sum_{h=1}^{\infty}F_{{\rm e}h}\left[\frac{lZ_{\rm r}}{h\dfrac{Z_{\rm s}}{2}+lZ_{\rm r}}k_{{\rm wa}\left(h\frac{Z_{\rm s}}{2}+lZ_{\rm r}\right)}-\frac{lZ_{\rm r}}{\left|h\dfrac{Z_{\rm s}}{2}-lZ_{\rm r}\right|}k_{{\rm wa}\left|h\frac{Z_{\rm s}}{2}-lZ_{\rm r}\right|}\right]\right\}\tag{4.85}$$

不同于游标永磁电机，永磁磁通反向电机的永磁体不均匀排布，励磁磁动势谐波 F_{eh} 含量更为丰富，且幅值更大，因此式(4.85)中可能存在对应极比与磁动势幅值均较大的反电势谐波成分。例如，极槽配合为 Z_s=12、P_a=2、Z_r=16 的电机拓扑，极比为 8，已经属于高极比范畴。然而，由于励磁磁动势中含有较高的 5 次谐波，其与转子比磁导的 2 次谐波作用产生 2 对极磁场。该谐波对应极比为 16，甚至超过了工作磁场的最高极比，会产生较大的反电势谐波与励磁转矩波动。

3. 永磁开关磁链电机

在式(4.46)中，次数 l_r>1 的转子比磁导谐波可产生谐波反电势，并造成励磁转矩波动。永磁开关磁链电机与永磁磁通反向电机类似，谐波含量过于丰富，同样存在兼顾极比与磁动势幅值的反电势谐波成分。因此，这类电机也存在较大的励磁转矩波动。

4.4.2　齿槽转矩波动

电机的齿槽转矩可以视为空载时内部磁场储能的变化所引起。根据能量守恒定律，有

$$T_{\rm cog}=-\frac{\partial W_{\rm m}}{\partial\theta_{\rm m}}\tag{4.86}$$

式中，θ_m 为定转子的相对位置；W_m 为磁场储能，可以表示为

$$W_{\rm m}=\int_V\frac{B_{\rm e}^2}{2\mu_0}{\rm d}V=\frac{\mu_0}{4g^2}\left(R_{\rm og}^2-R_{\rm ig}^2\right)l_{\rm stk}\int_0^{2\pi}F_{\rm e}^2(\theta,\theta_{\rm m})\lambda_{\rm f}^2(\theta,\theta_{\rm m}){\rm d}\theta\tag{4.87}$$

根据不同磁场调制电机类型，将磁动势与比磁导函数代入式(4.87)计算即可。

1. 表贴式游标永磁电机

表贴式游标永磁电机除了极槽配合外，结构上也与常规的永磁电机较为类似[19,20]，因此两者具有几乎相同的齿槽转矩表达式。计 $\mathcal{F}_{\rm e}=F_{\rm e}^2$ ，显然其是周期为 $2P_{\rm e}$ 的函数，可以表示为

$$\mathcal{F}_{\rm e}(\theta,\theta_{\rm m})=\mathcal{F}_{\rm e0}+\sum_{h=1}^{\infty}\mathcal{F}_{{\rm e}h}\cos\left[2hP_{\rm e}(\theta-\theta_{\rm m})\right] \tag{4.88}$$

其中

$$\begin{aligned}\mathcal{F}_{\rm e0}&=\frac{P_{\rm e}}{\pi}\int_0^{\frac{\pi}{P_{\rm e}}}\mathcal{F}_{\rm e}(\theta,0){\rm d}\theta=\alpha_{\rm m}\left(\frac{B_{\rm r}h_{\rm m}}{\mu_0\mu_{\rm r}}\right)^2\\ \mathcal{F}_{{\rm e}h}&=\frac{2P_{\rm e}}{\pi}\int_0^{\frac{\pi}{P_{\rm e}}}\mathcal{F}_{\rm e}(\theta,0)\cos(2P_{\rm e}h\theta){\rm d}\theta=\frac{2}{h\pi}\left(\frac{B_{\rm r}h_{\rm m}}{\mu_0\mu_{\rm r}}\right)^2\sin(h\alpha_{\rm m}\pi)\end{aligned} \tag{4.89}$$

类似地，可以计 $\Lambda_{\rm s}=\lambda_{\rm s}^2$ ，有

$$\begin{aligned}&\Lambda_{\rm s}(\theta)=\Lambda_{\rm s0}+\sum_{l=1}^{\infty}\Lambda_{{\rm s}l}\cos(lZ_{\rm s}\theta)\\ &\Lambda_{\rm s0}=\lambda_{\rm s0}^2+\frac{1}{2}\sum_{m=1}^{\infty}\lambda_{{\rm s}m}^2,\quad \Lambda_{{\rm s}l}=2\lambda_{\rm s0}\lambda_{{\rm s}l}+\sum_{m\pm n=l}^{\infty}\lambda_{{\rm s}m}\lambda_{{\rm s}n}\end{aligned} \tag{4.90}$$

式(4.87)中，为了在积分后非零，对应 $\mathcal{F}_{{\rm e}h}$ 和 $\Lambda_{{\rm s}l}$ 组合必须有相同的极对数。此外，式(4.86)中需要对 $\theta_{\rm m}$ 进行求导，因此 $W_{\rm m}$ 中的不变成分同样不会体现在齿槽转矩表达式中。基于上述两点，可以推导得到齿槽转矩表达式：

$$T_{\rm cog}(\theta_{\rm m})=\frac{\pi\mu_0 n_{\rm c}}{4g_{\rm ef}^2}\left(R_{\rm og}^2-R_{\rm ig}^2\right)l_{\rm stk}\sum_{h=1}^{\infty}h\mathcal{F}_{{\rm e}\frac{n_{\rm c}}{2P_{\rm e}}h}\Lambda_{{\rm s}\frac{n_{\rm c}}{Z_{\rm s}}h}\sin(hn_{\rm c}\theta_{\rm m}) \tag{4.91}$$

式中，$n_{\rm c}$ 为电机极槽数的最小公倍数。根据式(4.91)，游标永磁电机的齿槽转矩包含无穷多项，但随着次数 h 的增加，系数 $\mathcal{F}_{{\rm e}[n_{\rm c}/(2P_{\rm e})]h}$ 和 $\Lambda_{{\rm s}(n_{\rm c}/Z_{\rm s})h}$ 均急剧下降，因此齿槽转矩主要由 h=1 时 $n_{\rm c}$ 次的基波分量产生，取决于以下几个因素。

(1) 从表达式上看，与 $n_{\rm c}$ 成正比。

(2) 与系数 $\mathcal{F}_{{\rm e}[n_{\rm c}/(2P_{\rm e})]h}$ 和 $\Lambda_{{\rm s}(n_{\rm c}/Z_{\rm s})h}$ 成正比，上述系数的大小又与次数 $n_{\rm c}/(2P_{\rm e})$ 和 $n_{\rm c}/Z_{\rm s}$ 呈负相关。

(3) 与永磁体极弧系数 $\alpha_{\rm m}$ 有关，理想情况下，若 $\alpha_{\rm m}$=1，式(4.89)中 $\mathcal{F}_{{\rm e}h}$=0。然而，上述公式并没有考虑极间漏磁，实际上靠近永磁体边缘的磁场会有所削弱，因此电机的计算极弧系数会低于实际极弧系数，齿槽转矩不可能完全消除。

(4) 与尺寸参数相关，尤其是等效气隙 $g_{\rm ef}$ 影响非常大，该参数不仅直接出现

在公式中，还直接决定各次比磁导的幅值。通常，t_s/g_{ef}这一参数越大，λ_{sl}趋向于取到越高的数值，从而产生更高的齿槽转矩。

根据上述分析，对于尺寸、气隙大小相近的电机，可定义检验因数k_{cog}(goodness factor)来定性地判断不同极槽配合下永磁电机齿槽转矩波动大小，该因数越小齿槽转矩波动越小。检验因数为定子槽数Z_s和转子极数$2P_e$的乘积与两者最小公倍数的比值，即

$$k_{\text{cog}} = n_{\text{c}} \times \frac{2P_{\text{e}}}{n_{\text{c}}} \times \frac{Z_{\text{s}}}{n_{\text{c}}} = \frac{2P_{\text{e}}Z_{\text{s}}}{n_{\text{c}}} \tag{4.92}$$

游标永磁电机采用表贴式永磁结构，本身等效气隙较大，且在极比较高时，P_e与Z_s数值接近，因此其检验因数非常小，极比越高，通常k_{cog}越小，齿槽转矩越小。以 12 槽 22 极游标永磁电机、24 槽 20 极分数槽集中绕组永磁同步电机和 60 槽 20 极整数槽绕组永磁同步电机为例，三者的检验因数分别为 2、4、20。可见，游标永磁电机的检验因素比分槽集中绕组永磁电机还要小。表 4.2 给出了游标永磁电机的齿槽转矩有限元分析结果。从表中可以得到，极比为 11 时转矩波动非常小，仅为 0.4%；极比为 5 时转矩波动较高极比的游标永磁电机要大，但仍属于低转矩波动范围，与前面的理论分析结果相吻合。

表 4.2　不同极比游标永磁电机的齿槽转矩有限元分析结果对比

参数	12 槽 20 转子极模型	12 槽 22 转子极模型
极比	5	11
定子外径/mm	124	
叠片轴向长度/mm	80	70
输入电流/A	8.48	8
每相串联匝数	150	112
转矩/N·m	20.3	20.8
转矩波动/%	2.8	0.4
齿槽转矩/mN·m	60	22

2. 永磁磁通反向电机

永磁磁通反向电机与游标永磁电机的区别在于其调制单元旋转，励磁单元保持静止，但这并不影响齿槽转矩表达式，将$P_e=Z_s/2$、$P_f=Z_r$替换至式(4.91)，可以得到

$$T_{\text{cog}}\left(\theta_{\text{m}}\right) = \frac{\pi\mu_0 n_{\text{c}}}{4g_{\text{ef}}^2}\left(R_{\text{og}}^2 - R_{\text{ig}}^2\right) l_{\text{stk}} \sum_{h=1}^{\infty} h\mathcal{F}_{\text{e}\frac{N_{\text{c}}}{Z_{\text{s}}}h} \Lambda_{\text{r}\frac{N_{\text{c}}}{Z_{\text{r}}}h} \sin(hn_{\text{c}}\theta_{\text{m}}) \tag{4.93}$$

式中，n_c变为Z_s和Z_r的最小公倍数。相较于游标永磁电机，永磁磁通反向电机的永磁体排布不均匀，磁动势高次谐波含量较大，$\mathcal{F}_{eh}$可计算为

$$\begin{aligned}\mathcal{F}_{e0}&=\left(1-\frac{b_s}{t_s}\right)\left(\frac{B_r h_m}{\mu_0\mu_r}\right)^2\\ \mathcal{F}_{eh}&=\frac{2}{h\pi}\left(\frac{B_r h_m}{\mu_0\mu_r}\right)^2\sin\left[h\left(1-\frac{b_s}{t_s}\right)\pi\right],\quad h\geqslant 1\end{aligned}\tag{4.94}$$

永磁磁通反向电机为了提升转矩，槽开口占比b_s/t_s往往较大，根据式(4.94)，$\mathcal{F}_{eh}$由此大幅增大。因此，永磁磁通反向电机的齿槽转矩通常会高于同极比的游标永磁电机。

3. 内置式磁场调制电机

内置式游标永磁电机、永磁开关磁链电机、永磁双凸极电机均属于内置式磁场调制电机。关于这类电机的齿槽转矩，有两个问题值得研究。

(1) 这类电机相较于表贴式结构的磁场调制电机，齿槽转矩是否会增加?

(2) 这类电机相较于常规内置式永磁电机，齿槽转矩是否有优势?

要回答这两个问题，可以根据之前的分析列出内置式磁场调制电机相较于其他永磁电机影响齿槽转矩的一些特殊要点。

(1) 在前文的分析中，无论是表贴式还是内置式磁场调制电机(不计附加磁动势)，其励磁磁动势都接近正负方波，将其平方后得到的函数$\mathcal{F}_e$接近于常数，谐波含量低。两者不同之处在于，表贴式磁场调制电机气隙只有一侧开槽，比磁导谐波含量相对较小，而内置式磁场调制电机往往为双凸极结构，比磁导含量丰富，可产生更多的齿槽转矩分量。

(2) 内置式磁场调制电机的等效气隙小，比磁导高次谐波幅值大，进一步增大了齿槽转矩。

(3) 内置式磁场调制电机存在特有的附加磁动势，对空载磁场以及齿槽转矩有所影响。

在上述三个因素中，很容易看出前两个因素会在一定程度上增大齿槽转矩，而附加磁动势效应较为特殊，有待进一步分析。当极比较低时，附加磁动势对于平均转矩的影响不大，但对于齿槽转矩，不仅影响其各次谐波幅值，还会使其理论计算变得极为复杂，甚至影响最小周期。以永磁开关磁链电机为例，其气隙磁密的计算公式为

$$B_e(\theta,t)=\frac{\mu_0}{g}F_e(\theta)\lambda_s(\theta)\lambda_r(\theta,t)\tag{4.95}$$

在求取磁场能的过程中，需要将气隙磁密平方，式(4.95)两侧平方后，无论是

F_e^2 还是 λ_s^2 和 λ_r^2 均具有大量谐波，它们之间的相互作用产生相应的齿槽转矩成分。F_e^2 的求解可参考 2.2.5 节关于切向励磁结构附加磁动势的计算。由于定子上每一块铁磁极磁位均随转子旋转一周周期性交变 Z_r 次，且各铁磁极位置具有周期性，可以得到

$$\mathcal{F}_{s,n}(\theta_m) = \mathcal{F}_{s0} + \sum_{h=1}^{\infty} \mathcal{F}_{sh} \cos\left[hZ_r(\theta_m - \theta_{s,n})\right] \tag{4.96}$$

式中，$\mathcal{F}_{s,n}$ 为第 n 块铁磁极磁位的平方；$\mathcal{F}_{s0}$ 和$\mathcal{F}_{sh}$ 分别为其傅里叶分解的常数项和高次谐波项，具体求解方法可以参考 2.2.5 节，本章限于篇幅将其省略；θ_m 为定转子相对位置，$\theta_{s,n}=2n\pi/Z_s$。根据式(4.96)，可以推导磁动势平方的表达式为

$$\begin{aligned}\mathcal{F}_e = \mathcal{F}_{s0} &+ \sum_{h,h'=1}^{\infty} \mathcal{F}_{sh} \frac{\sin\left(\dfrac{h'Z_s + hZ_r}{Z_s}\right)}{\dfrac{h'Z_s + hZ_r}{Z_s}} \cos\left[(h'Z_s + hZ_r)\theta - hZ_r\theta_m\right] \\ &+ \sum_{h,h'=1}^{\infty} \mathcal{F}_{sh} \frac{\sin\left(\dfrac{h'Z_s - hZ_r}{Z_s}\right)}{\dfrac{h'Z_s - hZ_r}{Z_s}} \cos\left[(h'Z_s - hZ_r)\theta + hZ_r\theta_m\right]\end{aligned} \tag{4.97}$$

式(4.97)分为两部分，第一部分为不计附加磁动势时的磁动势平方项，是一个常数；第二部分为附加磁动势，其含量十分复杂，包含大量极对数的谐波。式(4.97)需要与 λ_s^2 和 λ_r^2 进行乘积，这两者包含的谐波极对数分别为 $2l_sZ_s$ 和 l_rZ_r，最后得到极对数为零的时变项才能产生相应齿槽转矩。如果只考虑式(4.97)中的常数项，那么不难推导出其最小周期 n_c 为 $2Z_s$ 和 Z_r 的最小公倍数。然而，如果计及附加磁动势，要产生齿槽转矩分量，各系数配对需要满足

$$h'Z_s + \mathrm{sgn}_1 hZ_r + 2\,\mathrm{sgn}_2 l_sZ_s + \mathrm{sgn}_3 l_rZ_r = 0 \tag{4.98}$$

式中，$\mathrm{sgn}_i\,(i=1,2,3)$可以取±1，而产生的对应齿槽转矩周期数为$|\mathrm{sgn}_1 h+\mathrm{sgn}_3 l_r|Z_r$，通过进一步分析可推导出 n_c 为 Z_s 和 Z_r 的最小公倍数，在很多时候为不计附加磁动势时的一半。也就是说，附加磁动势引入了更低次的齿槽转矩成分，而这些成分具有较大的幅值，很大程度上增强了齿槽转矩，再加上比磁导成分的变化，内置式游标永磁电机齿槽转矩幅值较大，不具备表贴式游标永磁电机齿槽转矩低的优势。

4.4.3　磁阻转矩波动

磁场调制电机的转子有三种，即表贴式永磁转子、内置式永磁转子和凸极磁阻转子。第一种转子不会产生任何磁阻转矩分量，后两种均会产生磁阻转矩。需要特别指出，由于附加磁动势的存在，精确分析第二种转子的磁阻转矩非常困难，

但在定性研究时，可将其等效为凸极磁阻转子结构。因此在本小节只分析最后凸极磁阻转子结构产生的磁阻转矩。

4.2 节介绍了磁场调制电机平均转矩的产生。其中，大部分电机拓扑均含有大量转矩成分，每一成分都可视为由一个理想的基本模型所产生的转矩。现在假设通电频率不等于转子基频，即定、转子频率不匹配，那么电流与反电势夹角在 0°到 360°之间周期变化，显然基本模型不会产生平均转矩，而是产生正弦转矩波动。类似地，电枢绕组中某一磁动势谐波被凸极转子调制后，产生相应旋转磁场，该磁场与电枢绕组自身交链。若交链磁链的频率与电枢通电频率相同，则可产生平均磁阻转矩，否则产生磁阻转矩波动。

当磁场调制电机转子为内置式永磁或凸极铁心时，其定子必然也具有凸极结构，磁阻转矩的产生既可能对应图 4.3(b)的单层调制模型，又可能对应图 4.3(c)的双层调制模型。为了产生转矩，相应基本模型的极槽配合需要满足

$$l_s Z_s + l_r Z_r + \mathrm{sgn}_a P_{a1} = P_{a2} \tag{4.99}$$

式中，Z_s 和 Z_r 分别为定、转子齿数；P_{a1} 和 P_{a2} 分别为相互作用的两个电枢磁动势极对数；l_s 和 l_r 均可为任意整数(可以为负)，$l_s=0$ 时对应单层调制模型，否则对应双层调制模型，但是 l_r 不能为零，否则转子无调制效果，不会产生磁阻转矩；sgn_a 可以取 1 或−1。

根据绕组理论，三相电枢绕组能够产生的电枢磁动势极对数为

$$P = \begin{cases} 3mn_p + P_a, & Z_s / n_p \text{为奇数} \\ 6mn_p + P_a, & Z_s / n_p \text{为偶数} \end{cases} \tag{4.100}$$

式中，为了表达的统一性，m 可为任意整数(即 $m=0,\pm1,\pm2,\cdots$)；n_p 为绕组周期数。

在式(4.99)中，相应基本模型所产生的磁阻转矩频率为

$$\omega = \left(n_r l_r + \mathrm{sgn}_a - 1\right)\omega_a \tag{4.101}$$

式中，n_r 为一个电周期内转过的转子凸极数。当 $\omega=0$ 时，对应磁阻转矩为平均转矩，否则为转矩波动。下面先以同步磁阻和游标磁阻电机为例解释式(4.99)～式(4.101)的使用。

在同步磁阻电机中，产生平均转矩的励磁磁动势均为 P_a 对极，且其转子齿数 $Z_r=2P_a$，代入式(4.99)可得 $l_s=0$、$l_r=1$、$\mathrm{sgn}_a=-1$。将这三个数代入式(4.101)，可知上述组合要产生平均转矩，$n_r=2$，也就是说转子转过两个凸极的时间对应一个电周期，这与同步磁阻电机通电频率和转速的关系是一致的。在游标磁阻电机中，若 $Z_s>Z_r$，显然有 $Z_s-Z_r=2P_a$，代入式(4.101)可得 $n_r=-2$，也就是此时转子必须反向旋转，且同样转过两个凸极的时间对应一个电周期。

式(4.99)对应基本模型产生的磁阻转矩可计算为

$$T_{\text{rel}}=\begin{cases}\dfrac{18}{\pi}\dfrac{\mu_0}{g_{\text{ef}}}\lambda_{\text{s}0}\lambda_{\text{r}|l_{\text{r}}|}N_{\text{sa}}^2k_{\text{wa}P_{\text{a}1}}k_{\text{wa}P_{\text{a}2}}I_{\text{a}1}^2\dfrac{|l_{\text{r}}|Z_{\text{r}}}{P_{\text{a}1}P_{\text{a}2}}\cos\left[\left(n_{\text{r}}l_{\text{r}}+\text{sgn}_{\text{a}}-1\right)\omega_{\text{a}}t\right], & l_{\text{s}}=0\\ \dfrac{9}{\pi}\dfrac{\mu_0}{g_{\text{ef}}}\lambda_{\text{s}|l_{\text{s}}|}\lambda_{\text{r}|l_{\text{r}}|}N_{\text{sa}}^2k_{\text{wa}P_{\text{a}1}}k_{\text{wa}P_{\text{a}2}}I_{\text{a}1}^2\dfrac{|l_{\text{r}}|Z_{\text{r}}}{P_{\text{a}1}P_{\text{a}2}}\cos\left[\left(n_{\text{r}}l_{\text{r}}+\text{sgn}_{\text{a}}-1\right)\omega_{\text{a}}t\right], & l_{\text{s}}\neq 0\end{cases} \tag{4.102}$$

可见，磁阻转矩与两个磁动势极对数成反比，与等效气隙成反比，且当 $|l_{\text{s}}|$ 和 $|l_{\text{r}}|$ 增大时，对应比磁导谐波幅值减小。基于上述分析，每个基本模型的磁阻转矩主要取决于 $P_{\text{a}1}$、$P_{\text{a}2}$ 和 l_{s} 的数值，而 l_{r} 的增大与 $\lambda_{\text{r}|l_{\text{r}}|}$ 的减小相互抵消，因此与磁阻转矩的关系并不显著。类似于齿槽转矩，根据式(4.102)可以定义磁阻转矩因数：

$$k_{\text{rel}}=\begin{cases}\dfrac{2}{|P_{\text{a}1}P_{\text{a}2}|}, & l_{\text{s}}=0\\ \dfrac{1}{|l_{\text{s}}P_{\text{a}1}P_{\text{a}2}|}, & l_{\text{s}}\neq 0\end{cases} \tag{4.103}$$

在尺寸参数接近的情况下，k_{rel} 越大，磁阻转矩波动也越大。因此，电机是否具有较高的磁阻转矩波动，需要基于式(4.99)求解是否存在 $P_{\text{a}1}$、$P_{\text{a}2}$ 和 l_{s} 均较小的组合，显然这与电机极槽配合密切相关。下面以内置式游标永磁电机为例，利用式(4.99)～式(4.103)进行分析。

内置式游标永磁电机的等效比磁导极对数 $Z_{\text{r}}=2P_{\text{r}}$，采用和调制时的绕组极对数 $P_{\text{a}}=Z_{\text{s}}-P_{\text{r}}$，其通常采用整数槽叠绕组，磁动势谐波极对数 $P=(6m+1)P_{\text{a}}$，且式(4.101)中 $n_{\text{r}}=-2$。基于这些条件，代入式(4.99)中可得：

(1) 当 $\text{sgn}_{\text{a}}=1$ 时，式(4.99)简化为

$$6(m_1-m_2)(Z_{\text{s}}-P_{\text{r}})-l_{\text{s}}Z_{\text{s}}=2l_{\text{r}}P_{\text{r}} \tag{4.104}$$

根据游标永磁电机的极比关系，有

$$\begin{aligned}Z_{\text{s}}&=(1+\text{PR})P_{\text{a}}\\ P_{\text{r}}&=\text{PR}\cdot P_{\text{a}}\end{aligned} \tag{4.105}$$

将其代入式(4.104)，可得

$$m_1-m_2-\frac{\text{PR}+1}{6}l_{\text{s}}=\frac{l_{\text{r}}}{3}\text{PR} \tag{4.106}$$

当 PR 为整数时，由于极槽配合的约束，(PR+1)/3 必须为正整数，将其记为 z，代入式(4.106)可得

$$2(m_1-m_2)-zl_{\text{s}}=\frac{2l_{\text{r}}}{3}(3z-1) \tag{4.107}$$

无论 z 取什么数值，都难以找到 $|m_1|$、$|m_2|$、$|l_{\text{s}}|$ 均不超过 2 的配合方式，因此产生的磁阻转矩波动较小。

(2) 当 $\mathrm{sgn_a}=-1$ 时，利用同样的方式，可将式(4.99)简化为

$$6(m_1+m_2)(6z+1)=6zl_r+3zl_s-2l_r-2 \tag{4.108}$$

当 $z=1$，即相应极比 PR=2 时，存在 $m_1=m_2=0$、$l_s=-2$、$l_r=2$ 这一特殊的方程解，此时会产生较高的磁阻转矩波动。但是当 $z\geqslant 2$，即 PR≥5 时，同样不存在 $|m_1|$、$|m_2|$、$|l_s|$ 均不超过 2 的配合方式，磁阻转矩波动同样较小。

总体而言，对于极比超过 5，采用整数槽叠绕组的游标永磁电机，即使采用内置式永磁结构，其磁阻转矩波动仍可忽略，而对于低极比，采用分数槽集中绕组或者采用辅助齿结构的游标永磁电机，其磁阻转矩波动需要根据式(4.99)进行判断，考察是否有对应磁动势、比磁导阶次均较低且幅值较大的脉动分量。

相较于内置式游标永磁电机，虽然永磁磁通反向电机电枢绕组结构多样，磁动势谐波更多，但由于其等效气隙大，磁阻转矩波动通常也可忽略；永磁开关磁链电机在采用分数槽集中绕组时，电枢磁动势谐波丰富，且等效气隙小，因此其磁阻转矩波动大小与极槽配合密切相关，不可一概而论。

4.5 功率因数

在 4.2.3 节中分析了磁场调制电机基本模型的功率因数，结论是由于基本模型的有效励磁磁场远低于常规永磁电机，其功率因数亦远低于后者。实际磁场调制电机一方面往往具备多工作磁场谐波(在 4.3 节中已有详细分析)，另一方面电枢绕组存在谐波磁动势和槽漏磁等，因此电枢电感不仅有主电感，还包括谐波漏感、槽漏感等。磁场调制电机的槽漏感相较于常规永磁电机没有本质差别，甚至因槽开口较大反而有所降低，因此后文将讨论引入调制效应后谐波漏感的变化。

在磁场调制电机中，不仅存在电枢磁动势产生的非调制电枢磁场，还存在调制效应产生的电枢磁场，它们均可与绕组交链，因此磁场调制电机的谐波漏感成分更为复杂。与磁阻转矩波动类似，电感的产生也可以视为两个电枢磁动势之间的相互作用，因此同样可以用式(4.99)判断相互耦合情况。但不同的是，这种相互作用不一定产生转矩，即式(4.99)中 l_r 可以为零。利用绕组理论，可以计算得到极对数为 P_{a1} 和 P_{a2} 的磁势相互耦合产生的电感幅值为

$$L_{P_{a1}P_{a2}}=\begin{cases}\dfrac{6}{\pi}\dfrac{\mu_0}{g}N_{as}^2\dfrac{k_{waP_{a1}}k_{waP_{a2}}}{P_{a1}P_{a2}}r_g l_{stk}\lambda_{s0}\lambda_{r0}, & l_s=l_r=0\\ \dfrac{3}{\pi}\dfrac{\mu_0}{g}N_{as}^2\dfrac{k_{waP_{a1}}k_{waP_{a2}}}{P_{a1}P_{a2}}r_g l_{stk}\lambda_{s|l_s|}\lambda_{r|l_r|}, & l_s、l_r\text{仅一个为零}\\ \dfrac{3}{2\pi}\dfrac{\mu_0}{g}N_{as}^2\dfrac{k_{waP_{a1}}k_{waP_{a2}}}{P_{a1}P_{a2}}r_g l_{stk}\lambda_{s|l_s|}\lambda_{r|l_r|}, & l_s\neq 0, l_r\neq 0\end{cases} \tag{4.109}$$

在式(4.109)中，第一行为非调制分量产生的电感，这种情况下必然有 $P_{a1}=P_{a2}$，且这种电感成分必然是平均值；第二行为单层调制产生的电感分量，此时 P_{a1} 与 P_{a2} 不一定相等，当仅定子开槽时成分仍为平均值，当仅转子开槽时既可能为平均值，又可能为波动；第三行为双层调制产生的电感分量，既可能为平均值，又可能为波动。

在功率因数的计算中，q 轴电感中的平均分量是关键指标。下面将针对不同的电机类型，研究其电感成分与功率因数。

4.5.1 游标永磁电机

当游标永磁电机采用表贴式永磁结构时，电感不存在波动项。为了方便起见，只研究极比 PR⩾5 的情况。此时根据式(4.109)，主电感由 P_a 对极基波磁动势通过比磁导常数项与自身交链产生，谐波漏感既可以由基波与谐波磁动势交链产生，又可以由谐波磁动势之间相互交链产生。由于谐波磁动势极对数至少为 $5P_a$，其与基波磁动势作用必须通过比磁导谐波进行，而游标永磁电机等效气隙大，$\lambda_{s1}\leqslant 0.25$，高次谐波更小，且存在 0.5 的调制系数，所以其数值低于主电感的3%；而谐波磁动势间交互作用的最高项也仅占主电感的 $1/5^2=4\%$，同样较小。此外，主电感大小与电枢极对数 P_a 成反比，游标永磁电机的电枢极对数较少，因此槽漏感占比同样不大。总体而言，在高极比游标永磁电机中，漏感至多占主电感的 20%，虽然在精确定量计算中不可忽略，但显然不是功率因数的决定性因素，因此后文分析中忽略各种漏感，以体现主要矛盾。基于这一假设，类似于式(4.21)～式(4.23)，结合 4.3 节相关结论可得游标永磁电机中励磁与电枢磁链的比值为[21]

$$\frac{\psi_{e1}}{\psi_{a1}}\approx\frac{\dfrac{F_{e1}\lambda_{s0}}{P_e}+\dfrac{F_{e1}\lambda_{s1}}{2P_a}}{\dfrac{F_{a1}\lambda_{s0}}{P_a}}=\frac{F_{e1}}{F_{a1}}\left(\frac{1}{\mathrm{PR}}+\frac{\lambda_{s1}}{2\lambda_{s0}}\right) \tag{4.110}$$

显然，对于极比 PR 稍高的游标永磁电机，式(4.110)右侧括号中的系数都小于 1，且随着极比的增大，磁链比进一步减小。定量而言，对于常规分数槽集中绕组永磁电机，自然冷却下 ψ_{e1}/ψ_{a1} 约为 3。将这一数值代入式(4.9)可得功率因数为 0.95，可见常规永磁电机的功率因数非常高，可充分发挥逆变器性能。而对于极比为 5 的游标永磁电机，式(4.110)中右侧括号内的数值约为(1/5+0.3/2)=0.35，ψ_{e1}/ψ_{a1} 降为 1.05，功率因数仅为 0.7，而极比为 11 时功率因数进一步低至约 0.5。

游标永磁电机的低功率因数可以从物理上做如下解释：该电机的励磁单元产生幅值较大的 P_e 对极磁场和幅值较小的 P_a 对极磁场，这两者均可以产生空载磁链，且综合考量极比和磁密幅值后可得两者产生的励磁磁链基本相等。但相比于一台 P_a 对极的常规永磁电机，由于后者的空载磁场主要由 P_a 对极谐波构成，且根据磁场调制理论，其幅值约为前者的 6 倍，所以磁场调制电机即使具有多工作谐波，励磁磁链仍不及相同电枢极对数的常规永磁电机，导致其功率因数大幅降低。

4.5.2 永磁磁通反向电机

当永磁磁通反向电机极比较高时，其电枢电感同样主要由主电感构成，且不同于游标永磁电机，其空载磁链没有非调制分量，因此 ψ_{e1}/ψ_{a1} 可表示为

$$\frac{\psi_{e1}}{\psi_{a1}} \approx \frac{\dfrac{F_{eh}\lambda_{r1}}{2P_a}}{\dfrac{F_{a1}\lambda_{r0}}{P_a}} = \frac{F_{eh}}{F_{a1}}\frac{\lambda_{r1}}{2\lambda_{r0}} \tag{4.111}$$

式中，F_{eh} 为最高极比对应的励磁磁动势。

相较于游标永磁电机，永磁磁通反向电机缺少了非调制工作谐波，导致其功率因数进一步下降。在式(4.111)中，永磁磁通反向电机的低功率因数完全由 1/2 的调制系数以及比磁导基波较低导致，$\lambda_{r1}/\lambda_{r0}$ 与极比存在一定关系，但功率因数与极比的关系显然没有游标永磁电机那么显著。此外，由于上述效应，永磁磁通反向电机即使在低极比下，励磁磁链也由多工作谐波构成，其功率因数亦不足。

4.5.3 永磁开关磁链电机

相较于磁通反向电机，永磁开关磁链电机等效气隙较小，使得无论是 $\lambda_{s1}/\lambda_{s0}$ 还是 $\lambda_{r1}/\lambda_{r0}$ 均较大，接近于 1，因此比磁导带来的功率因数下降效应有所缓解。因此，相较于内置式切向励磁永磁电机，其功率因数跌落主要源自 1/2 或 1/4 的调制系数，同样存在功率因数不足的缺陷。

4.5.4 磁场调制电励磁电机

相较于永磁电机，电励磁电机的励磁能力较弱，通常而言 $F_{e1}/F_{a1}\approx 1$，仅为永磁电机的 1/3。因此，常规电励磁同步电机、同步磁阻电机等的功率因数本身不足，需要依靠电流角调节，而磁场调制电励磁电机由于极比、调制系数、比磁导幅值等各因素，这一缺陷进一步放大。

综上所述，各类磁场调制电机均存在功率因数低的缺陷，这一缺陷不仅导致控制器容量增大，系统重量、体积、成本增加，还造成电机易饱和，高负荷下无法发挥理论上的转矩优势。

4.6 本章小结

本章基于磁场调制理论，分析了各类磁场调制电机的转矩密度、转矩波动、功率因数三个主要的电磁性能。

(1) 针对转矩密度这一最为重要的性能指标，本章推导了各类电机性能的解析表达式，发现大多数磁场调制电机均具备多工作磁场谐波，可视为多个基本模型的物理集成，从而产生多个转矩分量，每个转矩分量均具有特定的极比放大系数。在此基础上，本章分别研究了不同电机的转矩特点：

① 在采用和调制的前提下，游标永磁电机的转矩主要由非调制与调制两个分量构成，前者接近于常规永磁电机的转矩，后者在高极比下甚至会超过非调制分量，因此游标永磁电机可实现转矩的成倍提升。

② 永磁横向磁通电机可视为极比无穷大的特殊磁场调制电机，理论上具备最高的转矩密度水平。

③ 永磁磁通反向电机与永磁开关磁链电机常采用分数槽集中绕组结构，极比较小，转矩成分十分丰富。当其极比逐渐增大后，电枢变为叠绕组结构，此时转矩主要由对应极比最大的成分构成。由于其转矩不具备非调制分量，这类电机的转矩密度不如游标永磁电机，仅略高于常规永磁电机，但这两类电机具有转子结构简单的优势。

④ 电励磁游标电机的励磁能力与励磁极对数成反比，在其转矩表达式中无法体现极比的作用。而电励磁游标磁阻电机的转矩虽然仍具备极比 $Z_r/(P_eP_a)$，但由于采用分数槽集中绕组，极比数值较小，加上调制系数和比磁导基波的影响，这两类电机的输出转矩甚至不如电励磁同步电机和同步磁阻电机。

⑤ 磁阻式无刷双馈电机和游标磁阻电机采用叠绕组结构，励磁与电枢极对数远低于定转子齿数，因此具备超高的极比放大系数，相较于同步磁阻电机，这两类电机具备转矩密度上的优势。

⑥ 磁场调制感应电机和异步感应子电机中绕组间的互感远低于自感，导致 T 形等效电路中两臂上的感抗偏大，相较于常规异步电机没有优势，即使采用电容器补偿，也至多达到常规异步电机的水平。另外，异步感应子电机转子结构简单，且自短路绕组位于定子侧，适合采用串连电阻、电容等转矩调节方法。

(2) 电机的转矩波动可分为励磁、齿槽、磁阻三类。本章以游标永磁电机、永磁磁通反向电机、永磁开关磁链电机三种磁场调制永磁电机为例，分别给出了三类转矩波动的计算方法。

① 励磁转矩波动主要取决于反电势谐波与基波的比例。其中，游标永磁电机

由于谐波极比放大系数远低于基波，所以励磁转矩波动低；而其他两类电机由于基波反电势相对较弱，且谐波含量丰富，所以励磁转矩波动偏大，超过常规表贴式永磁电机。

② 齿槽转矩波动大小取决于励磁磁动势与比磁导平方后的谐波含量，以及相应的检验因数。表贴式游标永磁电机中，这两者均较低，因此齿槽转矩波动较小；而另外两类电机虽然检验因数同样小，但是上述谐波含量偏高，导致其齿槽转矩偏大。

③ 磁阻转矩波动与电机具体极槽配合密切相关。游标永磁电机采用表贴式结构时磁阻转矩恒为零，采用内置式结构时高极比下磁阻转矩波动亦较小；永磁磁通反向电机由于等效气隙大磁阻转矩波动同样可忽略；永磁开关磁链电机在特定极槽配合下可能产生较大的磁阻转矩波动。

总体而言，表贴式游标永磁电机不存在磁阻转矩，且励磁与齿槽转矩波动均较小，总体转矩波动水平低；而永磁磁通反向电机和永磁开关磁链电机的转矩波动水平均相对较大，且受极槽配合影响非常敏感。

(3) 游标永磁电机由于极比效应、调制系数及比磁导基波三个因素的影响，功率因数较低。相较于其他磁场调制电机，游标永磁电机的励磁磁链具备两个主要成分，功率因数相对较大，但自然冷却下也只有 0.5～0.7，而同极比下永磁磁通反向电机和永磁开关磁链电机功率因数更低。磁场调制电励磁电机受限于励磁能力，功率因数进一步降低。

(4) 对上述结果进一步总结可发现，相较于常规永磁或电励磁电机，游标永磁电机、横向磁通电机、游标磁阻电机和磁阻式无刷双馈电机的转矩优势明显，适用于对转矩密度指标要求较高的场合；永磁磁通反向电机、永磁开关磁链电机、电励磁游标磁阻电机和异步感应子电机虽然转矩能力与品质不具备明显优势，但其永磁体和绕组全部位于定子侧，转子结构简单，适用于可靠性要求高的场合，如航空航天、特种装备等。

参 考 文 献

[1] Zhang P, Sizov G, Demerdash N. Comparison of torque ripple minimization control techniques in surface-mounted permanent magnet synchronous machines[C]. IEEE International Electric Machines & Drives Conference, Niagara Falls, 2011: 188-193.

[2] Raziee S, Misir O, Ponick B. Winding function approach for winding analysis[J]. IEEE Transactions on Magnetics, 2017, 53(10): 1-9.

[3] Li D W, Qu R H, Li J, et al. Analysis of torque capability and quality in vernier permanent-magnet machines[J]. IEEE Transactions on Industry Applications, 2016, 52(1): 125-135.

[4] Ren X, Li D W, Qu R H, et al. Back EMF harmonic analysis of permanent magnet magnetic geared machine[J]. IEEE Transactions on Industrial Electronics, 2020, 67(8): 6248-6258.

[5] Wu L L, Qu R H, Li D W, et al. Influence of pole ratio and winding pole numbers on performance and optimal design parameters of surface permanent-magnet vernier machines[J]. IEEE Transactions on Industry Applications, 2015, 51(5): 3707-3715.
[6] 李大伟. 磁场调制永磁电机研究[D]. 武汉: 华中科技大学, 2015.
[7] 邹天杰. 高性能磁场调制电机理论与拓扑研究[D]. 武汉: 华中科技大学, 2018.
[8] Li D W, Gao Y T, Qu R H, et al. Design and analysis of a flux reversal machine with evenly distributed permanent magnets[J]. IEEE Transactions on Industry Applications, 2018, 54(1): 172-183.
[9] Gao Y T, Qu R H, Li D W, et al. Torque performance analysis of three-phase flux reversal machines[J]. IEEE Transactions on Industry Applications, 2017, 53(3): 2110-2119.
[10] 高玉婷. 磁通反向电机的理论分析及拓扑研究[D]. 武汉: 华中科技大学, 2017.
[11] Li D W, Qu R H, Li J, et al. Synthesis of flux switching permanent magnet machines[J]. IEEE Transactions on Energy Conversion, 2016, 31(1): 106-117.
[12] Lin M X, Li D W, Ren X, et al. Line-start vernier permanent magnet machines[J]. IEEE Transactions on Industrial Electronics, 2021, 68(5): 3707-3718.
[13] Jia S F, Qu R H, Li J. Analysis of the power factor of stator DC-excited vernier reluctance machines[J]. IEEE Transactions on Magnetics, 2015, 51(11): 1-4.
[14] 谢康福. 基于电磁复合和永磁电机理论与拓扑研究[D]. 武汉: 华中科技大学, 2020.
[15] 励鹤鸣, 励庆孚. 电磁减速式电动机[M]. 北京: 机械工业出版社, 1982.
[16] Zhu L, Jiang S Z, Zhu Z Q, et al. Analytical methods for minimizing cogging torque in permanent-magnet machines[J]. IEEE Transactions on Magnetics, 2009, 45(4): 2023-2031.
[17] Fang L, Li D W, Shi C J, et al. Design and analysis of fractional pole-pair linear permanent magnet machine[J]. IEEE Journal of Emerging and Selected Topics in Power Electronics, 2022, 68(6): 4748-4759.
[18] Shi C J, Qu R H, Li D W, et al. Analysis of the fractional pole-pair linear PM vernier machine for force ripple reduction[J]. IEEE Transactions on Industrial Electronics, 2021, 68(6): 4748-4759.
[19] Shi C J, Qu R H, Gao Y T, et al. Design and analysis of an interior permanent magnet linear vernier machine[J]. IEEE Transactions on Magnetics, 2018, 54(11): 1-5.
[20] Li R, Shi C J, Qu R H, et al. A novel modular stator fractional pole-pair permanent-magnet vernier machine with low torque ripple for servo applications[J]. IEEE Transactions on Magnetics, 2021, 57(2): 1-6.
[21] Yu Z X, Kong W B, Li D W, et al. Power factor analysis and maximum power factor control strategy for six-phase DC-biased vernier reluctance machines[J]. IEEE Transactions on Industry Applications, 2019, 55(5): 4643-4652.

第 5 章　高性能磁场调制电机拓扑

磁场调制电机自从被提出以来，便由于其具有极比这一转矩放大系数受到了广泛的关注，成为学术界的研究热点。磁场调制电机领域的重点研究方向之一即是如何进一步提升其转矩水平，基于这一目标，相关学者提出了大量的新型拓扑结构。本章基于磁场调制理论，介绍提升磁场调制电机性能的技术理念及其具体方法，并基于每一种方法，介绍对应的电机拓扑结构。由于磁场调制电机的新型拓扑结构较多，限于篇幅本章内容无法完全涵盖，但其技术思想仍可囊括在本章介绍的理念中。

5.1　磁场调制电机转矩提升理念及方法

第 3 章介绍了各类磁场调制电机的基本拓扑及运行原理。不难发现，大部分磁场调制电机均具备多个工作磁场谐波。例如，游标永磁电机中极对数为 P_e 的非调制磁场与极对数为 P_f-P_e 的调制磁场，两者为齿谐波，且具有相同的电频率，均会在电枢绕组中感应出基波反电势，从而产生平均电磁转矩。因此，游标永磁电机可以视为两个基本模型的集成。其中之一是极对数为 P_e 的常规永磁电机，另一个是单层调制模型。在这两个基本模型中，电枢绕组均为理想绕组，只与单一的工作磁场相交链，两台电机的转矩叠加即为最终游标永磁电机的输出转矩。永磁开关磁链电机与永磁磁通反向电机也具有类似的性质。

根据上述分析，为了提升磁场调制电机的转矩能力，提出两类技术理念。首先，可以设法提升其中一个基本模型的输出转矩，这样整体输出转矩将得到提升；其次，可以试图在一台电机内产生更多的气隙工作磁场，即集成更多的基本模型，这样电机整体转矩同样可以得到提升[1-3]。

下面进一步分析上述两种技术理念。在第一种理念下，由于每一个基本模型至多包含励磁、调制与电枢三个单元，因此欲提升其输出转矩，必然至少要增强三单元之一的性能。因此，可进一步拆分为增强励磁能力、增强调制效果和增强电枢通流能力三种具体方法。在第二种理念下，为了提升基本模型的数量，显然需要构造新的工作磁动势或工作比磁导。当电机内仅存在新的工作磁动势时，这类电机可称为多工作磁动势磁场调制电机；当电机内仅存在新的工作比磁导时，这类电机可称为多工作比磁导磁场调制电机；当电机内既存在新的工作磁动势又存在新的工作比磁导时，这类电机可称为磁场调制复合电机。综上，磁场调制电机的转矩提升方法可总结如图 5.1 所示。

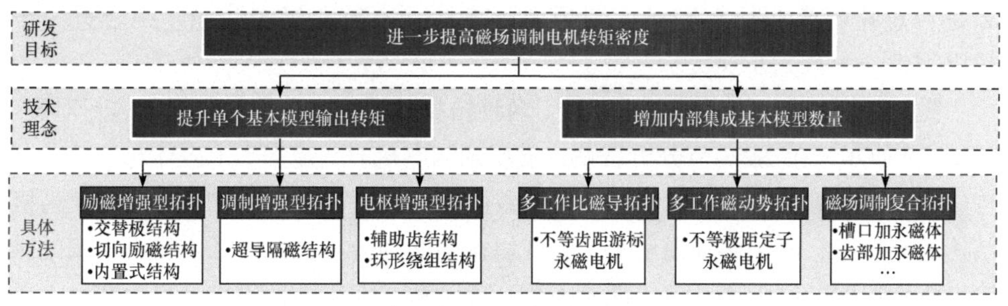

图 5.1　磁场调制电机转矩提升理念和方法

5.2　励磁增强型磁场调制电机

近年来，随着永磁材料性能的不断提升，永磁电机得到了广泛的商业应用。在这一背景下，各种新型永磁电机拓扑被不断提出。对于励磁单元，除了表贴式结构以外，交替极、切向励磁以及各种内置式结构逐渐涌现，这些新型的永磁体排布方式大多可以起到增强励磁的作用。磁场调制电机，尤其是游标永磁电机，结构与常规永磁电机较为相似。因此，众多学者尝试将各种新型励磁结构用于磁场调制电机，并取得了良好的效果。

5.2.1　交替极磁场调制电机

式(2.36)和式(2.51)已经分别计算了表贴式和交替极常规永磁电机的空载气隙磁密。在极弧系数 α_m 为 1 的情况下，两者均为正负对称的方波，其幅值的比例为

$$\frac{B_{\mathrm{em\_CP}}}{B_{\mathrm{em\_SPM}}}=\frac{1+\mu_{\mathrm{r}}\dfrac{g}{h_{\mathrm{m}}}}{1+\mu_{\mathrm{r}}\dfrac{2g}{h_{\mathrm{m}}}} \tag{5.1}$$

式中，$B_{\mathrm{em\_SPM}}$ 和 $B_{\mathrm{em\_CP}}$ 分别为表贴式和交替极常规永磁电机的空载气隙磁密幅值。显然，式(5.1)右侧是一个小于 1 但大于 0.5 的数。可见在交替极结构中，虽然省去了一半永磁体，空载磁场有所下降，但并未下降至表贴式结构的一半。例如，假设永磁体相对磁导率 μ_{r}=1，当永磁体厚度为气隙的 4 倍时，g/h_{m}=0.25，可求得 $B_{\mathrm{em\_CP}}/B_{\mathrm{em\_SPM}}$=5/6。即在相同输出转矩下，交替极电机的重量、体积有所提高，但永磁体用量与电机成本有所降低。基于上述分析，交替极电机在原

理上不属于励磁增强型电机拓扑。另外，2.2.5 节已经分析过，交替极磁场调制电机会产生额外的转子附加磁动势，对于气隙工作磁场会造成抑制效果，那么是否意味着该拓扑在磁场调制领域与表贴式永磁电机的性能差距会进一步拉大呢?

需要注意的是，在前面的分析中，两种拓扑并没有在公平的前提下进行对比。如图 5.2 所示，在 2.2.3 节分析表贴式磁场调制电机时，是基于永磁体与气隙共同构成的等效气隙进行，选取的等效转子磁位面是截面 1；而在 2.2.5 节对于交替极结构的分析中，所谓附加磁动势，是在以截面 2 为分析磁位面的前提下得到的结论。既然选取的气隙不一致，两者不仅在磁动势，在气隙比磁导上也存在巨大差异。在磁动势上，表贴式结构没有附加项，有利于性能提升；但从比磁导来看，交替极结构等效气隙小，有利于调制，综合而言性能是无法对比的。如果需要对比，要么让两者磁动势相同，要么比磁导相同。但是在实际操作上，选取磁位相同的截面非常困难，只可能选择比磁导相同的分析截面。首先可以考虑交替极与表贴结构一样，均选择图 5.2 中截面 1 进行研究。选择该截面后，永磁体磁动势即为正负对称的方波，而将永磁体与气隙整体视为电磁气隙，这样磁动势-比磁导模型中的比磁导函数实际上就是电磁气隙的比磁导。然而，在交替极结构中，同样位置的截面 1 上方有一部分是等磁位的铁心，无法在该位置采用磁场调制原理直接计算气隙磁场，只能将截面 2 视为两者共同的分析面。

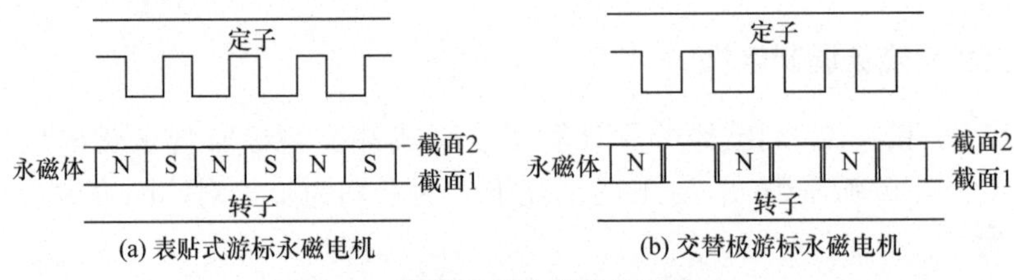

(a) 表贴式游标永磁电机　　(b) 交替极游标永磁电机

图 5.2　游标永磁电机的分析截面

2.2.5 节介绍了交替极结构下的磁场调制效应，得到的重要结论之一是随着永磁体旋转，正对的齿槽位置不断交变，导致其磁路磁阻变化，因此永磁体表面引入附加磁动势，该磁动势对于气隙磁场起到抑制作用。对于表贴式结构的永磁体，其面对的气隙磁阻同样交变，在永磁体表面，即截面 2 上必然也会引入附加磁动势。若只考虑 N 极永磁体引入的附加磁动势，那么与交替极结构没有任何区别。因此，需要进一步分析 S 极附加磁位究竟是增强还是削弱了这一效应。

图 5.3 给出了表贴式磁场调制电机由于定子开槽在永磁体表面产生的附加磁动势情况。当某一 N 极永磁体与定子齿对齐时，其表面磁位未受到开槽的影响，

附加磁动势最低，处于 180°相位的位置。而磁场调制电机的定子齿数接近转子极数的一半，此时临近的 S 极永磁体正对定子槽，产生的附加磁动势最大。又因为 S 极永磁体充磁方向与 N 极相反，所以其附加磁动势相位与 N 极永磁体相同。

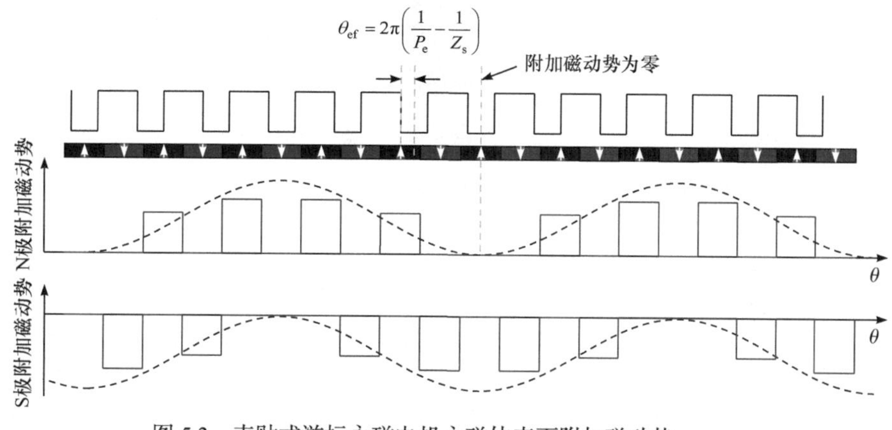

图 5.3　表贴式游标永磁电机永磁体表面附加磁动势

根据上述分析，如果选取永磁体外表面(截面 2)作为分析面，那么在表贴式磁场调制电机中，不同极性的永磁体实际上增强了附加磁动势，而交替极磁场调制电机中 S 极为相互连接的铁心，具有等磁位的特点，不会产生附加磁动势。因此，交替极磁场调制电机的附加磁动势较低。根据式(2.66)，虽然其常规励磁分量 F_{P_e} 较小，但由于 F_{P_a} 同样大幅下降，总体而言，工作磁密反而有所提升。利用有限元仿真对比表贴式游标永磁电机(surface mounted permanent magnet vernier machine, SPMVM)和交替极游标永磁电机(consequent pole permanent magnet vernier machine, CPPMVM)的空载磁密，如图 5.4 所示。可见在该仿真模型中，交替极结构少极工作磁密 B_{P_a} 高出表贴式结构约 20%，但是对于多极工作磁密，F_{P_a} 的减小不足以弥补 F_{P_e} 的降低，因此 B_{P_e} 相较表贴式结构降低 30%。

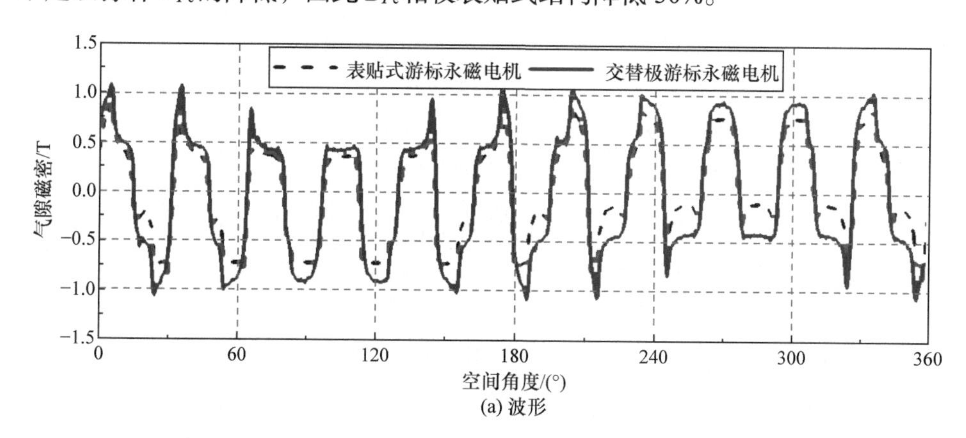

(a) 波形

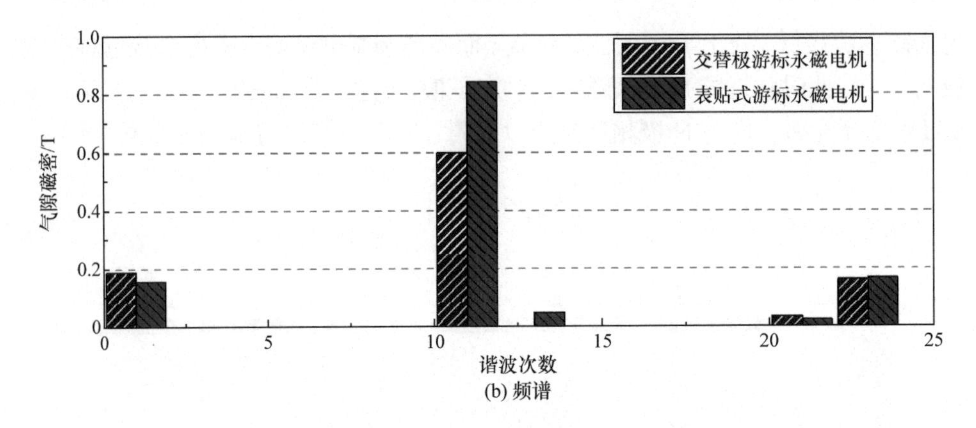

(b) 频谱

图 5.4 交替极与表贴式游标永磁电机气隙磁场对比

图 5.5(a)对比了两台电机的空载反电势情况，可见由于少极工作磁场具有极比放大作用，最终交替极电机的性能仍有所提升，其反电势比表贴式游标永磁电机高10%。此外，如果增加永磁体的极弧系数，反电势可进一步提升。例如，永磁体极弧系数为 1.32 时，交替极游标永磁电机的空载反电势可提升 30%以上。图 5.5(b)对比了两台电机的输出转矩，其变化规律与反电势相同。综上，交替极在游标永磁电机中可以被视为一种励磁增强型结构，但其并不是通过增加工作磁势，而是通过抑制起反作用的非工作磁动势来提升性能[4,5]。

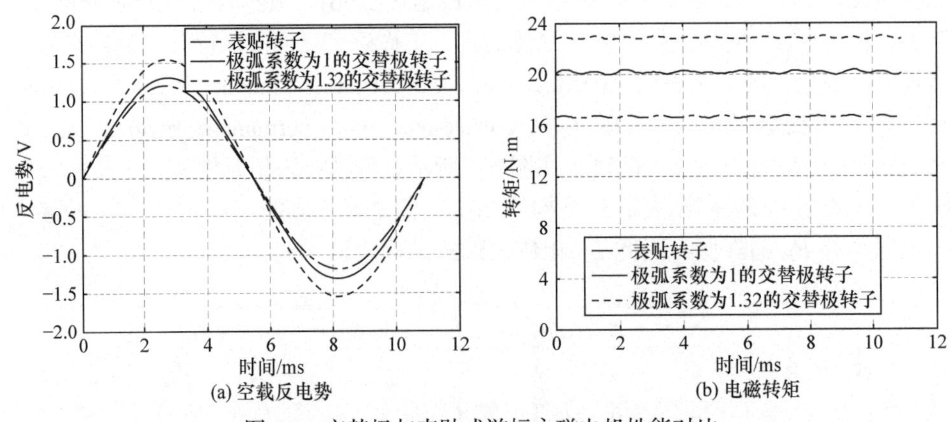

图 5.5 交替极与表贴式游标永磁电机性能对比

类似地，根据 3.4 节的介绍，永磁磁通反向电机通常为表贴式结构，如图 5.6(a)所示。将其某一极性的永磁体替换为铁心，同样可构成交替极结构，如图 5.6(b)所示。

图 5.7 和图 5.8 对比了两者的空载反电势与输出转矩，可见交替极磁通反向电机的反电势和转矩均可提升 30%，这一结果与游标永磁电机十分相似[6]。

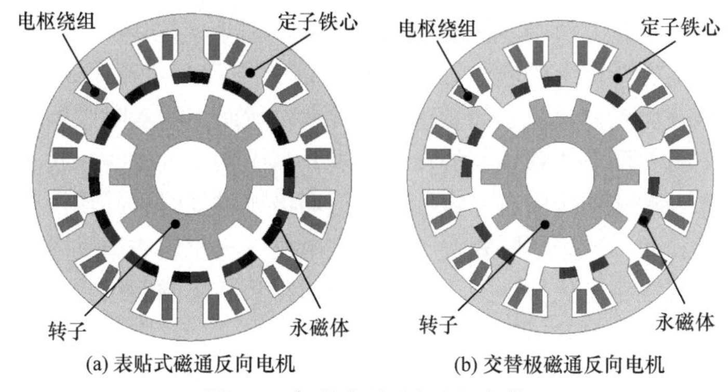

(a) 表贴式磁通反向电机　　(b) 交替极磁通反向电机

图 5.6　永磁磁通反向电机拓扑

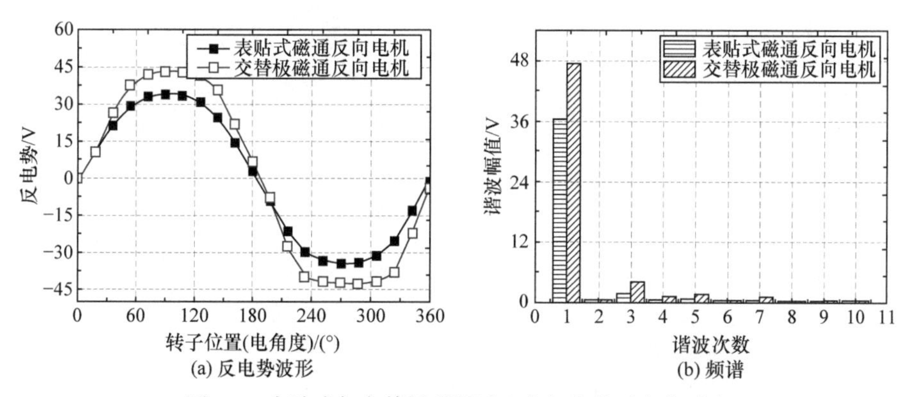

(a) 反电势波形　　(b) 频谱

图 5.7　表贴式与交替极磁通反向电机空载反电势对比

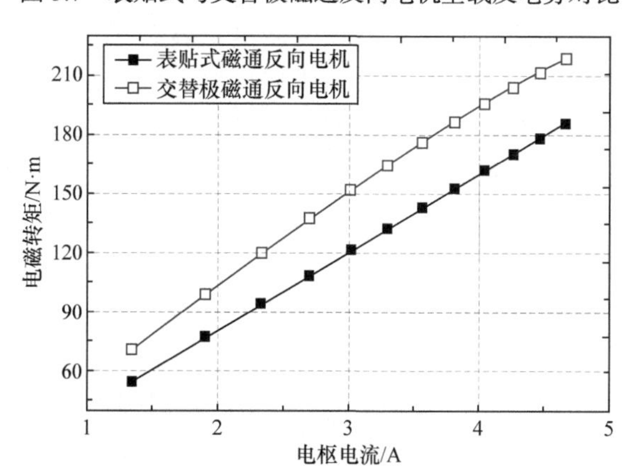

图 5.8　表贴式与交替极磁通反向电机输出转矩对比

5.2.2　切向励磁磁场调制电机的磁障效应

在永磁电机领域，切向励磁的永磁体排布方式是一种励磁能力极强的结构，通过聚磁效应增强空载工作磁场，使得这类电机通常具备更高的转矩密度。因此，也被应用于磁场调制电机中。根据永磁体位置的不同，当永磁体放置于转子侧时，就形成了切向励磁游标永磁电机，如图 5.9(a)所示，而当永磁体放置于定子侧时，形成的是永磁开关磁链电机，如图 5.9(b)所示。然而，从实际效果而言，切向励磁磁场调制电机并没有达到预期的转矩水平，其中切向励磁游标永磁电机在极比较小时，相比表贴式结构尚有一定优势，但当极比增加时，其转矩密度甚至不如常规永磁电机；而相较于表贴式定子永磁型电机——永磁磁通反向电机，永磁开关磁链电机的转矩密度优势也并不明显。下面将从整体磁路结构与磁场调制理论两方面解释其性能不足的原因。

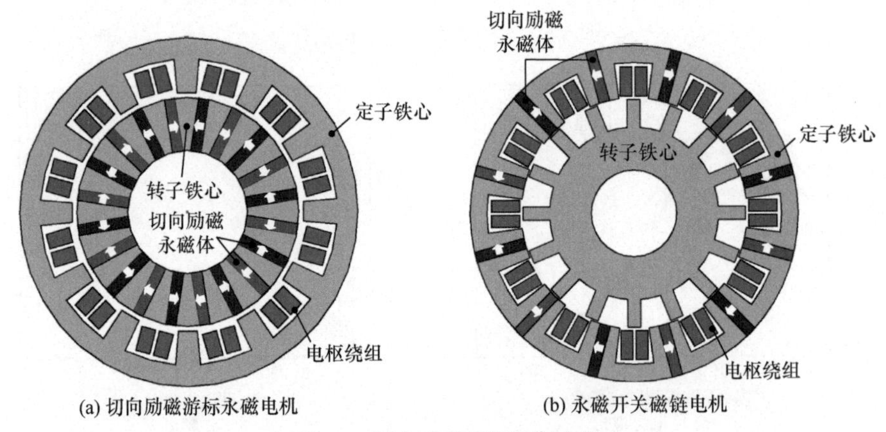

(a) 切向励磁游标永磁电机　(b) 永磁开关磁链电机

图 5.9　切向励磁磁场调制电机

从整体磁路结构的角度分析，磁场调制电机具有多个工作谐波，其中少极工作磁场虽然幅值较低，但具有较高的极比放大系数，因此贡献了大部分空载反电势与电磁转矩。然而，在切向励磁结构中，励磁单元铁心被永磁体切断，少极工作磁场极距较大，需要穿过多块永磁体形成回路，如图 5.10 所示。由于永磁体的磁导率接近于空气，少极磁场磁路的磁阻较大，大幅削弱了磁场的强度，这种现象被称为“磁障效应”。当极比增加时，少极工作磁场需要穿过更多的永磁体形成回路，磁障效应更加明显，从而导致切向励磁磁场调制电机的转矩急剧减小[7]。

2.2.5 节分析了切向励磁永磁结构在不均匀气隙中的转子磁动势，从中可见，其与交替极类似，存在(P_e–P_f)对极的附加磁动势，会削弱磁场调制电机的工作磁场。根据式(2.75)的分析可知，当极比越高时，附加磁动势越大，削弱效果越明显[8]。

根据上述分析，提升切向励磁磁场调制电机性能的关键在于消除附加磁动势，目前有两种技术手段。首先，分别连接编号为奇数与偶数的铁磁极，强制它们具有相同的磁位，这种电机称为连通型切向励磁磁场调制电机；其次，通过消除式(5.2)中比磁导的变化，避免附加磁位磁动势，形成一种双定子切向励磁游标永磁电机(dual stator spoke array permanent magnet vernier machine, DSSAPMVM)。

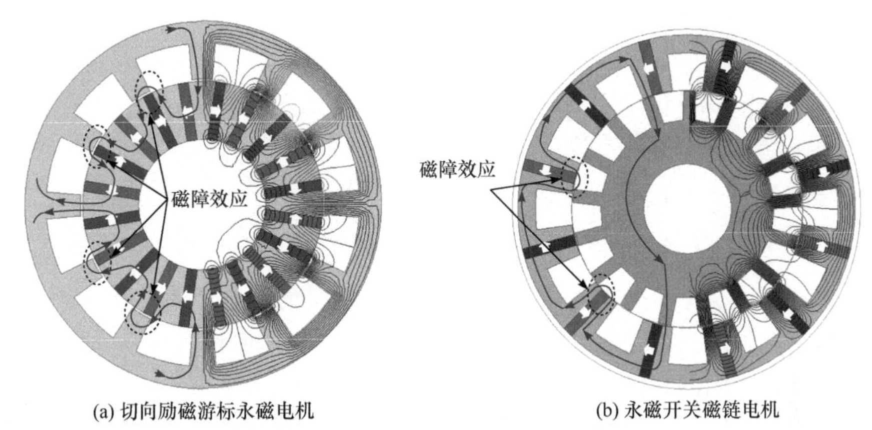

(a) 切向励磁游标永磁电机　　(b) 永磁开关磁链电机

图 5.10　磁场调制电机中的磁障效应

5.2.3　连通型切向励磁磁场调制电机

图 5.11(a)给出了一种交替连接桥切向励磁游标永磁电机(spoke array permanent magnet vernier machine with alternate flux bridges, SAPMVMB)的拓扑。相较于常规的切向励磁游标永磁电机，该拓扑转子上每隔一个铁磁极在其下方增加一个连接桥，这也是名称中“交替”的由来，并通过下方增加的铁轭将这些铁磁极连接。通过增设的连接桥与铁轭，少极工作磁场可以形成完整的通路，如图 5.11(b)所示。这种方式大幅削弱了电机内部的磁障效应[9,10]。

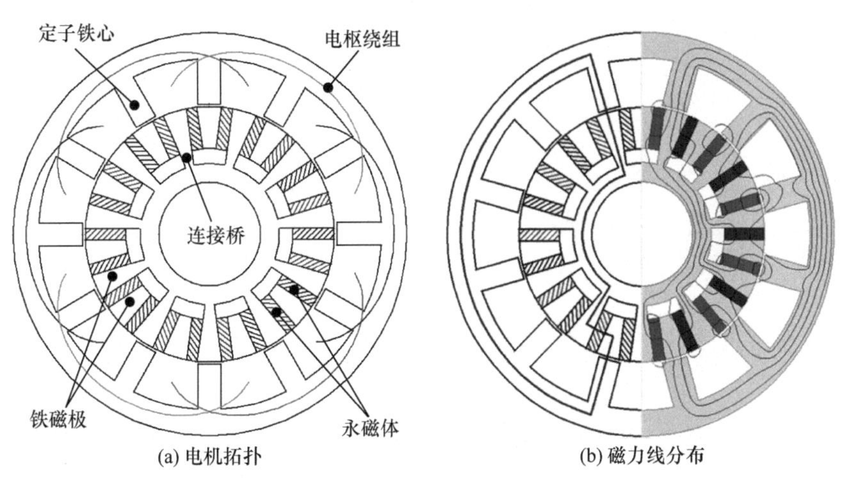

(a) 电机拓扑　　(b) 磁力线分布

图 5.11　交替连接桥切向励磁游标永磁电机

SAPMVMB 的等效磁路结构如图 5.12 所示。

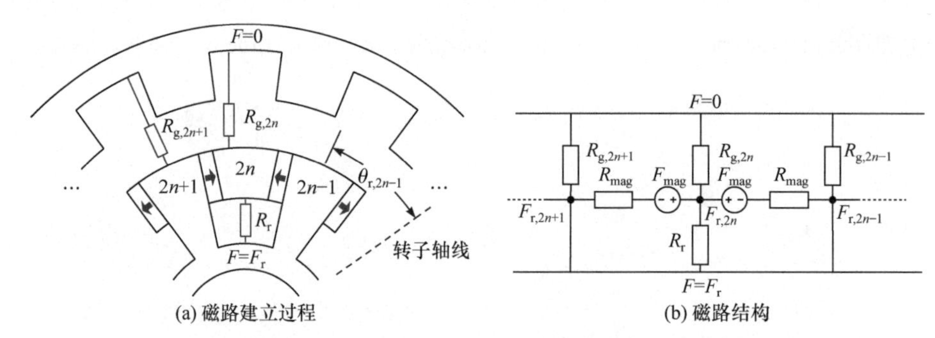

(a) 磁路建立过程　(b) 磁路结构

图 5.12　SAPMVMB 的等效磁路

相较于图 2.28，存在两点区别。首先，SAPMVMB 通过连接桥将编号为偶数的铁磁极相连，因此它们具有相同的磁位 F_r，使得 F_{P_a} 显著减小，这对于工作磁场，尤其是少极磁场存在明显的增强作用。其次，铁磁极与下方的铁轭间存在一定的漏磁，用 R_r 来表征。该磁路的节点方程为

$$2\frac{F_{r,2n}-F_r-F_{mag}}{R_{mag}}+\frac{F_{r,2n}}{R_{g,2n}}+\frac{F_{r,2n}-F_r}{R_r}=0 \tag{5.2}$$

类似于 2.2.5 节的求解方法，认为 $F_{r,2n}$ 中只含有常数项与基波分量，可表示为

$$F_{r,2n}=F_{r0}+F_{r1}\cos\left[Z_s\left(\theta_{r,2n}+\theta_m\right)\right] \tag{5.3}$$

此外，根据磁通连续性原理，有

$$\sum_{n=1}^{P_e}\left(\frac{F_{r,2n}}{R_{g,2n}}+\frac{F_r}{R_{g,2n-1}}\right)=0 \tag{5.4}$$

式中，$R_{g,2n}$ 的表达式可参考式(2.67)。将式(5.3)代入式(5.4)，可得

$$F_r=-\left(F_{r0}+\frac{\lambda_{lump\_1}}{\lambda_{lump\_0}}F_{r1}\right)\approx -F_{r0} \tag{5.5}$$

式(5.5)中约等号成立的原因与 2.2.5 节相同，即认为 F_{r1} 远小于 F_{r0}。这一简化误差不大，但可给数学计算带来极大的便利。

将式(5.5)代入式(5.2)，并进一步化简可得

$$\begin{aligned}&\left[\left(4+2\frac{R_{mag}}{R_r}\right)F_{r0}-2F_{mag}+\frac{\mu_0}{g}r_g l_{stk}R_{mag}\left(F_{r0}\lambda_{lump\_0}+\frac{F_{r1}\lambda_{lump\_1}}{2}\right)\right]\\&+\left\{\left(2+\frac{R_{mag}}{R_r}\right)F_{r1}+\frac{\mu_0}{g}r_g l_{stk}R_{mag}\left(F_{r1}\lambda_{lump\_0}+F_{r0}\lambda_{lump\_1}\right)\right\}\cos\left[Z_s\left(\theta_{r,2n}+\theta_m\right)\right]\\&+\frac{\mu_0}{g}r_g l_{stk}R_{mag}\frac{F_{r1}\lambda_{lump\_1}}{2}\cos\left[2Z_s\left(\theta_{r,2n}+\theta_m\right)\right]=0\end{aligned} \tag{5.6}$$

忽略最后面的 2 倍频项，采用与式(2.73)类似的求解过程，可得

$$F_{\mathrm{r}0} \approx \frac{2F_{\mathrm{mag}}}{4+2\dfrac{R_{\mathrm{mag}}}{R_{\mathrm{r}}}+\dfrac{\mu_0}{g}r_{\mathrm{g}}l_{\mathrm{stk}}R_{\mathrm{mag}}F_{\mathrm{r}0}\lambda_{\mathrm{lump\_0}}}$$

$$F_{\mathrm{r}1} \approx -\frac{2F_{\mathrm{mag}}}{4+2\dfrac{R_{\mathrm{mag}}}{R_{\mathrm{r}}}+\dfrac{\mu_0}{g}r_{\mathrm{g}}l_{\mathrm{stk}}R_{\mathrm{mag}}\lambda_{\mathrm{lump\_0}}}\frac{\dfrac{\mu_0}{g}r_{\mathrm{g}}l_{\mathrm{stk}}R_{\mathrm{mag}}\lambda_{\mathrm{lump\_1}}}{2+\dfrac{R_{\mathrm{mag}}}{R_{\mathrm{r}}}+\dfrac{\mu_0}{g}r_{\mathrm{g}}l_{\mathrm{stk}}R_{\mathrm{mag}}\lambda_{\mathrm{lump\_0}}} \tag{5.7}$$

将式(5.7)和式(2.75)进行对比，可以发现由于漏磁阻 R_{r} 的出现，$F_{\mathrm{r}0}$ 会有一定程度的减小，幅度取决于 $R_{\mathrm{mag}}/R_{\mathrm{r}}$ 的大小，当漏磁较为严重，即漏磁阻较小时，$F_{\mathrm{r}0}$ 会大幅下降。此外，在 $F_{\mathrm{r}1}$ 的表达式中分母不包含 $\cos(Z_{\mathrm{s}}/P_{\mathrm{e}}\pi)$这一项，即使极比较高，$F_{\mathrm{r}1}$ 也不会大幅增加，或者说该结构中附加磁动势与极比并没有明显关系。

根据各铁磁块的磁位可以求出转子磁动势表达式：

$$F_{\mathrm{e}}=\frac{4F_{\mathrm{r}0}}{\pi}\sum_{h=1,3,\cdots}^{\infty}\cos\left[hP_{\mathrm{e}}(\theta-\theta_{\mathrm{m}})\right]+\frac{1}{2}F_{\mathrm{r}1}\sum_{h=1,3,\cdots}^{\infty}\frac{\sin\left[\dfrac{(hP_{\mathrm{e}}+Z_{\mathrm{s}})\pi}{2P_{\mathrm{e}}}\right]}{\dfrac{(hP_{\mathrm{e}}+Z_{\mathrm{s}})\pi}{2P_{\mathrm{e}}}}\cos\left[(hP_{\mathrm{e}}+Z_{\mathrm{s}})\theta-hP_{\mathrm{e}}\theta_{\mathrm{m}}\right]$$
$$+\frac{1}{2}F_{\mathrm{r}1}\sum_{h=1,3,\cdots}^{\infty}\frac{\sin\left[\dfrac{(hP_{\mathrm{e}}-Z_{\mathrm{s}})\pi}{2P_{\mathrm{e}}}\right]}{\dfrac{(hP_{\mathrm{e}}-Z_{\mathrm{s}})\pi}{2P_{\mathrm{e}}}}\cos\left[(hP_{\mathrm{e}}-Z_{\mathrm{s}})\theta-hP_{\mathrm{e}}\theta_{\mathrm{m}}\right] \tag{5.8}$$

将式(5.8)与式(2.77)对比发现，由于在 SAPMVMB 中只有一半的铁磁极磁位存在波动项 $F_{\mathrm{r}1}$，且该拓扑中 $F_{\mathrm{r}1}$ 数值相较 SAPMVM 大幅减小，所以其总体附加磁动势显著下降。因此，引入交替连接桥可在高极比下大幅提升切向励磁游标永磁电机的转矩性能。需要注意的是，该措施并不是万能的。在电机极比较低时，附加磁动势本身较小，连接桥带来的抑制效果微乎其微，漏磁阻的引入反而造成 $F_{\mathrm{r}0}$ 下降，导致转矩的减小。

由于永磁开关磁链电机本身就是切向励磁结构，面临相同的问题，图 5.13 给出了一种交替连接桥永磁开关磁链电机(permanent magnet flux switching machine with alternate flux bridges, PMFSMB)[11]，其构造思路与 SAPMVMB 基本相同。不同之处在于，首先为了放置绕组，该电机只采用了单极性永磁体；其次该电机通过定子轭构成少极磁场通路。PMFSMB 同样在高极比时具有较强的转矩输出能力。

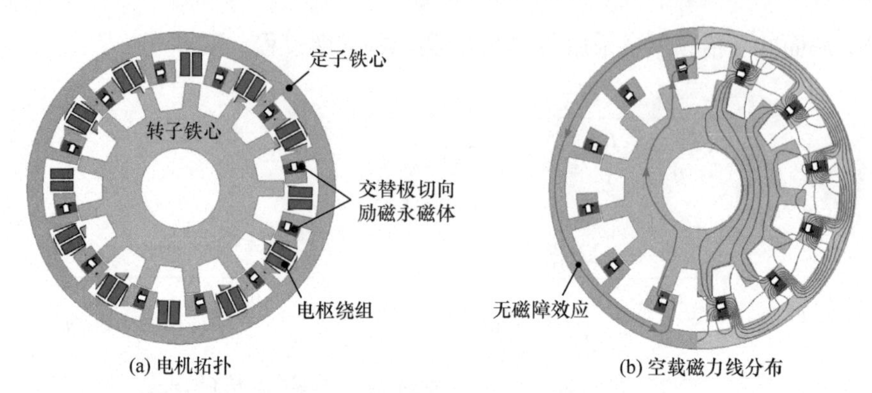

(a) 电机拓扑　　(b) 空载磁力线分布

图 5.13　交替连接桥永磁开关磁链电机

上述具有交替连接桥结构的游标永磁电机和永磁开关磁链电机均通过连接单极性的铁磁极实现了附加磁动势的显著降低，但是另一半的铁磁极仍为“悬空”结构，依旧存在一定的附加磁动势。为了进一步抑制该效应，图 5.14 给出了一种切向励磁爪极游标永磁电机(spoke array claw pole permanent magnet vernier machine, SACPPMVM)[12]。为了更清晰地展示该拓扑结构，图中只画出了转子，其定子结构与常规游标永磁电机完全相同。其中一半的铁磁极从转子端部一侧延伸出连接桥，通过该侧爪盘连为一体；另一半的铁磁极通过另一侧的爪盘和连接桥连为一体。

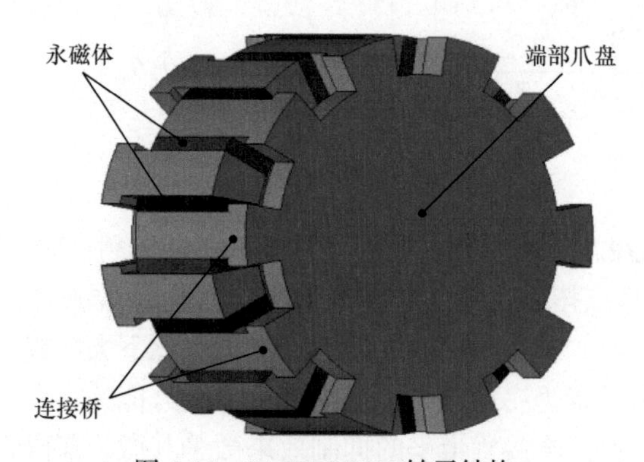

图 5.14　SACPPMVM 转子结构

SACPPMVM 的等效磁路结构如图 5.15 所示。从图中可见，由于两种极性的铁磁极分别互连，铁磁极只存在两种磁位，分别记为 F_{r+}和 F_{r-}，根据气隙上的磁通连续性原理，可得

$$\sum_{n=1}^{P_e}\left(\frac{F_{r+}}{R_{g,2n}}+\frac{F_{r-}}{R_{g,2n-1}}\right)=0 \tag{5.9}$$

解得 $F_{r-}=-F_{r+}$。不妨记 $F_{r+}=F_{r0}$，从而与前文对应，在所有正极性的铁磁极上再次采用磁通连续性原理：

$$\sum_{n=1}^{P_e}\left(\frac{2F_{r0}-F_{mag}}{R_{mag}}+\frac{F_{r0}}{R_{r,2n}}\right)+\frac{2F_{r0}}{R_r}=0 \tag{5.10}$$

解得

$$F_{r0}=\frac{2F_{mag}}{4+2\dfrac{R_{mag}}{P_eR_r}+\dfrac{\mu_0}{g}r_g l_{stk}R_{mag}F_{r0}\lambda_{lump\_0}} \tag{5.11}$$

其转子磁动势完全没有附加项，可表示为

$$F_e=\frac{4F_{r0}}{\pi}\sum_{h=1,3,\cdots}^{\infty}\cos\left[hP_e\left(\theta-\theta_m\right)\right] \tag{5.12}$$

这一特性也使其成为上述几类切向励磁磁场调制电机中转矩密度最高的拓扑。但是这类电机存在两个缺点，首先其磁路为 3 维结构，无法采用硅钢片叠压，而必须用软磁性复合材料(soft magnetic composite, SMC)或者实心钢，前者的加工较为困难，加工精度也难以保证，后者会产生极大的涡流损耗；其次爪盘与铁磁极之间漏磁较大，甚至比连接桥结构的漏磁更大，使得 F_{r0} 降低，一定程度上牺牲了其转矩密度，在低极比下并不适用。

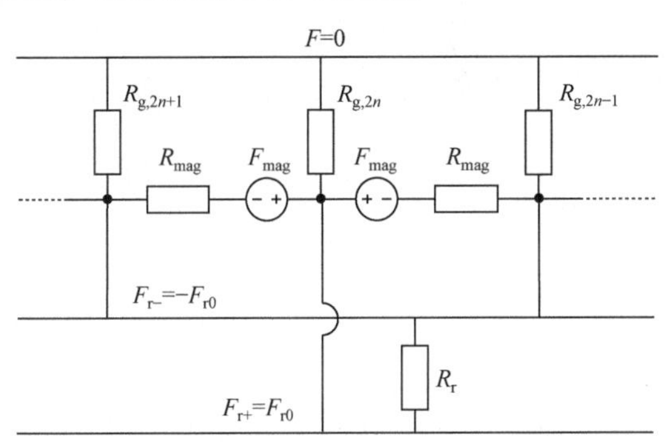

图 5.15　SACPPMVM 空载等效磁路结构

为了直观体现上述几种切向励磁磁场调制电机的性能，尤其是连接桥的作用，下面选取了几种游标永磁电机进行定量比较，包括 SPMVM、SAPMVM、SAPMVMB 和 SACPPMVM，它们具有相同的极槽配合、外径、叠片长度、气隙和定子尺寸。图 5.16(a)和(b)比较了四种游标永磁电机的空载气隙磁密。由于磁障效应的存在，SAPMVM 的少极工作磁密 B_{P_a} 相较 SPMVM 没有提升，而在 SAPMVMB 和 SACPPMVM 中，随着磁障效应的出现以及附加磁动势 F_{P_a} 的逐渐抑制，B_{P_a} 逐步增大。然而，多极工作磁密 B_{P_e} 的变化规律恰好相反。采用切向励磁结构后，由于聚磁效应，SAPMVM 的多极工作磁密 B_{Pe} 显著增大；采用连接桥结构后，由于漏磁的增加，SAPMVMB 和 SACPPMVM 的多极工作磁场逐渐下降。图 5.16(c)对比了四种游标永磁的空载反电势，以 SPMVM 为基准，受到磁障效应的影响，SAPMVM 的反电势几乎没有提升。添加交替极连接桥后，SAPMVMB 的反电势提升约 24%，而完全消除附加磁位波动的 SACPPMVM 的反电势更是提升 45%，充分证明了这一技术理念的优越性。

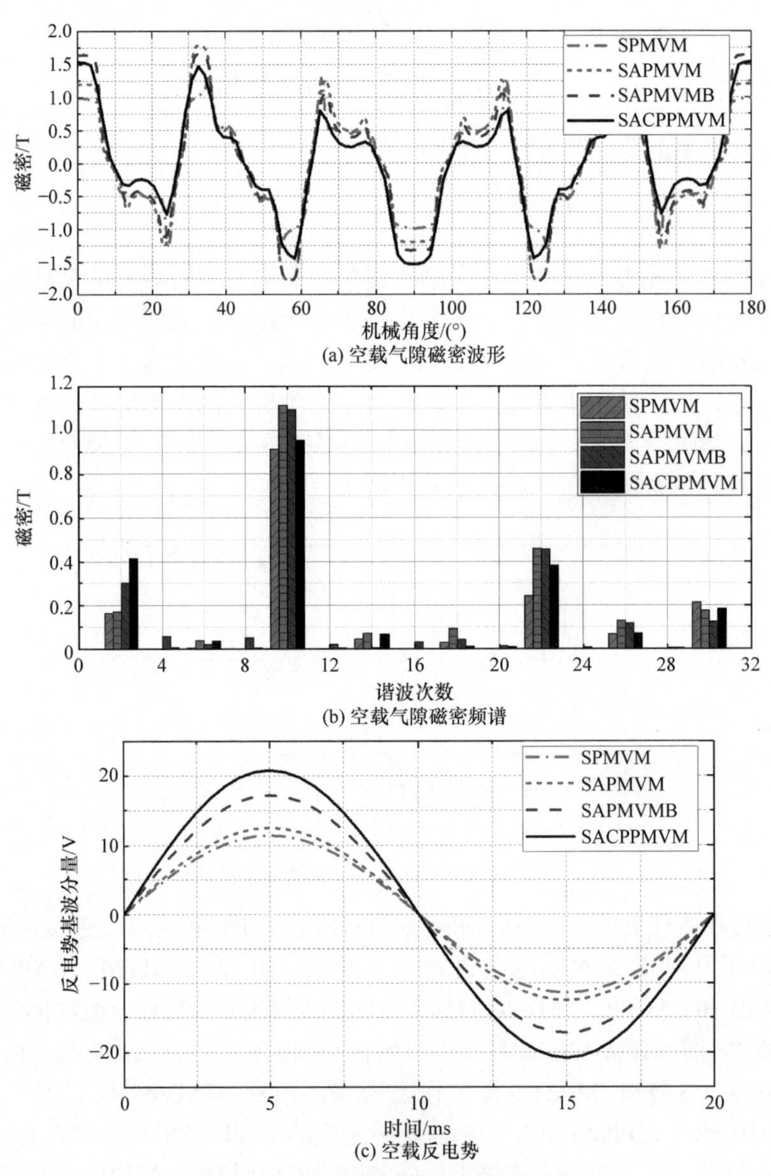

(a) 空载气隙磁密波形

(b) 空载气隙磁密频谱

(c) 空载反电势

图 5.16　四种游标永磁电机性能对比

5.2.4　双定子切向励磁游标永磁电机

DSSAPMVM 的拓扑结构如图 5.17(a)所示。该电机含有双定子结构，切向励磁转子置于两定子之间；内、外定子均为开口槽结构，产生调制效果，两者齿数相等，相对位置错开半个齿距角，即外定子齿正对内定子槽，反之亦然；电机内、外定子上均绕制有电枢绕组，两者极对数相等，均满足磁场调制关系。内、外绕组相位差为

$$\theta_{\mathrm{io}}=P_{\mathrm{e}}\frac{\pi}{Z_{\mathrm{s}}}=\frac{P_{\mathrm{e}}}{P_{\mathrm{e}}+P_{\mathrm{a}}}\pi \tag{5.13}$$

该数值接近 180°，因此两者应当反接串联，如图 5.17(b)所示[13,14]。

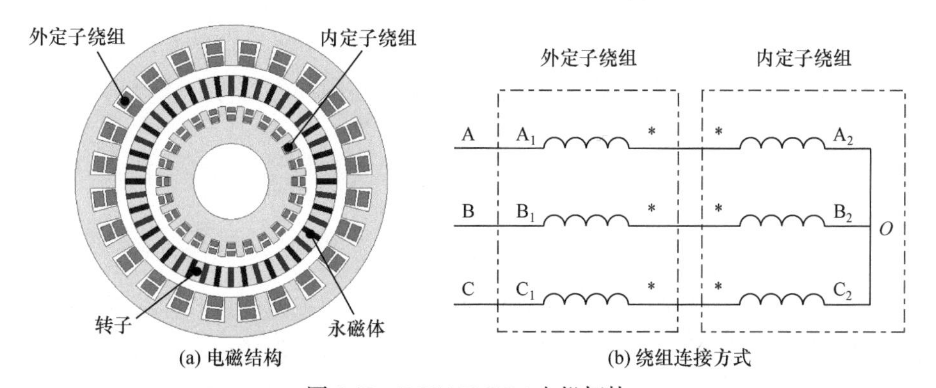

图 5.17　DSSAPMVM 电机拓扑

DSSAPMVM 的等效磁路结构如图 5.18(a)所示。该电机具有内、外两层气隙，因此转子上各铁磁极与内外气隙之间各有一个磁阻，且由于内外定子齿错开，两者交变的相位恰好相反，如果忽略内、外气隙极距的差异，根据式(2.67)可以将两个磁阻分别表示为

$$R_{\mathrm{og},n}=\frac{1}{\dfrac{\mu_0}{g}r_{\mathrm{g}}l_{\mathrm{stk}}}\frac{1}{\lambda_{\mathrm{lump\_0}}-\lambda_{\mathrm{lump\_1}}\cos\left[Z_{\mathrm{s}}\left(\theta_{\mathrm{r},n}+\theta_{\mathrm{m}}\right)\right]} \tag{5.14}$$

$$R_{\mathrm{ig},n}=\frac{1}{\dfrac{\mu_0}{g}r_{\mathrm{g}}l_{\mathrm{stk}}}\frac{1}{\lambda_{\mathrm{lump\_0}}+\lambda_{\mathrm{lump\_1}}\cos\left[Z_{\mathrm{s}}\left(\theta_{\mathrm{r},n}+\theta_{\mathrm{m}}\right)\right]} \tag{5.15}$$

根据图 5.18(a)，各铁磁极正对的内、外磁阻是并联关系，可将两者等效为一个磁阻：

$$R_{\mathrm{g},n}=\frac{1}{\dfrac{1}{R_{\mathrm{ig},n}}+\dfrac{1}{R_{\mathrm{og},n}}}=\frac{1}{\dfrac{\mu_0}{g}r_{\mathrm{g}}l_{\mathrm{stk}}}\frac{1}{2\lambda_{\mathrm{lump\_0}}}=\frac{R_{\mathrm{g}}}{2} \tag{5.16}$$

可见，两者合成后的总磁阻是常数，且数值上等于单侧气隙不开槽时磁阻的一半，可以用 $R_g/2$ 来表示。

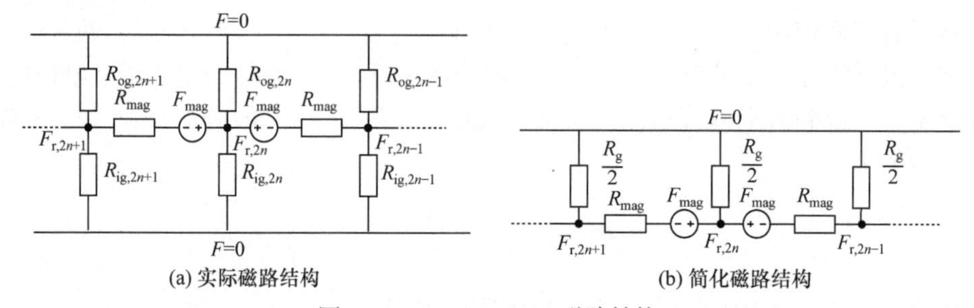

(a) 实际磁路结构　　(b) 简化磁路结构

图 5.18　DSSAPMVM 磁路结构

根据式(5.16)，可得到 DSSAPMVM 的简化磁路模型，如图 5.18(b)所示。不难发现，由于铁磁极对应总磁阻为常数，其不存在附加磁动势。该电机的转子磁动势同样满足式(5.12)，但 F_{r0} 数值不同：

$$F_{r0}=\frac{2F_{mag}}{4+2\dfrac{\mu_0}{g}r_g l_{stk}R_{mag}F_{r0}\lambda_{lump\_0}}=\frac{F_{mag}}{2+\dfrac{\mu_0}{g}r_g l_{stk}R_{mag}F_{r0}\lambda_{lump\_0}} \tag{5.17}$$

可见，相较于常规的切向励磁结构，DSSAPMVM 转子磁位表达式分母中的气隙比磁导项变为原来两倍，相当于多出了大小等于气隙磁阻的等效漏磁，这对于性能产生一定的影响。综上，该电机同样不适用于极比过低的场合(如分数槽集中绕组结构)。

对于一台外径 620mm、叠片长度为 50mm 的 DSSAPMVM，电机极比为 11，图 5.19 给出了电机总线负荷为 220A/cm(其中外定子绕组 120A/cm，内定子绕组 100A/cm)时输出转矩和功率因数与电流角的关系。

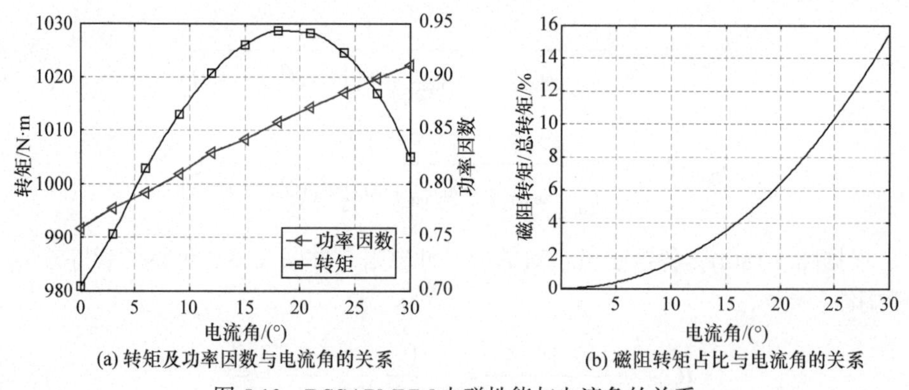

(a) 转矩及功率因数与电流角的关系　　(b) 磁阻转矩占比与电流角的关系

图 5.19　DSSAPMVM 电磁性能与电流角的关系

从中可见，该电机具备一定的磁阻转矩分量，因此当输出转矩最大时，电流角约为 17°，最大输出转矩接近 1030N·m，转矩密度约为 68N·m/L，达到常规表贴式游标永磁电机的 2 倍以上。该仿真结果表明 DSSAPMVM 具备超高的转矩密度水平。此外，得益于超强的励磁能力，以及电流角的调节，DSSAPMVM 在输出转矩最大时，功率因数高达 0.85，而极比为 11 的常规游标永磁电机仅为 0.6 左右；如果稍微牺牲输出转矩，进一步增大电流角，功率因数可进一步提高至 0.91，此时电机转矩密度仍可维持在 66N·m/L 水平。综上，DSSAPMVM 在进一步发挥磁场调制电机高转矩密度优势的同时，也在一定程度上克服了这类电机功率因数较低的缺陷，具有优秀的工程应用潜力。

5.2.5　其他励磁增强型磁场调制电机

在 5.2.3 节中，通过在切向励磁永磁体下方巧妙地增加交替连接桥结构，解决了这类游标永磁电机中的磁障效应问题。但是连接桥根部较窄，极易饱和，限制了该拓扑的过载能力。为解决这一问题，可将永磁体底部向连接桥外侧倾斜，从而扩大连接桥宽度。在这一拓扑中，由于永磁体底部几乎完全相邻，不存在下方漏磁回路，所以可将原本用于隔磁的空气磁障用铁心替代，最终形成一种 V 形游标永磁电机[15]。从拓扑演变过程可知，在该拓扑中相邻 V 形永磁体的充磁方向是相同的，且两者之间留有较宽的铁轭，是一种交替极结构，因此可称其为交替极 V 形游标永磁电机(consequent pole V shaped permanent magnet vernier machine, CPVPMVM)，如图 5.20 和图 5.21 所示。

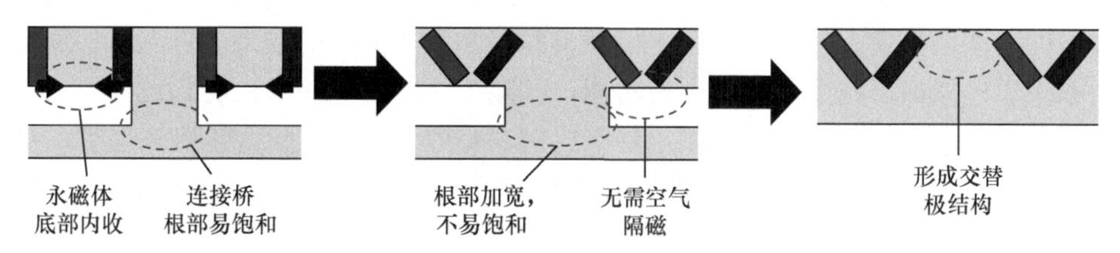

图 5.20　从 SAPMVMB 到 CPVPMVM 的拓扑演变过程

在 CPVPMVM 的基础上，可将交替极的铁心用与现有充磁方向相反的 V 形永磁体代替，最终形成完整的 V 形游标永磁电机(V shaped permanent magnet vernier machine, VPMVM)，如图 5.22 所示。在常规永磁电机的研究中，同样有学者提出过类似于图 5.21 和 5.22 的拓扑结构，通常这种 V 形转子拓扑下方不存在附加的铁轭。但在游标永磁电机中，下方的铁轭是抑制磁障效应的必备条件。在这一前提下，由于更强的聚磁效应，两种 V 形拓扑的转矩密度甚至高于上述连通型切向励磁拓扑。

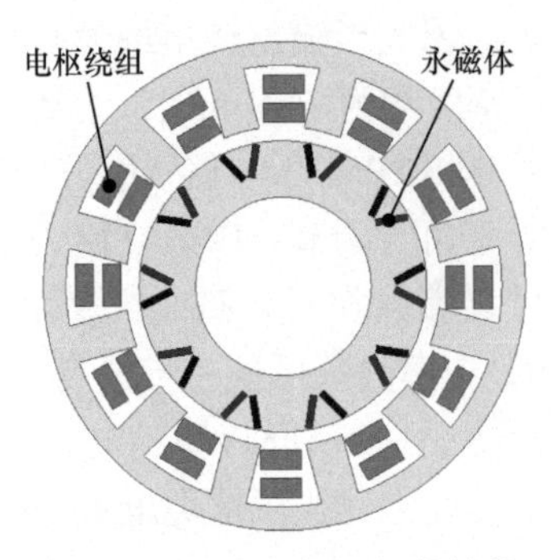

图 5.21　CPVPMVM 拓扑结构

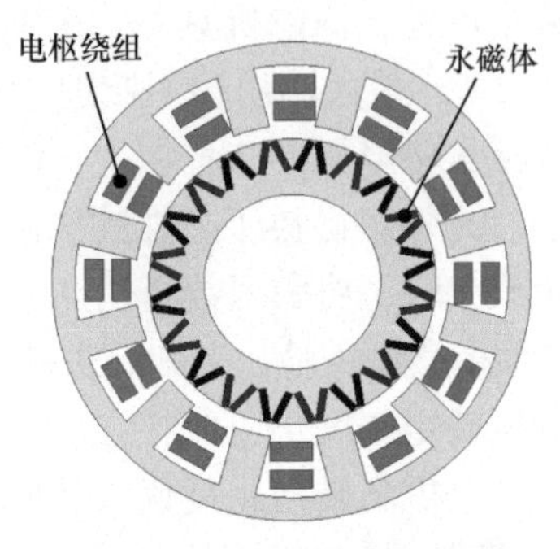

图 5.22　VPMVM 拓扑结构

5.3　调制增强型磁场调制电机

顾名思义，调制增强型磁场调制电机是指通过某些技术手段提升调制单元的工作比磁导，从而形成的高性能磁场调制电机。对于单边开槽的磁场调制电机，其气隙比磁导中的工作比磁导主要为基波分量，根据图 2.12，其大小取决于齿部与开槽位置比磁导数值的差异；对于定、转子均采用开口槽的磁场调制电机，如永磁开关磁链电机、游标磁阻电机等，根据式(2.44)，其气隙比磁导为定、转子分别开槽时的单边比磁导的乘积，因此最终的电机性能同样正比于单边开槽时比磁导的基波分量。图 2.14～图 2.16 分析了比磁导基波与气隙的形状尺寸参数间的关系，从中可以总结出，增加比磁导基波可通过减小气隙厚度、减少槽数以及设计合适的齿宽来实现。然而，这些手段在工程上并没有明显的效果。首先，气隙厚度取决于机械加工精度、电机运行转速、气隙半径等，这些参数受到设计要求的限制，难以调节，且在磁场调制永磁电机中，等效气隙长度包含永磁体厚度，更难减小；其次，磁场调制电机槽数与极比息息相关，降低槽数的同时往往也会降低极比，影响输出转矩；此外，电机设计过程中，齿宽往往已经优化至最优值，同样难以进一步提升调制效果。根据上述分析，在磁场调制电机中难以通过增强调制能力实现转矩密度的提升。

然而，超导材料的出现为其提供了另一种可能性。超导材料存在迈斯纳效应，即当材料进入超导态后具有完全抗磁性的特征，外界磁场完全无法穿过。利用该特点，可将超导材料放置于槽口的位置，使其比磁导降低为零，从而进一步增加齿部与槽部比磁导的差异性，提升调制效果[16]。

作为示例，图 5.23 给出了一种调制增强型游标永磁电机的结构。与常规 SPMVM 的唯一区别在于其定子槽口放置了超导材料薄层。通过有限元仿真，计算了该结构的气隙比磁导，如图 5.24 所示。在定子槽口添加超导材料后，该处的比磁导降低为零，而齿部的比磁导保持几乎不变。因此，该电机气隙比磁导的常数项略微降低，但基波项由 0.3 提升至约 0.5，效果显著。图 5.25 对比了两者的空载反电势，由于调制效果的增强，反电势基波提升 41%。4.5 节指出，磁场调制电机电枢电感较大，功率因数偏低，而电枢电感主要由 P_a 对极的电枢磁动势与气隙比磁导中的常数项作用产生。在上述调制增强型游标永磁电机中，比磁导常数项的降低，使得电枢电感由 65.8μH 下降至 52.0μH。最后，图 5.26 对比了两者的输出转矩与功率因数。在电枢电流相同的前提下，调制增强型游标永磁电机的转矩增加 41%，且由于空载反电势的提升与电枢电感的降低，其功率因数随电枢电流的增加下降较为缓慢。当常规 SPMVM 的功率因数降低至 0.65 左右时，励磁增强型游标永磁电机的功率因数仍可维持在接近 0.9 的水平。

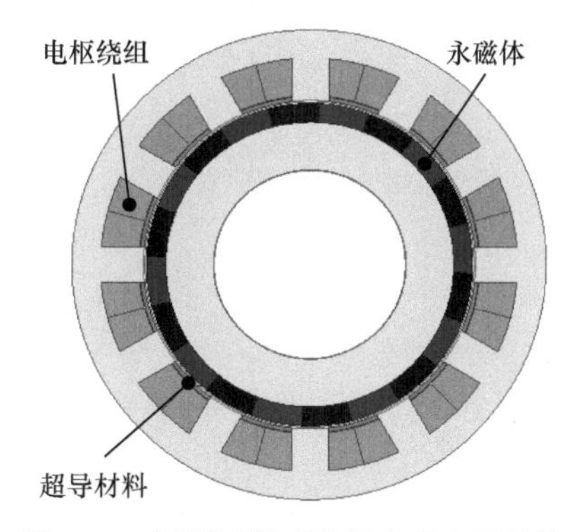

图 5.23　调制增强型游标永磁电机结构

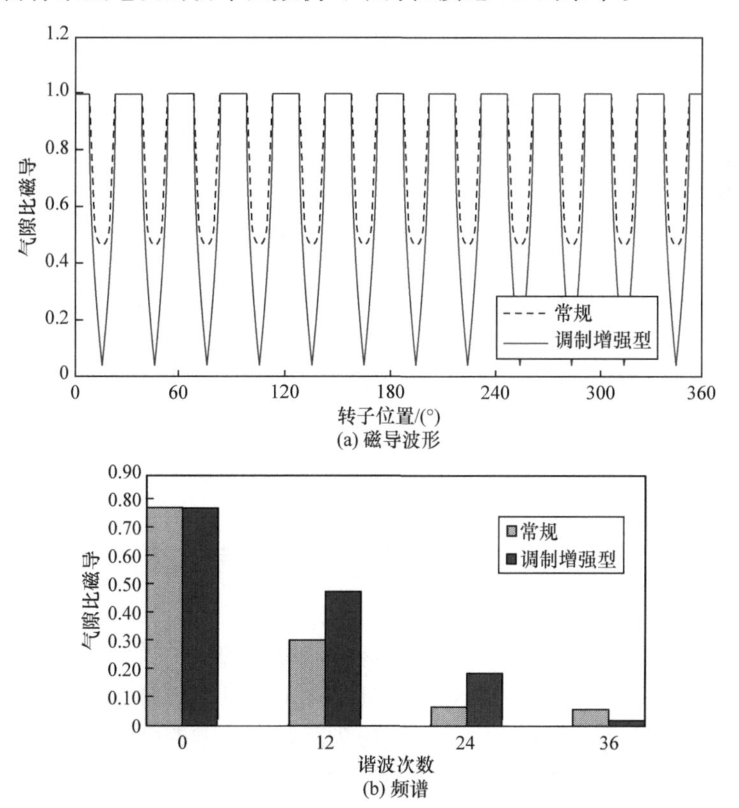

图 5.24　调制增强型游标永磁电机与常规游标永磁电机气隙比磁导对比

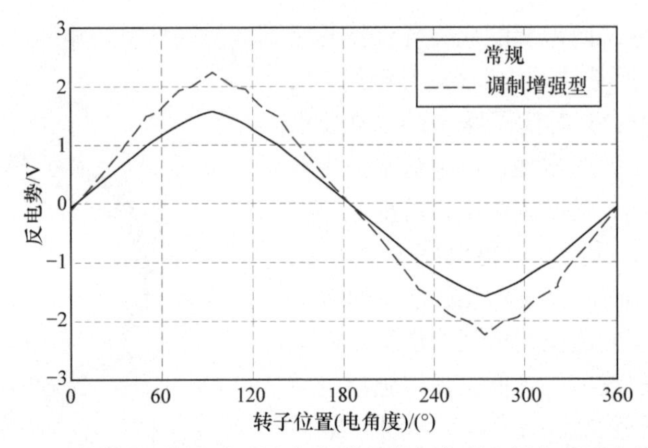

图 5.25　调制增强型游标永磁电机与常规游标永磁电机空载反电势对比

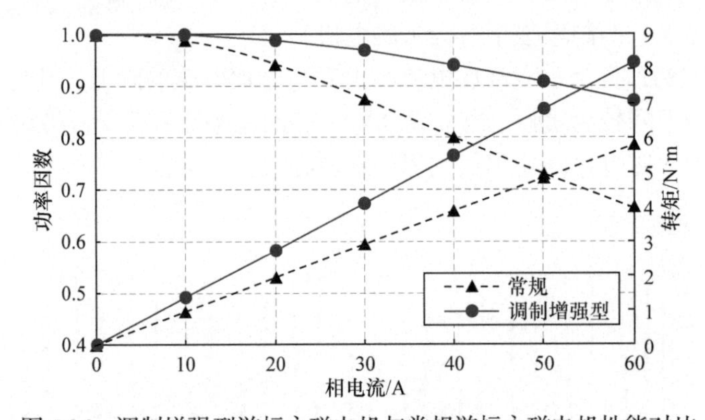

图 5.26　调制增强型游标永磁电机与常规游标永磁电机性能对比

目前超导材料价格较为昂贵，且运行温度要求较为苛刻，上述调制增强型磁场调制电机只能作为一种理想模型，不具备实用价值。上述理想模型一方面说明了通过调制效应的增强有望提升磁场调制电机转矩密度，同时解决功率因数低这一核心问题；另一方面也给出了理想调制下电机转矩密度与功率因数所能达到的极限情况，对于磁场调制电机的研究有着较强的理论指导意义。

5.4　电枢增强型磁场调制电机

为了增加极比以提升输出转矩，磁场调制电机的转子极对数往往远大于电枢绕组极对数。在某些磁场调制电机中，如游标永磁电机和游标磁阻电机，定子齿作为调制单元，齿数相对较大，导致电枢为跨越多个槽的叠绕组，端部较长。这一方面增加了电机整体体积，抑制了磁场调制电机的高转矩密度优势，另一方面增加了损耗，降低了电机效率。

为解决这一问题，有学者提出了具有辅助齿结构的磁场调制电机，该拓扑通过将调制单元与电枢槽数进行解耦，使得槽数大幅减少，而高极比的磁场调制电机同样可采用分数槽集中绕组，从而缩短了端部长度。该拓扑在 3.3.1 节中已有所介绍，在此不再赘述。然而，辅助齿结构增加了额外的齿与轭部铁心，减小了槽面积与气隙半径，一定程度上削减了电机输出转矩。为进一步增强电枢绕组的性能，有学者提出了环形绕组结构的游标永磁电机。

图 5.27(a)给出了环形绕组游标永磁电机的拓扑结构。不同于叠绕组结构，环形绕组绕制在定子轭部，其端部紧贴于定子轭的端面，伸出长度较短，大幅提升了电机的紧凑性。但环形绕组同样存在一些缺点。首先，轭部的内、外表面均需要开槽以放置导体，一定程度上减小了槽面积与气隙半径，这一缺点与辅助齿结构类似；其次，由于铁心的磁屏蔽效应，轭部外侧导体实际上对于转矩产生没有任何作用，所以其等效于叠绕组的端部，虽然不占据端部空间，但是产生较大的铜耗，尤其是当电机长径比较大时，可能采用环形绕组的性能反而不如叠绕组。

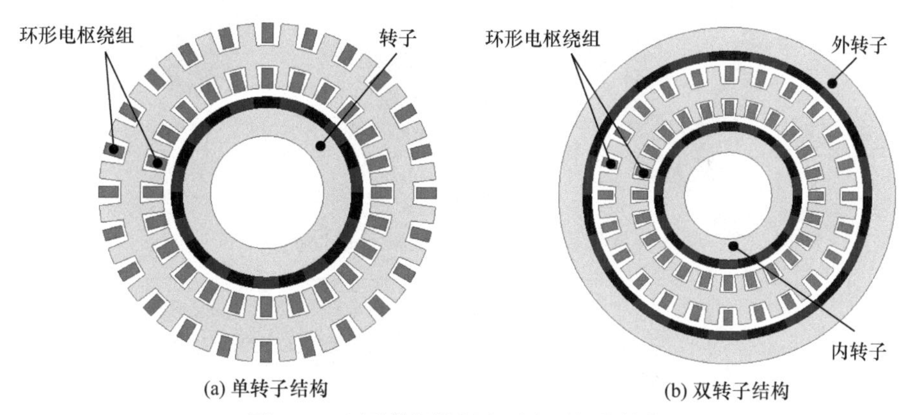

(a) 单转子结构　(b) 双转子结构

图 5.27　环形绕组游标永磁电机拓扑结构

为了解决外部导体不做功的问题，可在定子外侧增设额外的转子，从而形成环形绕组双转子游标永磁电机，如图 5.27(b)所示，两个转子具有相同的极对数与转速，同轴输出。然而，由于内气隙进一步缩小，内、外转子转矩能力不匹配，可将其改为轴向磁通游标永磁电机，如图 5.28 所示[17]。该拓扑中，左右两侧的导体分别与两侧的转子作用产生转矩，绕组端部极短，紧凑性好，且双转子结构对称，避免了输出不平衡的问题。

下面通过三维有限元仿真对比上述电机与常规轴向磁通永磁电机的性能。为了充分发挥环形绕组的优势，轴向磁通游标永磁电机定子槽数选取为 24，转子极对数为 22，绕组极对数为 2，因此该电机极比高达 11；而常规轴向磁通永磁电机定子槽数选取为 24，转子极对数为 10，电枢为常见的分数槽集中绕组，两者的有效部分轴向长度、外径完全相同。图 5.29 比较了轴向磁通游标永磁电机和常规轴向磁通永磁电机的空载反电势情况，可见轴向磁通游标永磁电机的反电势基波高出常规轴向磁通永磁电机 86%，提升显著。两电机在 I_d=0 控制下，平均转矩和功率因数随相电流的变化情况如图 5.30 所示。从图中可见，在相同线负荷下，轴向磁通游标永磁电机的平均转矩较常规轴向磁通永磁电机提升超过 80%。同时，其功率因数随着电流的增加而快速下降，这也符合游标电机电枢反应强的电磁本质特性。在额定线负荷下，轴向磁通游标永磁电机功率因数低至 0.64，而相应常规轴向磁通永磁电机的功率因数可达 0.97，这也是磁场调制电机固有的问题。

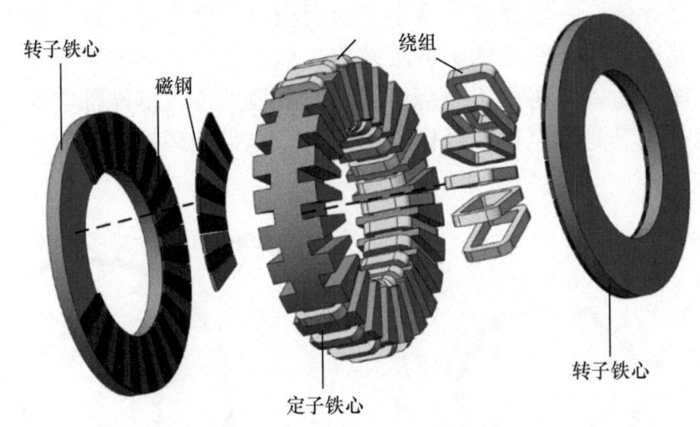

图 5.28　双定子环形绕组轴向磁通游标永磁电机

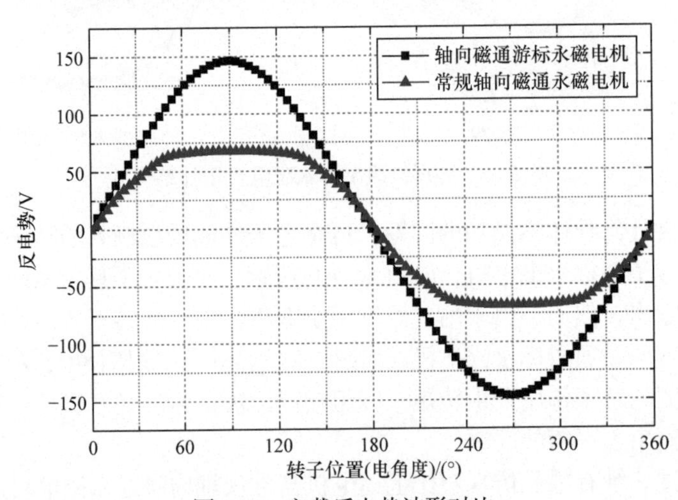

图 5.29　空载反电势波形对比

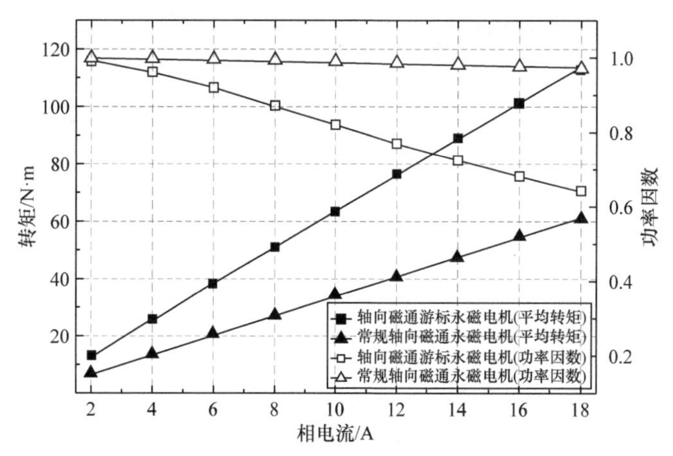

图 5.30　平均转矩与功率因数随相电流的变化

5.5　磁场调制复合理论

传统电机采用单一极对数的磁场工作，其他谐波磁场被尽可能地消除；磁场调制电机通常利用多个工作磁场以达到增加电机输出转矩和功率的目的。因此，除了增大单一工作磁场幅值的常规手段以外，还可以通过进一步增加工作磁场谐波数量来提升输出转矩，这类电机可称为磁场调制复合电机。

5.5.1　磁场调制复合电机的数学表征

磁场调制电机拓扑千差万别，难以直接归类，但原理上均满足磁场调制理论。为了从理论上研究磁场调制复合电机，需要将电机拓扑抽象为磁动势-比磁导模型组成的数学表征，通过数学方程进行初步研究并分类，实现良好的清晰性与完备性。为了分析方便，首先作如下假设：

(1) 本节及后续研究只考虑永磁电机拓扑，混合励磁与纯电励磁电机不在后续分析范围之内；

(2) 在进行数学表征时，不考虑开槽引起的附加磁动势，这是因为该效应会对工作磁场造成削弱作用，但不影响电机本质原理，在定性分析中可将其忽略；

(3) 电机只具有单电、单机械端口，即电机具有唯一的转速与电频率；

(4) 为了提升复合调制的效果，所有的工作磁场均为齿谐波。

在上述假设下，分别建立定、转子磁动势与比磁导的表达式。

永磁磁动势可分为单极与多极两种类型，前文各种磁场调制电机均采用多极磁动势，此处不再介绍；单极磁动势是指其磁动势完全朝一个方向，如图 5.31(a)所示。根据磁通连续性原理，单极电机的磁路必须通过三维结构形成闭环。

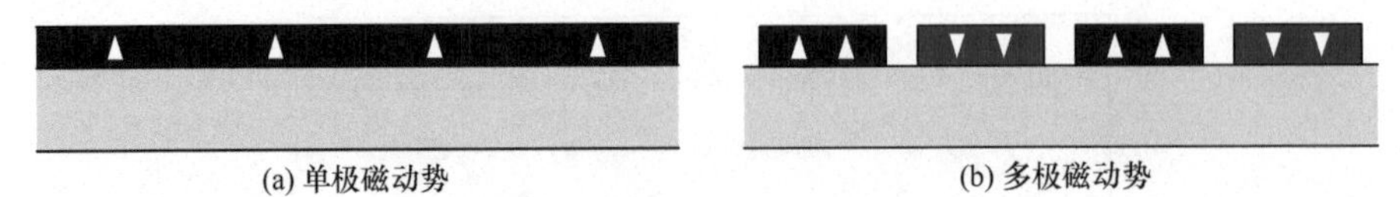

(a) 单极磁动势　　(b) 多极磁动势

图 5.31　磁场调制电机磁动势形式

理论上上述两种磁动势源可以并存，且多极磁动势可以含有不同极对数的分量。因此，定子磁动势可以统一表示为

$$F_{\mathrm{es}}(\theta)=F_{\mathrm{es0}}+\sum_{h=1}^{\infty}F_{\mathrm{es}h}\cos(P_{\mathrm{es}h}\theta) \tag{5.18}$$

式中，下标“s”表示是定子产生的磁动势。在前文中，采用过符号 F_{s} 和 F_{r} 分别代表定转子磁位，但它们并不都是励磁磁动势 F_{e} 本身，而这里 F_{es} 代表定子上永磁体产生的励磁磁动势，需要注意两者的区别。$F_{\mathrm{es}h}$ 代表第 h 个工作磁动势的幅值，$P_{\mathrm{es}h}$ 代表对应极对数，这一点也和前文有所区别，前文中 $F_{\mathrm{e}h}$ 表示 h 次磁动势的幅值，对应极对数为基波的 h 倍，且该次磁动势不一定工作。而这里为了强调电机工作原理，$F_{\mathrm{es}h}$ 均为工作磁动势，且 $P_{\mathrm{es}h}$ 不一定为 P_{es1} 的 h 倍。此外，$F_{\mathrm{es}h}$ 可能为负，代表对应磁动势的空间相位是 180°。

式(5.18)对于所有定子励磁的磁场调制电机均成立，例如，在永磁开关磁链电机中，只需令 $F_{\mathrm{es0}}=0$，$P_{\mathrm{es}h}=hZ_{\mathrm{s}}/2$ 即可。类似地，定子工作比磁导函数可以表示为

$$\lambda_{\mathrm{s}}(\theta)=\lambda_{\mathrm{s0}}+\sum_{l=1}^{\infty}\lambda_{\mathrm{s}l}\cos(P_{\mathrm{fs}l}\theta) \tag{5.19}$$

与定子不同，转子侧的旋转磁动势与比磁导谐波均会引入交变频率，本章不讨论多电端口的情况，此时电机只具有单一工作频率，因此转子工作磁动势与比磁导极对数唯一。当转子只存在工作磁动势时，其极对数可以用 P_{e} 来表示，如游标永磁电机；当转子只存在工作比磁导时，其结构往往为凸极，极对数可以用 Z_{r} 来表示；当转子既具有工作磁动势，又具有工作比磁导时，上面两种表示均不准确，本节用转子极对数 P_{r} 来表示：

$$\begin{aligned}F_{\mathrm{er}}(\theta,t)&=F_{\mathrm{er0}}+F_{\mathrm{er1}}\cos\left[P_{\mathrm{r}}(\theta-\Omega_{\mathrm{r}}t)\right]\\ \lambda_{\mathrm{r}}(\theta,t)&=\lambda_{\mathrm{r0}}+\lambda_{\mathrm{r1}}\cos\left[P_{\mathrm{r}}(\theta-\Omega_{\mathrm{r}}t)\right]\end{aligned} \tag{5.20}$$

在式(5.20)中的磁动势表达式不同于前文分析的电机拓扑，其新增了常数项，这是考虑单极励磁的情况，但正如前文分析，磁动势不可能同时存在另一多极的工作谐波。在某些磁场调制电机中，仅仅存在单边开槽的情况，例如，游标永磁电机转子光滑，定子开槽。在这种情况下，其转子比磁导恒为 1。

在上述假设下，磁场调制电机的空载气隙磁密可以统一表示为

$$
\begin{aligned}
B_{\mathrm{e}}(\theta,t)=\frac{\mu_0}{g}\Bigg\{&F_{\mathrm{es}0}\lambda_{\mathrm{s}0}\lambda_{\mathrm{r}0}+F_{\mathrm{er}0}\lambda_{\mathrm{s}0}\lambda_{\mathrm{r}0}+F_{\mathrm{es}0}\lambda_{\mathrm{r}0}\sum_{l=1}^{\infty}\lambda_{sl}\cos(P_{\mathrm{fs}l}\theta)\\
&+F_{\mathrm{er}0}\lambda_{\mathrm{r}0}\sum_{l=1}^{\infty}\lambda_{sl}\cos(P_{\mathrm{fs}l}\theta)+\lambda_{\mathrm{s}0}\lambda_{\mathrm{r}0}\sum_{h=1}^{\infty}F_{\mathrm{es}h}\cos(P_{\mathrm{es}h}\theta)\\
&+\frac{\lambda_{\mathrm{r}0}}{2}\sum_{h,l}F_{\mathrm{es}h}\lambda_{sl}\cos\left[\left(P_{\mathrm{es}h}\pm P_{\mathrm{fs}l}\right)\theta\right]+F_{\mathrm{es}0}\lambda_{\mathrm{s}0}\lambda_{\mathrm{r}1}\cos\left[P_{\mathrm{r}}\left(\theta-\Omega_{\mathrm{r}}t\right)\right]\\
&+\frac{F_{\mathrm{es}0}}{2}\sum_{l=1}^{\infty}\lambda_{\mathrm{s}l}\lambda_{\mathrm{r}1}\cos\left[\left(P_{\mathrm{r}}\pm P_{\mathrm{fs}l}\right)\theta-P_{\mathrm{r}}\Omega_{\mathrm{r}}t\right]+F_{\mathrm{er}0}\lambda_{\mathrm{s}0}\lambda_{\mathrm{r}1}\cos\left[P_{\mathrm{r}}\left(\theta-\Omega_{\mathrm{r}}t\right)\right]\\
&+\frac{F_{\mathrm{er}0}}{2}\sum_{l=1}^{\infty}\lambda_{\mathrm{s}l}\lambda_{\mathrm{r}1}\cos\left[\left(P_{\mathrm{r}}\pm P_{\mathrm{fs}l}\right)\theta-P_{\mathrm{r}}\Omega_{\mathrm{r}}t\right]\\
&+\frac{\lambda_{\mathrm{s}0}}{2}\sum_{h=1}^{\infty}F_{\mathrm{es}h}\lambda_{\mathrm{r}1}\cos\left[\left(P_{\mathrm{r}}\pm P_{\mathrm{es}h}\right)\theta-P_{\mathrm{r}}\Omega_{\mathrm{r}}t\right]\\
&+\frac{1}{4}\sum_{h,l}F_{\mathrm{es}h}\lambda_{\mathrm{s}l}\lambda_{\mathrm{r}1}\cos\left[\left(P_{\mathrm{r}}\pm P_{\mathrm{es}h}\pm P_{\mathrm{fs}l}\right)\theta-P_{\mathrm{r}}\Omega_{\mathrm{r}}t\right]+\lambda_{\mathrm{s}0}\lambda_{\mathrm{r}0}F_{\mathrm{er}1}\cos\left[P_{\mathrm{r}}\left(\theta-\Omega_{\mathrm{r}}t\right)\right]\\
&+\frac{\lambda_{\mathrm{s}0}}{2}F_{\mathrm{er}1}\lambda_{\mathrm{r}1}\cos\left[2P_{\mathrm{r}}\left(\theta-\Omega_{\mathrm{r}}t\right)\right]+\frac{\lambda_{\mathrm{s}0}}{2}F_{\mathrm{er}1}\lambda_{\mathrm{r}1}\\
&+\frac{\lambda_{\mathrm{r}0}}{2}\sum_{l=1}^{\infty}F_{\mathrm{er}1}\lambda_{\mathrm{s}l}\cos\left[\left(P_{\mathrm{r}}\pm P_{\mathrm{fs}l}\right)\theta-P_{\mathrm{r}}\Omega_{\mathrm{r}}t\right]\\
&+\frac{1}{4}\sum_{l=1}^{\infty}F_{\mathrm{er}1}\lambda_{\mathrm{s}l}\lambda_{\mathrm{r}1}\cos\left[\left(2P_{\mathrm{r}}\pm P_{\mathrm{fs}l}\right)\theta-2P_{\mathrm{r}}\Omega_{\mathrm{r}}t\right]+\frac{1}{2}\sum_{l=1}^{\infty}F_{\mathrm{er}1}\lambda_{\mathrm{s}l}\lambda_{\mathrm{r}1}\cos(P_{\mathrm{fs}l}\theta)\Bigg\}
\end{aligned}
\tag{5.21}
$$

可见，在磁场调制电机中，可能的空载气隙磁场成分可分为 18 组，但是其中某些项无法作为工作磁场。首先，第 1～6 组，以及第 15、18 组磁场均静止，对交流电机而言不可能参与机电能量转换，需要将其去除；其次，在第 14、17 组中同时引入了转子磁动势与比磁导的频率，导致磁场频率是基频的两倍，无法参与机电能量转换，也需去除；排除上述 10 组磁场后，余下的 8 组磁场均可作为工作磁场，将它们总结如表 5.1 所示。

表 5.1　磁场调制电机气隙工作磁场谐波

组号	极对数	幅值	角频率
1	P_{r}	$\frac{\mu_0}{g}F_{\mathrm{es}0}\lambda_{\mathrm{s}0}\lambda_{\mathrm{r}1}$	$P_{\mathrm{r}}\Omega_{\mathrm{r}}$
2	$\left\|P_{\mathrm{r}}\pm P_{\mathrm{fs}l}\right\|$	$\frac{\mu_0}{2g}F_{\mathrm{es}0}\lambda_{\mathrm{s}l}\lambda_{\mathrm{r}1}$	$P_{\mathrm{r}}\Omega_{\mathrm{r}}$
3	P_{r}	$\frac{\mu_0}{g}F_{\mathrm{er}0}\lambda_{\mathrm{s}0}\lambda_{\mathrm{r}1}$	$P_{\mathrm{r}}\Omega_{\mathrm{r}}$

续表

组号	极对数	幅值	角频率
4	$\lvert P_r \pm P_{fsl} \rvert$	$\frac{\mu_0}{2g} F_{er0} \lambda_{sl} \lambda_{r1}$	$P_r \Omega_r$
5	$\lvert P_r \pm P_{esh} \rvert$	$\frac{\mu_0}{2g} F_{esh} \lambda_{s0} \lambda_{r1}$	$P_r \Omega_r$
6	$\lvert P_r \pm P_{esh} \pm P_{fsl} \rvert$	$\frac{\mu_0}{4g} F_{esh} \lambda_{sl} \lambda_{r1}$	$P_r \Omega_r$
7	P_r	$\frac{\mu_0}{g} F_{er1} \lambda_{s0} \lambda_{r0}$	$P_r \Omega_r$
8	$\lvert P_r \pm P_{fsl} \rvert$	$\frac{\mu_0}{2g} F_{er1} \lambda_{sl} \lambda_{r0}$	$P_r \Omega_r$

任意一种磁场调制电机的气隙工作磁场均由上述 8 组磁场中的一组或若干组组成。由于复合电机的本质在于增加工作磁场，首先应当分析常规的磁场调制电机具体包含哪些工作磁场，以便于后续扩展。

5.5.2 常规磁场调制电机的工作磁场分析

常规磁场调制电机是指工作磁场数量少、结构简单、原理清晰的电机拓扑。由于其工作磁场至少包含表 5.1 中的一组，本小节将 8 组磁场分别作为基底，研究匹配的最基本磁场调制电机拓扑。

第 1 组工作磁场中的磁动势由定子侧的单极永磁体提供，而工作比磁导中定子为常数项分量，转子为基波分量。在具体电机拓扑中，永磁体为轴向励磁，放置于轴向正中的定子轭部，通过定、转子铁心形成完整磁路。转子为凸极结构，分为两个部分，互相错开半个齿距，其目的是使左右两侧受到转子齿调制的磁场保持同相位，如图 5.32(a)所示。定子为半闭口槽结构，以增加比磁导常数项。电机整体拓扑如图 5.32(b)所示。由于该电机励磁永磁体位于定子侧，且产生单极励磁磁动势，所以可命名为定子励磁单极电机。

(a) 转子拓扑

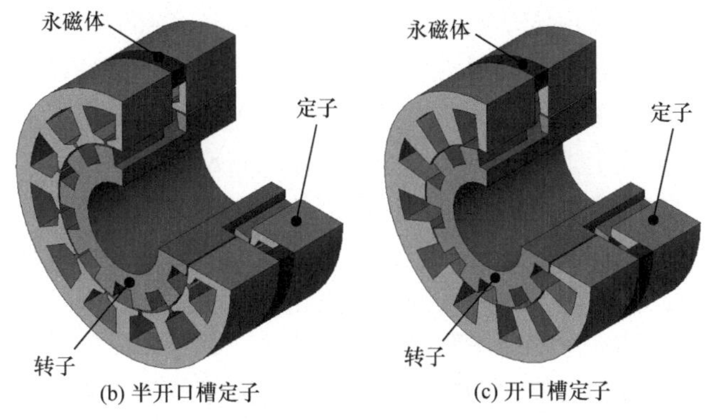

图 5.32　定子励磁单极电机拓扑

第 2 组工作磁场与第 1 组较为类似，其磁动势同样由定子侧的单极永磁体提供，不同之处在于定子工作比磁导为交变分量。根据之前的假设，本节只分析具有单定子、单转子的电机拓扑，电机不含有独立的调制环，这类交变分量只可能由定子开槽引入，因此其工作极对数限制为

$$P_{fsl} = ln_f Z_s, \quad l = 1,2,3,\cdots \tag{5.22}$$

当 n_f=1 时，电机为直齿结构；当 n_f>1 时，电机为辅助齿结构。根据式(5.22)，第 1、2 组工作磁场极对数互为齿谐波，且两者具有相同的电频率。由于气隙比磁导中的常数项必然存在，第 2 组工作磁场对应的“最简化”磁场调制电机拓扑实际上就是前两组工作磁场的复合。其拓扑如图 5.32(c)所示，与图 5.32(b)中的唯一区别在于定子为开口槽，因此除了比磁导常数项以外，还引入了部分谐波参与工作。

第 3、4 组工作磁场来源与前两组几乎完全相同，唯一区别在于其单极励磁来源于转子(称为转子励磁单极电机)，也就是永磁体需要放置于转子侧，但由于单极磁场形式与其励磁源是否旋转无关，所以不影响调制原理。相关拓扑结构如图 5.33 所示，具体不再赘述。

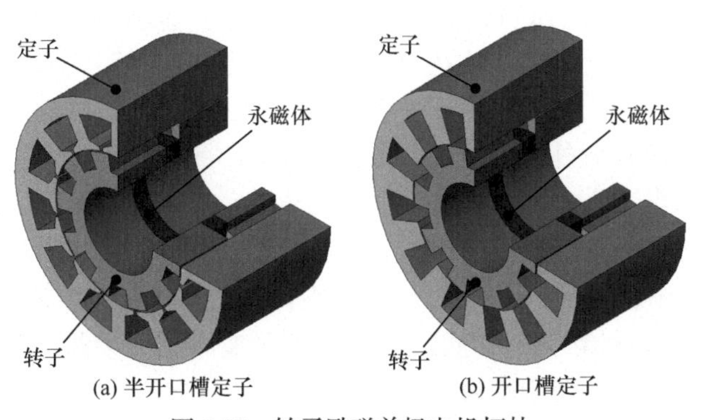

图 5.33　转子励磁单极电机拓扑

第 5 组工作磁场是由定子侧的多极磁动势受到转子基波比磁导调制后形成的气隙旋转磁场。显然，其形成图 3.9 所示的永磁体均布型磁通反向电机。与第 2 组类似，第 6 组工作磁场在电机只具备单定子、单转子的前提下无法单独存在，与第 5 组结合可形成定子开口槽结构的永磁体均布型磁通反向电机。常规的永磁开关磁链电机、永磁磁通反向电机和永磁双凸极电机同样可归于此类。但需要注意的是，这 3 类电机均具有多个工作磁动势谐波，虽然结构上较为简单，但是磁场反而比较复杂，并不是工作磁场谐波最简化的电机拓扑。

第 7 组工作磁场来源于转子侧的多极磁动势，其工作比磁导为定、转子比磁导中的常数项，没有经过任何调制。显然，其对应常规的永磁同步电机。第 8 组工作磁场的定子工作磁导为交变项，无法单独存在，与第 7 组磁场结合后即形成游标永磁电机拓扑。

综上，基于各组工作磁场的最简磁场调制电机拓扑已构造完毕，下面将进一步分析磁场调制复合的基本方法。

5.5.3 磁场调制复合的基本方式

正如本章开始所介绍的，复合是通过电机拓扑的改造来增加工作磁场的数量。根据表 5.1 的分类，对于上述任意一类电机，新增的工作磁场具有两种可能性。首先，新增工作磁场属于该电机本身就具有的工作磁场类型，只是具有不同的极对数，属于组内集成；其次，新增的磁场属于原电机不具有的工作磁场类型，属于组间集成[18]。

首先讨论组内集成的情况。在表 5.1 中，第 1、3、7 组磁场形成的电机拓扑不可能采用这种复合形式，这是因为其无论是励磁磁动势还是气隙比磁导的形式均完全固定，不可能进一步扩充。以第 1 组磁场为例，通过组内集成新增的工作磁场同样必须满足其数学表征。然而，该组磁场励磁为定子侧的单极磁动势，无法更改，虽然能够通过永磁体串联的方式增强工作磁场，但这属于励磁增强型拓扑，与复合无关；同时，定子比磁导固定为常数项，也不可能“新增”比磁导常数项；虽然增加转子比磁导谐波在原理上可行，但是必然引入多个电频率，不仅与之前的假设相违背，也要求定子配备多套绕组，反而导致转矩降低。

除了上述三组磁场外，其他气隙工作磁场对应的电机均可通过组内集成扩充工作磁场数量。当工作磁场由多极静止比磁导产生时，例如第 2、4、6、8 组工作磁场，可通过增加比磁导谐波的方式设计复合型磁场调制电机，这类电机称为多工作比磁导磁场调制电机；当工作磁场由多极静止磁动势产生时，例如第 5、6 组工作磁场，可通过增加磁动势谐波的方式设计复合型磁场调制电机，这类电机称为多工作磁动势磁场调制电机。

相较于组内集成，组间集成更为复杂，可能的组合方式更多。下面首先介绍两种通过组内磁场集成形成的新型电机——多工作比磁导磁场调制电机与多工作磁动势磁场调制电机，之后进一步研究不同组工作磁场两两集成后形成的复合型拓扑。

5.5.4 多工作比磁导磁场调制电机

以游标永磁电机为例，多工作比磁导拓扑的构造方式如图 5.34 所示[19]。

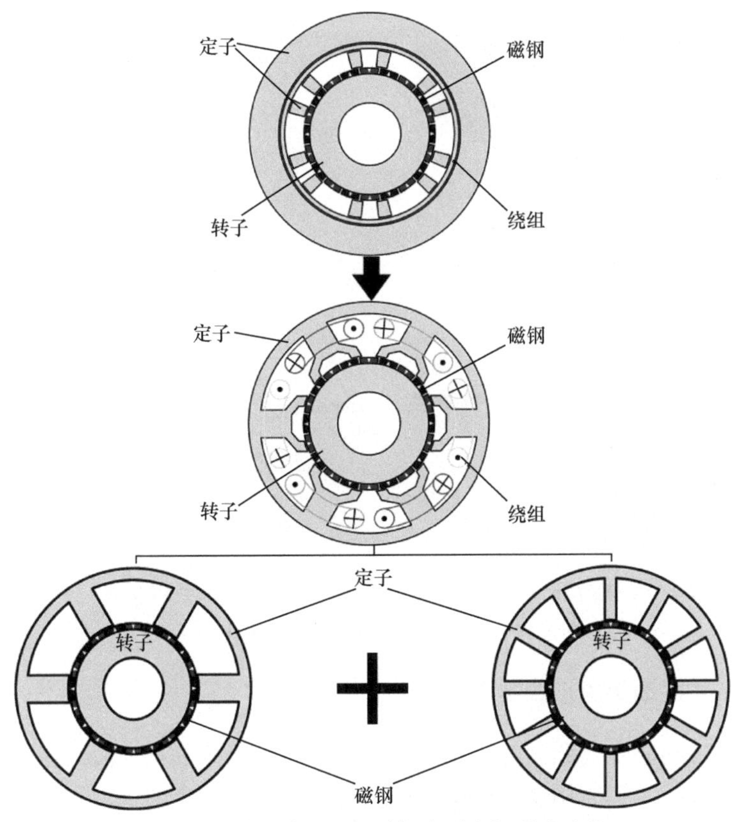

图 5.34 多工作比磁导游标永磁电机形成过程

首先，为了增加定子工作比磁导成分，其调制单元形式必然由初始的均布型变为非均布型；其次，为了确保绕组的对称性，其调制单元不能由绕制线圈的主齿充当，只能在均布的主齿下方进一步延伸出辅助齿，依靠非均布的辅助齿产生多种工作比磁导谐波。类似地，可构造出具有多工作比磁导谐波的单极、开关磁链与磁通反向电机，如图 5.35 所示。其中，单极电机采用第 2、4 组磁场工作，而开关磁链与磁通反向电机采用第 6 组磁场工作。类似于游标永磁电机，这三类电机均通过设计非均布辅助齿来构造多工作比磁导谐波拓扑。此外，开关磁链电机每个主齿被永磁体一分为二，类似于辅助齿结构，因此可通过增大槽开口形成C形铁心引入额外的工作比磁导。

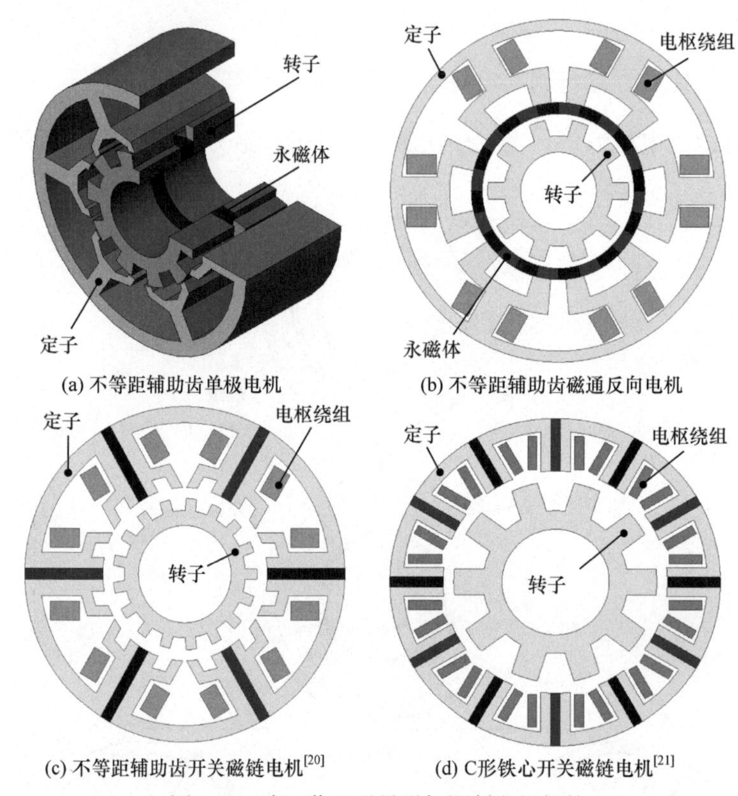

(a) 不等距辅助齿单极电机　(b) 不等距辅助齿磁通反向电机

(c) 不等距辅助齿开关磁链电机[20]　(d) C形铁心开关磁链电机[21]

图 5.35　多工作比磁导磁场调制电机拓扑

5.5.5　多工作磁动势磁场调制电机

多工作磁动势磁场调制电机有两个主要的问题，其一是如何选择工作磁动势的极对数，其二是如何构造相应的拓扑结构。针对第一个问题，为了充分利用谐波工作磁场，往往要求这些磁场互为齿谐波，从中可以推导出相应磁动势源极对数同样需要满足

$$\left|P_{\mathrm{es}h} \pm P_{\mathrm{es1}}\right| = n_h Z_{\mathrm{s}}, \quad n_h = 1,2,3,\cdots \tag{5.23}$$

式中，n_h为自然数；$P_{\mathrm{es}h}$代表工作磁动势的极对数；P_{es1}为h取值为1时的第一个磁动势极对数。

根据式(5.23)，各个工作磁动势本身的极对数与齿数Z_{s}间不需要具有任何比例关系，只要二者之和或差是Z_{s}的倍数即可，因此电机永磁体排布可能极度不对称，除工作谐波外，永磁体产生的磁动势必然也会引入大量非工作谐波，进一步引起三相反电势不对称等寄生效应，如永磁双凸极电机就存在相应问题。但是，永磁开关磁链与永磁磁通反向电机不存在上述问题，这是因为其基波磁动势极对数为 $Z_s/2$，整体结构较为对称。此外，若选择基波磁动势极对数为 Z_s，则电机整体结构也应当较为对称。综上，多工作磁动势磁场调制电机的工作极对数有以下两种选择方式：

$$P_{esh}=n_{eh}Z_s \quad 和 \quad P_{esh}=\frac{(2n_{eh}+1)Z_s}{2} \tag{5.24}$$

多工作磁动势磁场调制电机的励磁结构同样有两种构造形式。一种是通过不均匀的永磁体排布形成。图 5.36 给出了两种多工作磁动势磁通反向电机拓扑。其中，永磁体占有的空间与永磁体均布型磁通反向电机完全相同，但是单块永磁体的形状发生变化，这种复合方式可称为“磁动势复合”。在图 5.36(a)中，相邻齿下方的永磁体形状相同，但极性恰好相反，可称为“反对称磁极结构”，其产生的所有磁动势极对数均为 $Z_s/2$ 的倍数，可记为 $hZ_s/2$；在图 5.36(b)中，相邻齿下方的永磁体形状与极性均恰好相同，可称为“对称磁极结构”，其产生的磁动势极对数为 hZ_s。

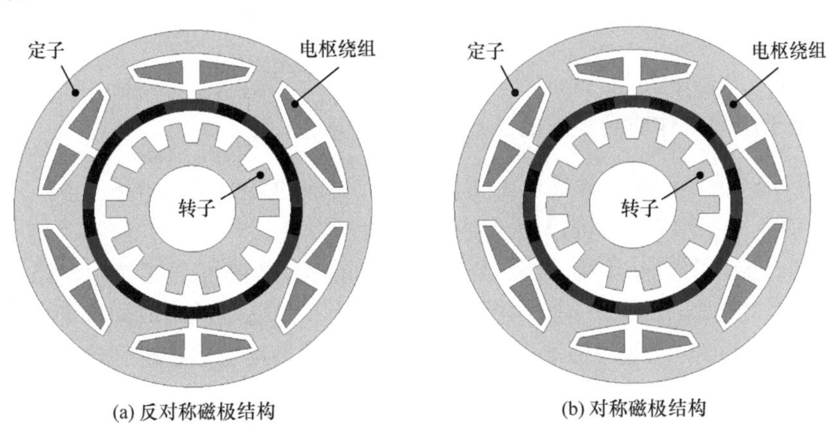

(a) 反对称磁极结构　　(b) 对称磁极结构

图 5.36　多工作磁动势磁通反向电机拓扑

另一种是通过在原有基础上增加新的永磁体，无论是原始还是新增的永磁体均可视为独立的励磁结构，电机通过两者协同提升工作磁场，这一复合方式可称为“励磁单元复合”。由于增添永磁体需要额外的空间，励磁单元复合型电机定子通常为开口槽结构，主齿或辅助齿间有一定的空隙，可以嵌放永磁体。在表 5.1 的第 5、6 组磁场对应的电机拓扑中，永磁开关磁链与永磁磁通反向电机的定子均为开口槽，但是永磁磁通反向电机的永磁体放置在定子内表面，等效气隙较大，复合型拓扑性能提升极为有限，所以本节只给出在永磁开关磁链电机基础上实现的复合式拓扑，如图 5.37 所示。其中，图 5.37(a)由图 5.35(c)中的拓扑在辅助齿间放置径向充磁永磁体形成，由于开关磁链电机的励磁磁动势极对数为 $Z_s/2$，复合电机极对数满足式(5.24)，所以单块 U 形铁心上两块径向永磁体充磁方向相同，但相邻 U 形铁心径向永磁体充磁方向相反。在这种永磁体排布下，新增励磁磁动势极对数最低同样为 $Z_s/2$，且引入大量奇数次谐波，进一步提升了输出转矩。图 5.37(b)由图 5.35(d)中的拓扑在定子槽口放置 Halbach 永磁体形成，根据极对数匹配关系，相邻槽口永磁体充磁方向相反，此时新增永磁体极对数与永磁开关磁链电机完全相同，即 $Z_s/2$。

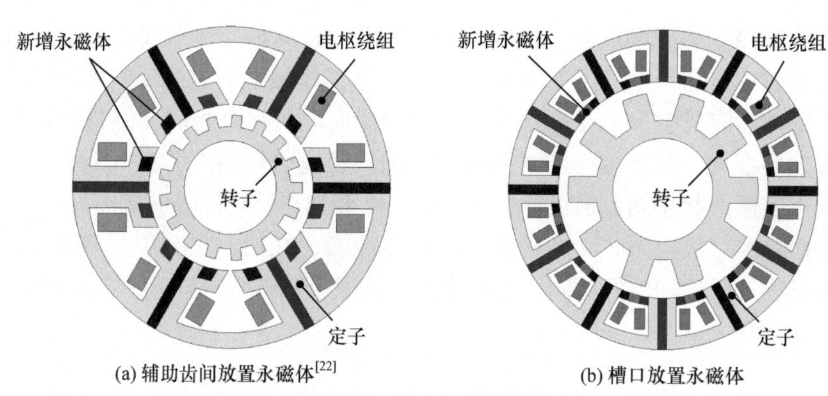

(a) 辅助齿间放置永磁体[22]　　(b) 槽口放置永磁体

图 5.37　励磁单元复合型开关磁链电机拓扑

5.5.6　基于组间工作磁场集成的磁场调制复合电机

本小节讨论不同组工作磁场的集成，及其形成的新型电机拓扑。

1) 前 4 组工作磁场集成无法形成复合电机

前文已经说明，基于第 2 组工作磁场设计的基本电机拓扑必然包含第 1 组工作磁场，因此这两组磁场的集成并无意义，第 3、4 组磁场的集成同样如此。而两者间的集成，如第 1、3 组磁场的集成，最终形成的拓扑必然在定、转子侧均含有单极永磁体，两者形成串联式磁路结构，并非复合式拓扑。综上，这 4 组磁场的相互集成没有物理意义。

2) 单极-多极静止励磁复合电机

第 1、5 组工作磁场均由定子比磁导的常数项与转子比磁导的基波项产生，唯一区别在于前者利用的是定子侧的单极磁动势，后者利用的是定子侧的多极磁动势。考虑两者形成的复合电机拓扑，为了使两种磁势产生的工作磁场互为齿谐波，多极磁动势必须满足

$$P_{esh} = n_{eh} Z_s, \quad h = 1, 2, 3, \cdots \tag{5.25}$$

即其极对数为定子齿数的整数倍。此时定子比磁导为常数项，其槽开口小，多极永磁体只能放置于定子内表面，每个定子齿表面贴有一对极，如图 5.38(a)所示。

需要注意的是，为了确保两部分永磁体产生的绕组磁链与反电势相位相同，某一极性永磁体必须放置于齿正中使得定、转子齿对齐时产生最大磁链，另一极性永磁体分居齿两侧。此外，由于单极电机转子两部分齿相互错位，轴向两部分定子表面永磁体极性同样需要完全相反。从图中可见，这类电机励磁磁动势均静止，且分别为单极与多极形式，因此可称为单极-多极静止励磁复合电机。

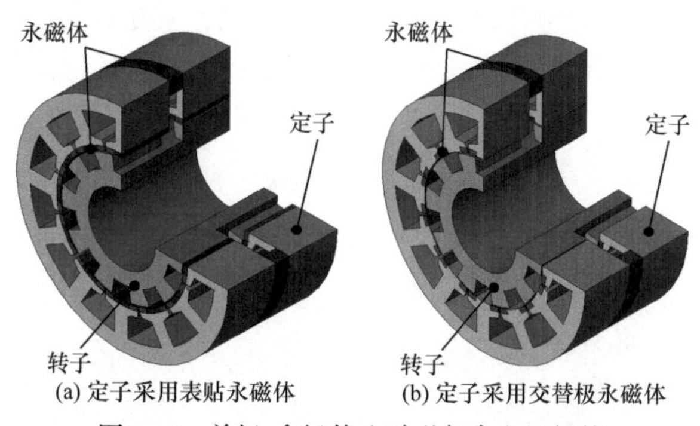

(a) 定子采用表贴永磁体　(b) 定子采用交替极永磁体

图 5.38 单极-多极静止励磁复合电机拓扑

进一步分析第 1、6 组工作磁场集成后形成的复合电机拓扑。由于第 6 组工作磁场由定子多极比磁导和多极磁势引入，此时定子必然为开口槽结构，即一定包含第 2 组工作磁场。此外，由于气隙比磁导必然含有常数项分量，这类电机一定包含第 5 组工作磁场谐波。综上，这类电机包含 4 类工作磁场。为了确保所有工作磁场均为齿谐波，定子磁动势与比磁导极对数均为齿数的整数倍，即

$$\begin{aligned} P_{\mathrm{es}h} &= n_{\mathrm{e}h} Z_{\mathrm{s}}, \quad h = 1,2,3,\cdots \\ P_{\mathrm{fs}l} &= n_{\mathrm{f}l} Z_{\mathrm{s}}, \quad l = 1,2,3,\cdots \end{aligned} \tag{5.26}$$

电机具体拓扑可通过将图 5.38(a)中拓扑将齿正下方的永磁体变为铁心得到。此时定子为交替极结构，齿顶的铁磁极产生了交变比磁导。不妨设 P_{es1}、P_{fs1} 分别代表磁动势与比磁导函数的最低工作极对数，根据式(5.26)，其最简单的极对数配合方式为

$$P_{\mathrm{es1}} = P_{\mathrm{fs1}} = Z_{\mathrm{s}} \tag{5.27}$$

第 3、4 组工作磁场与第 5、6 组工作磁场集成后，同样可形成单极-多极静止励磁复合电机，此时单极永磁体放置于转子侧(但是单极励磁不存在静止与旋转属性，仍可将其称为静止励磁)，其拓扑也与图 5.38 极为相似，此处不再赘述。

3) 单极-多极旋转励磁复合电机

现考虑第 1、7 组工作磁场集成形成的复合电机。第 1 组工作磁场组成单极电机，其转子为调制单元；第 7 组工作磁场组成常规永磁电机，其转子为励磁单元。基于前文的分析，两者工作极对数相等，唯一满足这一特性的转子拓扑为交替极结

构。而在单极电机中，转子轴向分为两部分，并错开半个齿距。为了确保多极励磁结构具有相同的极性，两部分永磁体的充磁方向相反，如图 5.39(a)所示。不同于图 5.38 的静止励磁电机，该电机的多极励磁部分旋转，因此可称为单极-多极旋转励磁复合电机。

类似于开口槽结构的单极-多极静止励磁复合电机，当第 1、8 组工作磁场集成时，这类电机必然同时包含第 2、7 组工作磁场，其拓扑与图 5.39(a)类似，但定子为开口槽结构，如图 5.39(b)所示，也属于单极-多极旋转励磁复合电机。第 3、4 组工作磁场与第 7、8 组工作磁场集成后形成的同类电机拓扑在此不再赘述。

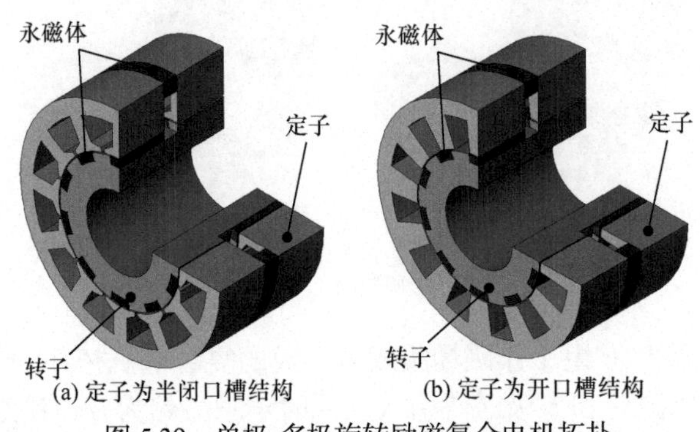

(a) 定子为半闭口槽结构　　(b) 定子为开口槽结构

图 5.39　单极-多极旋转励磁复合电机拓扑

4) 双边励磁复合型磁场调制电机

除了上述集成方式外，还剩下第 5～8 组工作磁场集成未研究。第 5、7 组工作磁场可集成为一种定子表贴永磁结构，如图 5.40(a)所示，但这种电机没有发挥定子的调制效应，性能不足，因此下面主要讨论第 5、8 组工作磁场的集成。第 5 组工作磁场对应于永磁体均布型磁通反向电机，第 8 组工作磁场对应于调制单元静止型磁场调制电机。根据表 5.1，两种工作磁场极对数分别表示为$|P_{esh}\pm P_r|$和$|P_{fsl}\pm P_r|$。要使得它们均互为齿谐波，必须满足

$$\begin{aligned}\left|P_{esh}\pm P_{es1}\right| &= n_h Z_s\\ \left|P_{fsl}\pm P_{fs1}\right| &= n_l Z_s\\ \left|P_{esh}\pm P_{fsl}\right| &= n_{hl} Z_s\end{aligned}\tag{5.28}$$

若定子工作磁动势与比磁导均只含有一个主要谐波，则其只需要满足式(5.28)的第 3 个方程。从拓扑构造的角度考虑，最为简单的方式是类似交替极，将其设计为$P_{es1}=P_{fs1}=Z_s$[23]。图 5.40(b)和(c)给出了两种拓扑示例。

本节通过磁动势-比磁导模型的分析，研究了磁场调制电机可能的工作磁场谐波形式，并利用枚举法，推导了其复合方式及其工作磁动势、比磁导极对数的约束关系，给出了相关拓扑。需要说明的是，针对各种集成方式，本节给出的拓扑

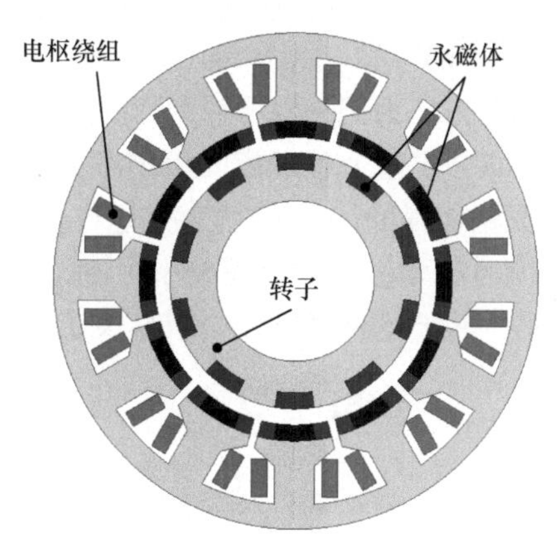

(a) 定子采用表贴永磁体

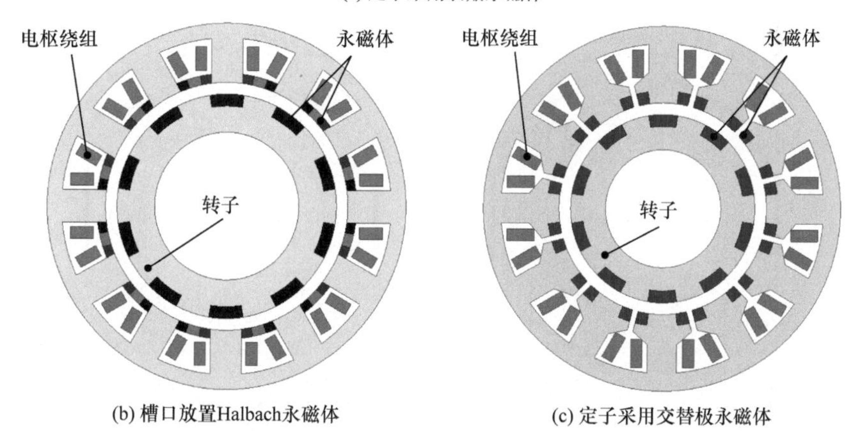

(b) 槽口放置Halbach永磁体　(c) 定子采用交替极永磁体

图 5.40　双边励磁复合型磁场调制电机

仅是其中一部分，仍有大量拓扑结构未列出，但其集成的数学形式仍可归于本节的复合分类中。此外，本节并未对各类复合电机的电磁性能进行详细分析。在 5.6～5.8 节中，将选取三类较为典型的电机拓扑进一步研究其运行原理及性能特点。

5.6　多工作比磁导游标永磁电机

5.6.1　基本拓扑结构

多工作比磁导游标永磁电机的拓扑如图 5.41(a)所示。相较于常规辅助齿结构的游标永磁电机，其特征在于各辅助齿的间距不等。具体而言，在常规辅助齿游标永磁电机中，各辅助齿间距相同，且间距角可计算为

$$\theta_{f0}=\frac{2\pi}{P_f}=\frac{2\pi}{n_f Z_s} \tag{5.29}$$

式中，n_f为一个主齿下辅助齿的个数。以图 5.41(a)所示的定子 6 槽、12 个辅助齿、转子极对数为 10 的 6/12/10 拓扑为例，相邻辅助齿间距角 θ_{f0}=30°。但是在多工作比磁导游标永磁电机中，同一主齿下辅助齿间距仍然相同，但其数值不再是 θ_{f0}，将其记为 θ_f。不同主齿下相邻辅助齿间距(也就是电枢绕组的槽口)同样改变，且当 $\theta_f>\theta_{f0}$ 时，这一间距变得小于 θ_{f0}，反之大于 θ_{f0}。因此，此时各辅助齿间距不等。齿距比 k_f 是这类电机中最为重要的参数之一，其定义为

$$k_f = \frac{\theta_f}{\theta_{f0}} \tag{5.30}$$

如图 5.41(b)和式(5.30)所示，k_f=1 对应于常规辅助齿距游标永磁电机，k_f越大，放置绕组的槽口就越小。图 5.42 给出了该电机的空载磁力线分布。

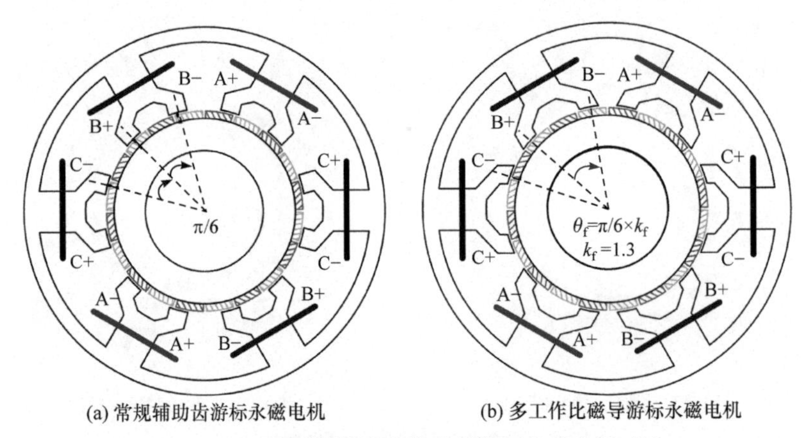

(a) 常规辅助齿游标永磁电机　　(b) 多工作比磁导游标永磁电机

图 5.41　两种不同辅助齿分布的游标永磁电机对比

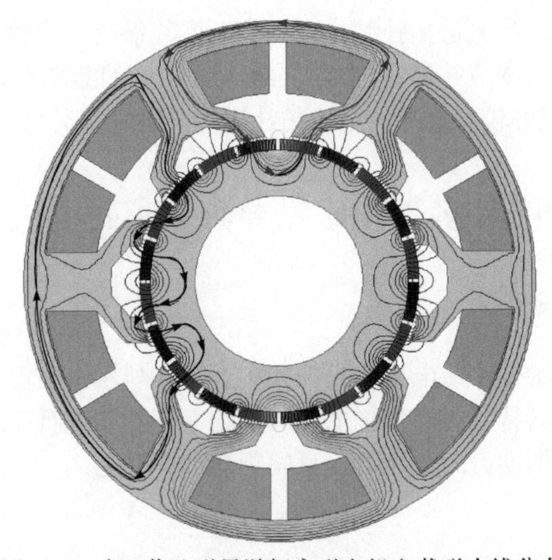

图 5.42　多工作比磁导游标永磁电机空载磁力线分布

5.6.2　工作磁密谐波定性分析

相较于常规辅助齿游标永磁电机，本章所提出的多工作比磁导游标永磁电机与其存在较大差异，下面将采用磁动势-比磁导模型进行定性分析。当齿距比 $k_f=1$ 时，辅助齿均匀分布，相应的比磁导函数为

$$\lambda_{s\_reg}=\lambda_0+\sum_{l=1}^{\infty}\text{sgn}_l\,\lambda_{lP_f}\cos(lP_f\theta)=\sum_{l=1}^{\infty}\text{sgn}_l\,\lambda_{ln_fZ_s}\cos(ln_f\theta) \tag{5.31}$$

式中，比磁导符号 λ_s 下方加上 “reg” 代表常规辅助齿均布拓扑；sgn_l 为符号函数，代表比磁导谐波相位可能是 180°；为便于与后续多工作比磁导拓扑进行比较，在式(5.31)中比磁导各次谐波幅值的下标代表其极对数，而不是用 “s+次数” 来表示。从该表达式可以看出，比磁导最小极对数为 P_f。

当齿距比 $k_f\neq1$ 时，空间比磁导分布的最小周期数从 P_f 减小为定子主齿数 Z_s，相应的比磁导函数表达为

$$\lambda_{s\_pro}=\lambda_0+\sum_{l=1}^{\infty}\text{sgn}_l\,\lambda_{lZ_s}\cos(lZ_s\theta) \tag{5.32}$$

对比式(5.31)和式(5.32)可知，式(5.32)中的比磁导分量不仅含有式(5.31)中的所有谐波，还包含极对数为 Z_s 整数倍但不是 P_f 整数倍的谐波成分，即比磁导成分更为丰富，也印证了 5.5.4 节中介绍的工作原理。

下面进一步分析该电机的气隙磁场谐波。根据 5.2 节的分析，永磁转子磁动势中起到机电能量转换的只有基波分量，具体表达为

$$F_{er}=F_{er1}\cos(P_e\theta-P_e\Omega_e t) \tag{5.33}$$

式中，F_{er1} 为转子磁动势基波幅值。

通过式(5.32)和式(5.33)，利用磁场调制原理可得气隙工作磁密谐波表达式为

$$\begin{aligned}B_e(\theta,t)=\frac{\mu_0}{g}\Bigg\{&F_{er1}\lambda_0\cos(P_e\theta-P_e\Omega_e t)+\frac{1}{2}\sum_{l=1}^{\infty}F_{er1}\lambda_{lP_f}\cos[(P_e\pm lP_f)\theta-(P_e\Omega_e)t]\\&+\frac{1}{2}\sum_{l'=1,l'\neq lP_f}^{\infty}F_{er1}\lambda_{l'Z_s}\cos[(P_e\pm l'Z_s)\theta-(P_e\Omega_e)t]\Bigg\}\end{aligned} \tag{5.34}$$

式(5.34)中，气隙磁密的第一项为非调制部分的磁密；第二项为常规辅助齿游标电机中所含有的谐波磁密分量；第三项是定子变为不等辅助齿距结构后，由新增的比磁导谐波调制产生的一系列原本并不存在的磁密谐波。这些磁密谐波的极对数不同，空间转速不同，但对应的空间交变频率是完全一致的。如果这些磁密谐波能交链定子绕组，则会在绕组中产生频率相同的磁链和反电势[24]。式(5.34)

中所有的磁密谐波特性总结在表 5.2 中。

表 5.2　多工作比磁导游标永磁电机磁密谐波分析

极对数	速度	角频率
P_e	Ω_e	$\Omega_e P_e$
$P_e \pm lP_f$ l=1,2,3,⋯	$\dfrac{P_e \Omega_e}{P_e \pm lP_f}$	$\Omega_e P_e$
$P_e \pm l'Z_s$ l'=1,2,3,⋯, $l' \neq ln_f$	$\dfrac{P_e \Omega_e}{P_e \pm l'Z_s}$	$\Omega_e P_e$

具体地，表 5.3 总结了槽数-辅助齿数-转子极对数配合分别为 6/12/10、6/18/16 和 6/24/22 的多工作比磁导游标永磁电机对应的磁密谐波含量。表中，加底色的表示新增的工作磁场。作为磁场调制电机，这三种拓扑的定子绕组极对数仍满足 $P_a=|P_f \pm P_e|$。因此，这三种磁场调制电机的电枢绕组均为 6 槽 4 极结构。

表 5.3　主要磁密谐波分析

空间谐波极对数						
转子磁动势			比磁导极对数	磁密		
6/24/22	6/18/16	6/12/10	P=6l	6/12/10	6/18/16	6/24/22
22	16	10	0	10	16	22
			6	4	10	16
			12	2	4	10
			18	8	2	4
			24	14	8	2
			30	20	14	8
		—	36	—	20	14
	—		42		—	20

进一步地，该类电机的基波反电势的表达式为

$$E_a = 2\Omega_e r_g l_{stk} N_{sa} \sin(\omega_a t) \times \sum_{l=0}^{\infty} B_{P_e \pm lZ_s} \frac{P_e}{P_e \pm lZ_s} k_{wa(P_e \pm lZ_s)} \tag{5.35}$$

式中，Ω_e是转子转速；r_g是气隙半径；l_{stk}是叠片轴向长度；N_{sa}是每相串联匝数；ω_a是基波电角频率；B 和 k_{wa} 分别是磁密谐波幅值和相应的绕组系数，而它们的下标 $P_e \pm lZ_s$ 代表对应的谐波极对数。

需要注意的是，为满足磁场调制理论，所有辅助齿游标永磁电机均满足式(5.36)。由于所有工作磁密谐波的极对数表达式均满足 $P=P_e \pm lZ_s$，多工作比磁导游标永磁电机中新增的磁密谐波与原有的工作谐波之间，两两全部互为齿谐波，所以它们的绕组系数幅值相等，这与第 4 章分析的常规磁场调制电机是一致的。综上，式(5.35)可进一步改写为式(5.37)的形式，其中所有的磁密谐波均对应相同的绕组系数幅值 $k_{\mathrm{wa}P_a}$，即基波绕组系数。

$$P_f = n_f Z_s = P_e \pm P_a \tag{5.36}$$

$$E_{a1} = 2\Omega_e r_g l_{stk} N_{sa} \sin(\omega_a t) \times \sum_{l=0}^{\infty} \left| B_{P_e \pm lZ_s} \frac{P_e}{P_e \pm lZ_s} \right| \mathrm{sgn}_l \, k_{\mathrm{wa}P_a} \tag{5.37}$$

从式(5.37)可见，各磁密谐波对基波反电势的贡献，与其幅值以及相应的极比呈正比关系。然而，上述推导仅是基于磁场调制原理的定性分析，为了更加深入地揭示这类电机的工作特性，下面将对这类电机中各气隙磁密谐波对于反电势与电磁转矩的贡献进行定量计算。

5.6.3 各次谐波反电势贡献的定量计算

在多工作比磁导游标永磁电机的研究中，最为关键的问题在于，通过辅助齿的不均匀排布，增加的比磁导谐波究竟可以贡献多少反电势与转矩，其是否可以补偿原有比磁导降低导致的转矩跌落。有限元仿真模型虽然能提供最终的反电势与转矩结果，但由于各比磁导产生的工作磁场均互为齿谐波，会同时在绕组中产生基波反电势，难以分离，无法揭示其内在变化规律。利用式(5.37)进行解析计算虽然可以求取各次谐波贡献的反电势，但进一步分析表明，其计算结果并不准确，原因如下。

多工作比磁导游标永磁电机具有辅助齿结构，绕组距离气隙较远，从图 5.42 可知，部分磁场尤其是高极对数磁场并未与绕组交链，而是直接通过辅助齿及其轭部形成回路[25]。因此，这些磁场谐波虽然在式(5.37)中存在，但实际上并不贡献反电势。对于极对数较高的磁场，同样地，由于漏磁效应导致交链程度变弱，这一效应在式(5.37)中并未考虑。

为解决上述问题，本章后续将采用虚拟气隙法，进一步研究绕组交链的反电势成分。所谓虚拟气隙法，即是在辅助齿和电枢绕组之间增加一个小气隙，如图 5.43 所示。由于虚拟气隙较小，对于电机整体电磁性能没有影响，且位置靠近绕组，其磁密分布反映了真正与绕组交链的谐波成分。此外，在虚拟气隙模型中绕组与辅助齿分离，可以重新设置虚拟绕组，使原电机中各工作谐波不再是齿谐波，因此虚拟绕组可以只与某一极对数的磁场交链，从而在有限元模型中实现反电势成分的分离。

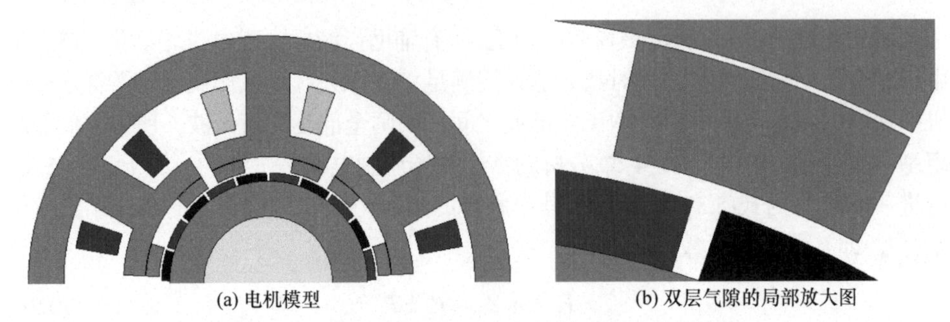

图 5.43　虚拟气隙法分析多谐波游标电机的示意图

图 5.44 给出了 6/12/10 电机在齿距比 k_f=1.0 和 k_f=1.3 时，虚拟气隙中的空载磁密分布以及相应的频谱分析结果。从谐波次数看，等齿距和变齿距下的磁密谐波极对数与表 5.3 中总结的结果完全一致。k_f=1.0 时，比磁导谐波极对数为 12,24,36,…，除了基波磁动势与比磁导常数项作用产生的 10 对极磁密外，12 对极比磁导调制出了 2 对极和 22 对极磁密，24 对极的偶次谐波比磁导调制出了 14 对极磁密。图中，14 对极磁密柱形图上方的负号，表示该磁密谐波代入解析公式后，计算出的反电势相位与其他主要磁密谐波的计算结果相反，即 14 对极磁密贡献的反电势分量实际上削弱了最终的基波反电势。k_f=1.3 时，空间比磁导谐波的极对

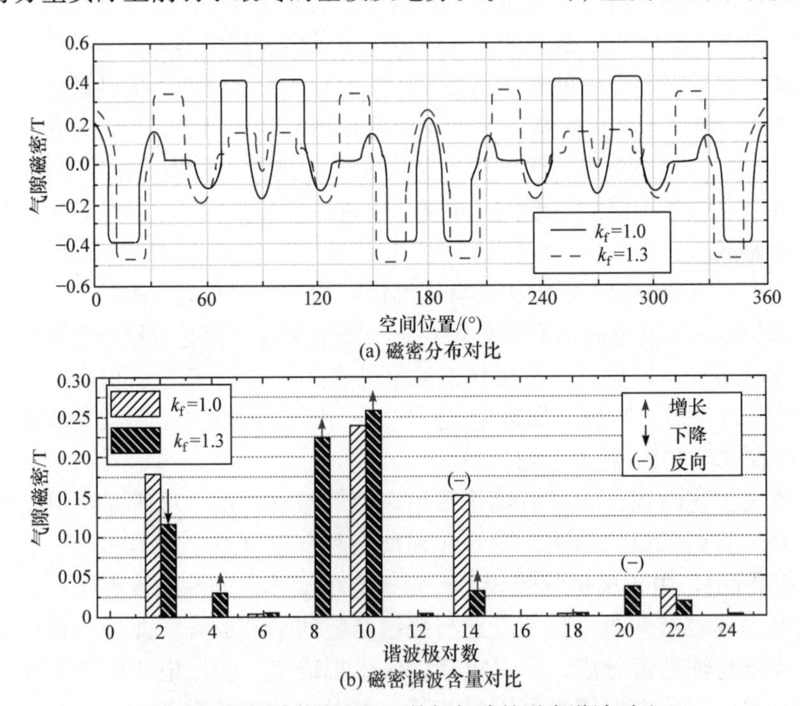

图 5.44　不同齿距比 k_f 下外侧气隙的磁密谐波对比

数为 6,12,18,…。从图 5.44 可以直观地看出，多工作比磁导游标永磁电机中，能与定子绕组交链的磁密谐波更加丰富，且新增的磁密谐波极对数均符合表 5.3 中的理论推导结果。

在气隙磁场的基础上，需要进一步研究各次谐波贡献的反电势分量。反电势的求取有两种方法，第一种是基于半解析法，采用式(5.37)计算，为了计算准确，应使用虚拟气隙的磁密而不是实际气隙磁密代入该式；第二种方法是通过绕组重构的方式采用有限元仿真进行分离，模型如图 5.45 所示，其基本思路是构建只与某一谐波交链的虚拟绕组，并获取其感应的反电势基波。需要注意的是，由于虚拟绕组的匝数、绕组系数和实际绕组并不相同，最终需要进行折算。

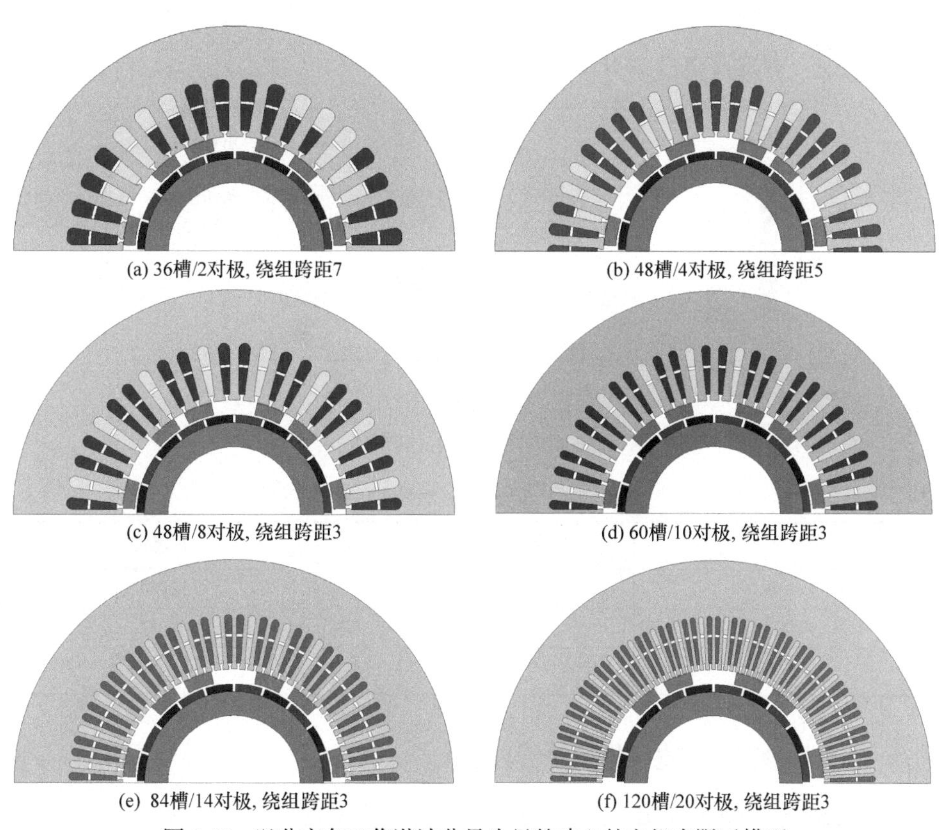

(a) 36槽/2对极, 绕组跨距7　(b) 48槽/4对极, 绕组跨距5

(c) 48槽/8对极, 绕组跨距3　(d) 60槽/10对极, 绕组跨距3

(e) 84槽/14对极, 绕组跨距3　(f) 120槽/20对极, 绕组跨距3

图 5.45　以分离各工作谐波分量为目的建立的电机有限元模型

解析法计算结果与有限元仿真计算结果相比较,结果如图 5.46 和表 5.4 所示。可见有限元仿真计算结果与解析法的计算结果吻合程度很高，相互印证了两者的可靠性。通过图 5.46 的结果可进一步分析改变调制齿间距后，各次空间谐波贡献反电势的变化。首先，10 对极磁场是非调制工作磁场，由于改变齿距前后比磁导常数项变化不大，其贡献的反电势几乎不变。其次，2 对极磁场是原辅助齿游标永磁电机主要的调制工作磁场，其通过 10 对极磁动势与 12 对极比磁导作用产生。但是当齿距比 k_f增加至 1.3 时，辅助齿排布变得不均匀，使得 12 对极比磁导幅值下降，相应 2 对极工作磁密贡献的反电势下降；原辅助齿游标永磁电机中 2 次比磁导谐波，即 24 对极比磁导与基波磁动势作用产生 14 对极工作磁场，但通过分析可知，其贡献的反电势与主要谐波产生的反电势反相，即起到反作用。然而，当齿距比 k_f增加后，该比磁导的相位发生偏移，使得相应磁密谐波与反电势分量反相，贡献由负变正。最后，由于气隙中新增 6、18 等极对数的比磁导，其与基波磁动势作用产生 4、8 等极对数的磁密，从而产生新的反电势分量。总体而言，辅助齿型游标永磁电机在变为不等齿距后，新产生的工作磁密谐波不仅能弥补原有工作磁密谐波减小导致的反电势损失，还能在原来的基础上进一步增强反电势。上述示例中，空载反电势提升 16%。

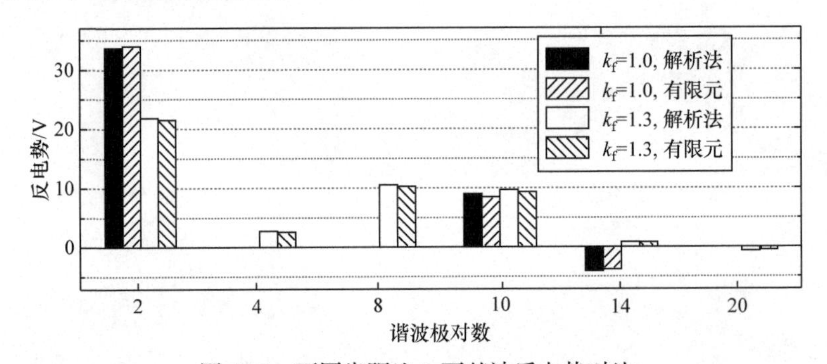

图 5.46 不同齿距比 k_f 下基波反电势对比

表 5.4 基波反电势幅值比较

参数	解析法	有限元
k_f=1.0	38.65V	38.26V
k_f=1.3	45.02V	44.38V
增长率	16.5%	16.0%

5.6.4 不同极槽配合下电机性能分析与对比

任何辅助齿型的游标电机，改变辅助齿齿距后新增的磁密谐波，与原有的工作谐波之间全部都互为齿谐波。因此，所有的辅助齿游标永磁电机均可变为多工作比磁导结构。多工作比磁导游标永磁电机除了要满足磁场调制关系，还需满足三相绕组对称条件，即

$$\frac{Z_s}{GCD(Z_s,P_a)}=3n,\quad n=1,2,3,\cdots \tag{5.38}$$

此外，这类电机也需要足够高的绕组系数和极比，以维持一定线负荷下较高的转矩密度水平，因此，在推导多工作比磁导游标永磁电机合适的极槽配合时，需加上以下限制条件：

$$k_{\mathrm{wa}P_{\mathrm{a}}} \geqslant 0.866, \quad P_{\mathrm{e}} / P_{\mathrm{a}} \geqslant 3.5 \tag{5.39}$$

结合式(5.38)和式(5.39)，得到定子槽数为 6 或 12 的多工作比磁导游标永磁电机适合采用的极槽配合如表 5.5 所示。

表 5.5　定子槽数/辅助齿数/定转子极对数配合表

	P_f	12	18		24			24		36				48			
	P_m	10	16	14	22	20		20	19	32	31	29	28	44	43	41	40
	P_a	2	2	4	2	4		4	5	4	5	7	8	4	5	7	8
Z_s=6	P_{add}	4	4	2	4	2	Z_s=12	8	7	8	7	5	4	8	7	5	4
	$k_{wa}P_a$	0.87	0.87	0.87	0.87	0.87		0.87	0.93	0.86	0.93	0.93	0.86	0.86	0.93	0.93	0.86
	P_r/P_a	5	8	3.5	11	5		5	3.8	8	6.2	4.1	3.5	11	8.6	5.9	5

表 5.5 中，P_a 表示常规游标电机定义下的定子极对数，P_{add} 表示变齿距后新增的工作磁密谐波中最小的极对数，$k_{\mathrm{wa}P_{\mathrm{a}}}$ 表示所有工作磁密齿谐波共同的绕组系数。选取表中槽数/辅助齿数/转子极对数/定子极对数组合为 6/12/10/2、6/18/16/2、6/24/22/2 和 12/24/19/5 的多工作比磁导游标永磁电机拓扑，研究其齿距比 k_f 与空载反电势及输出转矩的关系。这些电机拓扑的空载磁场分布如图 5.47 所示，相应的主要设计参数总结在表 5.6 中。

(a) Z_s=6, P_f=12, P_e=10, P_a=2

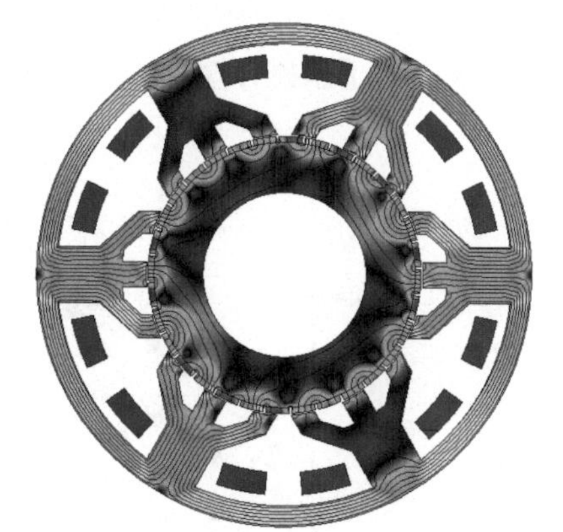

(b) Z_s=6, P_f=18, P_e=16, P_a=2

(c) Z_s=6, P_f=24, P_e=22, P_a=2

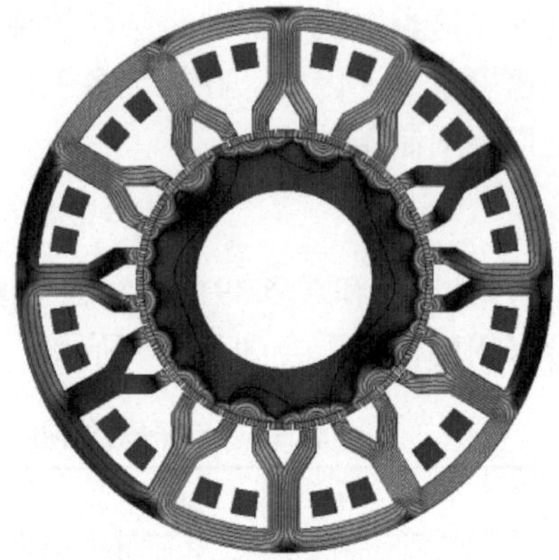

(d) Z_s=12, P_f=24, P_e=19, P_a=5

图 5.47　多工作比磁导游标永磁电机的空载磁场分布

表 5.6　主要设计参数

参数	取值	参数	取值
定子外径/mm	124	叠片长度/mm	85
齿长/mm	14.8	气隙长度/mm	0.8
磁钢厚度/mm	2.5	极弧系数	0.9
转速/(r/min)	300	绕组跨距	1
线负荷/(A/cm)	375	电流密度/(A/m^2)	4.86
绕组结构	双层	每相串联匝数	214
磁钢剩磁/T	1.235	相对磁导率	1.05

图 5.48 给出了永磁体厚度为 2.5mm、辅助齿宽/平均齿距为 0.4 时，电机的基

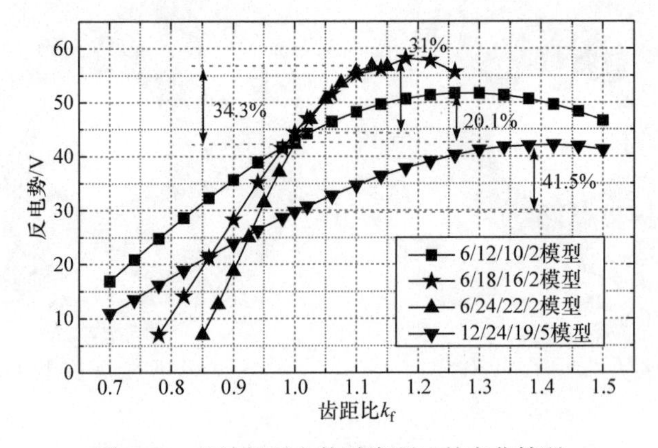

图 5.48　基波相反电势随齿距比的变化情况

波相反电势随 k_f 的变化情况，其中 k_f=1 对应于传统的等齿距拓扑。随着 k_f 的提升，各模型的反电势都呈现先增后减的趋势。这四个电机模型反电势达到最大值时的 k_f 值分别为 1.3、1.18、1.12 和 1.36。在磁负荷相同，电机有效部分材料几乎不变的情况下，k_f 取最优值时的电机反电势相较于 k_f=1 时均至少提升了 20%。

在 I_d=0 控制时，各模型于 375A/cm 的额定线负荷下，得到的电磁转矩波形如图 5.49 所示。同样地，各模型取最优 k_f 值时，平均转矩均至少提升 20%。极比为 8 的 6/18/16/2 模型在优化后的平均转矩最大，而较低极比 3.8/1 的 12/24/19/5 模型，虽然转矩提升幅度最大，但受限于较弱的磁场调制效应，优化后的转矩仍然较低。此外，6/24/22/2 模型虽然有最高的极比 11，但同样转子外径和气隙直径下，该拓扑的永磁体极对数较多，极间漏磁严重，因而转矩水平不如上述极比为 8/1 的拓扑。

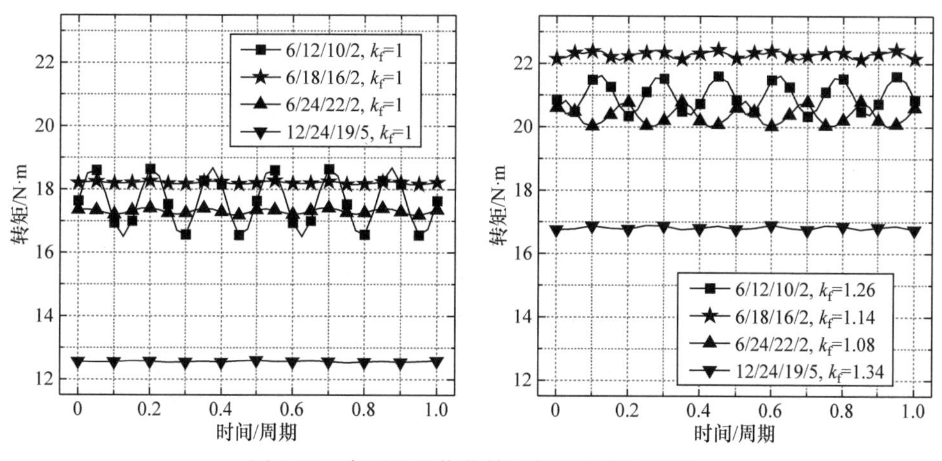

图 5.49　齿距比 k_f 优化前后的电磁转矩波形

5.7　多工作磁势磁通反向电机

如前所述，多工作磁势磁场调制电机的形成有两种方式，第一种是通过不同极对数的磁动势复合，其基于磁通反向电机改造而来；第二种通过不同励磁单元的复合，由于需要利用槽开口位置嵌放永磁体，往往基于开关磁链电机来构造。第一种方式可以在不增加永磁体用量的前提下提升输出转矩，因此将其作为本节的研究对象。

5.7.1　多磁势永磁体阵列的构造方式

具有多种磁动势谐波的永磁体阵列是形成多工作磁势磁通反向电机的关键。

虽然其可以通过改变各块永磁体宽度的方式构造，但是永磁体块数、每块永磁体的宽度均需要优化，设计过程烦琐，且难以达到谐波利用率的最大化。为此，本小节提出一种磁势波形叠加的构造方法，图 5.50 给出了构造示例。

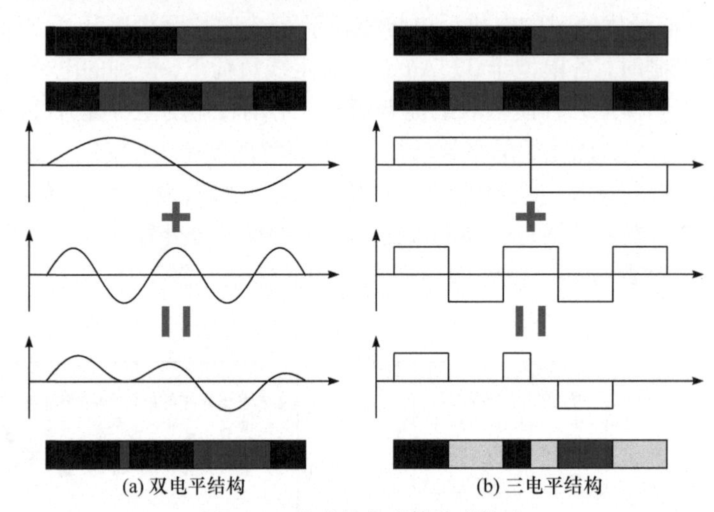

图 5.50　多磁势永磁体阵列构造

多磁势永磁体阵列有两种构造形式。一方面，可以提取两种极对数磁动势分量，去掉永磁体产生的高次谐波，将两者叠加后，形成正负不对称的畸变波形。在磁动势大于零的区域采用 N 极永磁体，反之采用 S 极永磁体，形成不等宽的永磁体阵列。在这种结构中，最终产生的磁动势波形或为固定正值(N 极永磁体)，或为固定负值(S 极永磁体)，类似于双电平电力电子控制器产生的电压信号，可将其命名为“双电平”结构。另一方面，可以直接将均布型永磁体阵列产生的方波磁动势进行叠加，在最终波形中，数值为正的区域采用 N 极永磁体励磁，为负的区域采用 S 极永磁体励磁。需要注意的是，除了上述两区域外，还存在数值为零的区域，该区域可以由铁心构成，这种结构可以命名为“三电平”结构。

5.7.2　气隙工作磁场与反电势分析

多工作磁势磁通反向电机在磁动势极对数与相位选择上需要遵循一定的约束关系。为了方便分析，假设永磁体产生两种磁动势，其极对数分别为 P_{es1} 和 P_{es2}，幅值分别为 F_{es1} 和 F_{es2}，即使实际电机的磁动势极对数更多，下面推导得到的约束关系也是适用的。在这一假设下，磁动势谐波可以表示为

$$F_{es}(\theta)=F_{es1}\cos(P_{es1}\theta+\theta_{es1})+F_{es2}\cos(P_{es2}\theta+\theta_{es2}) \tag{5.40}$$

式中，θ_{es1} 和 θ_{es2} 为磁动势空间位置。

由于磁通反向电机大多采用分数槽集中绕组，为了后续处理方便，将空间轴线取在齿中心线，并假设初始时刻转子齿与其对齐，那么转子比磁导为

$$\lambda_r(\theta,t)=\lambda_{r0}+\lambda_{r1}\cos\left[Z_r(\theta-\Omega_r t)\right] \tag{5.41}$$

式中，λ_{r0} 和 λ_{r1} 分别为转子比磁导常数项与基波分量。由于比磁导常数项分量无法产生旋转磁场，只有基波分量工作，所以工作磁场为

$$\begin{aligned}B_e(\theta,t)=\frac{\mu_0}{g}\lambda_{r1}\Bigg\{&\frac{F_{es1}}{2}\cos\left[(Z_r\pm P_{es1})\theta\pm\theta_{es1}-Z_r\Omega_r t\right]\\&+\frac{F_{es2}}{2}\cos\left[(Z_r\pm P_{es2})\theta\pm\theta_{es2}-Z_r\Omega_r t\right]\Bigg\}\end{aligned} \tag{5.42}$$

可以推导得到其在单个线圈产生的空载反电势表达式为

$$\begin{aligned}e_c(t)=\frac{\mu_0}{g}\pi r_g l_{stk}\Omega_r\lambda_{r1}\Bigg[&F_{es1}\frac{Z_r}{|Z_r\pm P_{es1}|}\sin\left(|Z_r\pm P_{es1}|\frac{\pi}{Z_s}\right)\times\sin(Z_r\Omega_r t\mp\theta_{es1})\\&+F_{es2}\frac{Z_r}{|Z_r\pm P_{es2}|}\sin\left(|Z_r\pm P_{es2}|\frac{\pi}{Z_s}\right)\times\sin(Z_r\Omega_r t\mp\theta_{es2})\Bigg]\end{aligned} \tag{5.43}$$

可见，该电机内具备 4 个旋转磁场谐波，且它们产生的反电势具有相同频率。然而要保证它们均为工作磁场，还需要满足以下 3 个条件，下面将一一验证其是否成立，或者给出成立的条件。

1) 上述 4 个磁场互为齿谐波

根据 5.5.5 节的介绍，磁动势谐波极对数满足式(5.24)的两种形式，假设满足第一种形式，那么其可以表示为

$$\begin{aligned}P_{es1}&=n_{e1}Z_s\\P_{es2}&=n_{e2}Z_s\end{aligned} \tag{5.44}$$

根据式(5.44)，调制后 4 个磁场的极对数分别为

$$\begin{aligned}&P_{1+}=n_{e1}Z_s+Z_r,\quad P_{1-}=|n_{e1}Z_s-Z_r|\\&P_{2+}=n_{e2}Z_s+Z_r,\quad P_{2-}=|n_{e2}Z_s-Z_r|\end{aligned} \tag{5.45}$$

由于

$$P_{1+}-P_{2+}=(n_{e1}-n_{e2})Z_s \tag{5.46}$$

所以这两个磁场互为齿谐波。当 $n_{e1}Z_s>Z_r$ 时，有

$$P_{1+}+P_{1-}=2n_{e1}Z_s \tag{5.47}$$

当 $n_{e1}Z_s<Z_r$ 时，有

$$P_{1+} - P_{1-} = 2n_{e1}Z_s \tag{5.48}$$

可以看出，无论是哪种情况，P_{1+}与P_{1-}均互为齿谐波，同理P_{2+}与P_{2-}互为齿谐波。综上所述，4个磁场互为齿谐波。当磁动势极对数满足式(5.24)第二种情况时，同样可证明上述结论，在此不再赘述。

2) 上述4个磁场感应的反电势具有相同的相序

根据绕组理论，互为齿谐波的磁场，若其极对数分别为P_1和P_2，则满足以下规律：

(1) 若$P_1+P_2=nZ_s$，那么这两个极对数的磁场同向旋转时，感应反电势相序相反；反向旋转时，感应反电势相序相同。

(2) 若$P_1-P_2=nZ_s$，那么这两个极对数的磁场同向旋转时，感应反电势相序相同；反向旋转时，感应反电势相序相反。

根据式(5.42)，P_{1+}和P_{2+}均为逆时针旋转，它们之间关系满足上述第二种情况，因此感应的反电势相序相同。当$n_{el}Z_s>Z_r$时，根据式(5.47)，P_{1+}与P_{1-}满足上述第一种情况，又根据式(5.45)，P_{1-}为顺时针旋转，因此两者感应反电势的相序相同；当$n_{el}Z_s<Z_r$时，根据式(5.48)，P_{1+}与P_{1-}满足上述第二种情况，且P_{1-}为逆时针旋转，因此两者产生的反电势相序同样一致。同理，P_{2+}与P_{2-}感应的反电势相序相同。综上，所有工作谐波感应的反电势相序一致。

3) 上述4个磁场感应反电势的相位尽可能相同

由于前面已经证明4个工作磁场互为齿谐波，且四者感应反电势的频率、相序均相同，所以它们在单个线圈中感应反电势的相位关系和相绕组中反电势的相位关系完全一致。根据式(5.43)，可以得到4个磁场产生的反电势相位如表5.7所示。

表5.7　不同工作磁场产生的反电势相位

极对数	相位
$P_{esh}+Z_r$，h=1,2	$-\theta_{esh}$，若$\sin\left(\left\|Z_r+P_{esh}\right\|\dfrac{\pi}{Z_s}\right)>0$
	$-\theta_{esh}+180°$，若$\sin\left(\left\|Z_r+P_{esh}\right\|\dfrac{\pi}{Z_s}\right)<0$
$\left\|Z_r-P_{esh}\right\|$，$h$=1,2	θ_{esh}，若$\sin\left(\left\|Z_r-P_{esh}\right\|\dfrac{\pi}{Z_s}\right)>0$
	$\theta_{esh}+180°$，若$\sin\left(\left\|Z_r-P_{esh}\right\|\dfrac{\pi}{Z_s}\right)<0$

根据式(5.43)，4 个工作磁场的极比均不相等。通常而言，极对数为$|Z_r-P_{esh}|(h=1,2)$的两工作磁场具有较高的极比，贡献的反电势占比较大，因此首先应当让两者具有相同的相位。若有

$$\frac{\sin\left(|Z_r-P_{es1}|\frac{\pi}{Z_s}\right)}{\sin\left(|Z_r-P_{es2}|\frac{\pi}{Z_s}\right)}>0 \tag{5.49}$$

也即表 5.7 中两个磁场的判断条件是同号的，有 $\theta_{es1}=\theta_{es2}$，说明两者的空间相位完全相同；反之，则有 $\theta_{es1}=\theta_{es2}+180°$，即两者空间上反相。

接下来判断具体相位，当

$$\frac{\sin\left(|Z_r+P_{esh}|\frac{\pi}{Z_s}\right)}{\sin\left(|Z_r-P_{esh}|\frac{\pi}{Z_s}\right)}>0 \tag{5.50}$$

时，如果只考虑 $F_{esh}(h=1$ 或 $2)$产生的空载反电势，那么根据表 5.7，当 $\theta_{esh}=0$ 时其产生的两个空载磁场贡献的反电势同相，而当

$$\frac{\sin\left(|Z_r+P_{esh}|\frac{\pi}{Z_s}\right)}{\sin\left(|Z_r-P_{esh}|\frac{\pi}{Z_s}\right)}<0 \tag{5.51}$$

时，$\theta_{esh}=-90°$可以使反电势同相位。

然而，很多情况下上述四种反电势成分无法完全同相位。例如，当式(5.52)成立时

$$\begin{aligned}&\sin\left(|Z_r-P_{es1}|\frac{\pi}{Z_s}\right)>0,\quad \sin\left(|Z_r-P_{es2}|\frac{\pi}{Z_s}\right)>0\\&\sin\left(|Z_r+P_{es1}|\frac{\pi}{Z_s}\right)>0,\quad \sin\left(|Z_r+P_{es2}|\frac{\pi}{Z_s}\right)<0\end{aligned} \tag{5.52}$$

为了使极对数为$|Z_r-P_{esh}|(h=1,2)$的工作磁场贡献反电势同相位，必然有 $\theta_{es1}=\theta_{es2}$，又根据式(5.50)可知 $\theta_{es1}=0$，因此 $\theta_{es2}=0$，但此时 F_{es2} 产生的两个反电势成分是反相的，即反电势会有一定的损失。

进一步推导可知，只有某些极槽配合才能满足所有反电势成分同相位，具体的约束条件及磁动势相位选择列在表 5.8 中。

表 5.8　反电势成分全部同相位时的约束条件及磁动势相位选择

$\sin\left(\left\|Z_r - P_{es1}\right\|\frac{\pi}{Z_s}\right)$	$\sin\left(\left\|Z_r - P_{es2}\right\|\frac{\pi}{Z_s}\right)$	$\sin\left(\left\|Z_r + P_{es1}\right\|\frac{\pi}{Z_s}\right)$	$\sin\left(\left\|Z_r + P_{es2}\right\|\frac{\pi}{Z_s}\right)$	θ_{es1}	θ_{es2}
+	+	+	+	0	0
+	+	–	–	–90°	–90°
–	–	–	–	0	0
–	–	+	+	–90°	–90°

在表 5.8 中，两个磁动势相位或全部为 0，或全部为–90°。当其全部为 0 时，磁动势沿齿中心线对称，因此相应永磁体阵列同样沿齿中心线对称，图 5.36(b)和(c)给出的两种拓扑均满足这一条件；当其全部为–90°时，磁动势沿中心线反对称，永磁体排布同样如此。

下面来分析多工作磁势磁通反向电机理想的工作磁动势极对数选取。以二电平永磁体阵列为例，无论最终永磁体排布如何，其定子磁动势表达式均如下：

$$F_{es}(\theta)=\begin{cases}F_{max}, & \text{N极对应区域}\\ -F_{max}, & \text{S极对应区域}\end{cases} \tag{5.53}$$

根据贝塞尔不等式，有

$$F_{es1}^2 + F_{es2}^2 \leqslant \frac{1}{\pi}\int_{-\pi}^{\pi} F_{es}^2(\theta)\mathrm{d}\theta = 2F_{max}^2 \tag{5.54}$$

可见，即使采用多磁势永磁体阵列，各次磁势幅值之间仍存在相互约束关系，不可能无限增大。因此，需要尽可能使新增的磁动势产生最大的反电势与转矩。

根据磁场调制原理，永磁体均布型磁通反向电机极槽配合满足$|Z_r–P_{es1}|=P_a$，其极比放大系数为

$$\mathrm{PR}_1 = \frac{Z_r}{\left|Z_r - P_{es1}\right|} = \frac{Z_r}{P_a} \tag{5.55}$$

采用多磁势永磁体阵列后，极对数 P_{es2} 的新增磁动势同样应当配以较高的转矩放大系数，因此$|Z_r–P_{es2}|$的数值应尽可能小。当电枢为分数槽集中绕组结构时，$Z_s–P_a$为最低次齿谐波极对数，工作磁场应当选取为该数值，也就是

$$\left|Z_r - P_{es2}\right| = Z_s - P_a \tag{5.56}$$

此时，极比放大系数为

$$\mathrm{PR}_2 = \frac{Z_r}{Z_s - P_a} \approx \mathrm{PR}_1 \tag{5.57}$$

利用式(5.44)和式(5.57)，可以近似估计多工作磁势磁通反向电机转矩密度提升的上限。根据磁场调制原理，按照柯西不等式，多工作磁势磁通反向电机的转

矩可写为

$$\begin{aligned}T_{\mathrm{pro}} &\propto \mathrm{PR}_1 \cdot F_{\mathrm{es1}} + \mathrm{PR}_2 \cdot F_{\mathrm{es2}} \leqslant \sqrt{\left(\mathrm{PR}_1^2 + \mathrm{PR}_2^2\right)\left(F_{\mathrm{es1}}^2 + F_{\mathrm{es2}}^2\right)} \\ &\leqslant \sqrt{2\left(\mathrm{PR}_1^2 + \mathrm{PR}_2^2\right)F_{\max}^2} \approx 2\mathrm{PR}_1 \cdot F_{\max}\end{aligned} \tag{5.58}$$

而永磁体均布型磁通反向电机的转矩为

$$T_{\mathrm{reg}} \propto \mathrm{PR}_1 \cdot F_{\mathrm{es1}} = \frac{4}{\pi}\mathrm{PR}_1 \cdot F_{\max} \approx 1.27\mathrm{PR}_1 \cdot F_{\max} \tag{5.59}$$

两者的比值为 1.57。因此，多工作磁势磁通反向电机具有很高的性能提升潜力。然而，从现有研究成果来看，多工作磁势磁通反向电机实际转矩提升幅度远未达到 57%，这说明这类电机目前研究尚不完善，仍有很多值得深入分析的内容。

5.7.3　多工作磁势磁通反向电机的性能分析

下面基于具体实例对多工作磁势磁通反向电机的电磁性能作进一步的分析，并将其与永磁体均布型磁通反向电机进行对比。电机定子为 6 槽，电枢绕组极对数为 2，转子齿数为 14。经典的均布型磁通反向电机永磁体为 12 对极，将其改为多工作磁势结构后，需要增加一个工作磁动势谐波。由于电枢绕组的最低次齿谐波为 4 对极，新增磁动势极对数为 14+4=18。

将这一极槽配合代入表 5.8，发现其不满足表中任何情况，因此该极槽配合下空载反电势成分无法完全等相位。若保证主要工作谐波相位相等，可以选取磁动势空间相位均为 0，进一步设计后得到的最终拓扑如图 5.36(b)所示。

多工作磁势与两种永磁体均布型磁通反向电机的空载气隙磁密对比如图 5.51 所示。可见，采用多工作磁势永磁体阵列后，12 对极磁势降低不明显，对应 2 对极工作磁场也和均布型磁通反向电机接近，但是 18 对极磁势较小，小于均布型磁通反向电机的 50%。

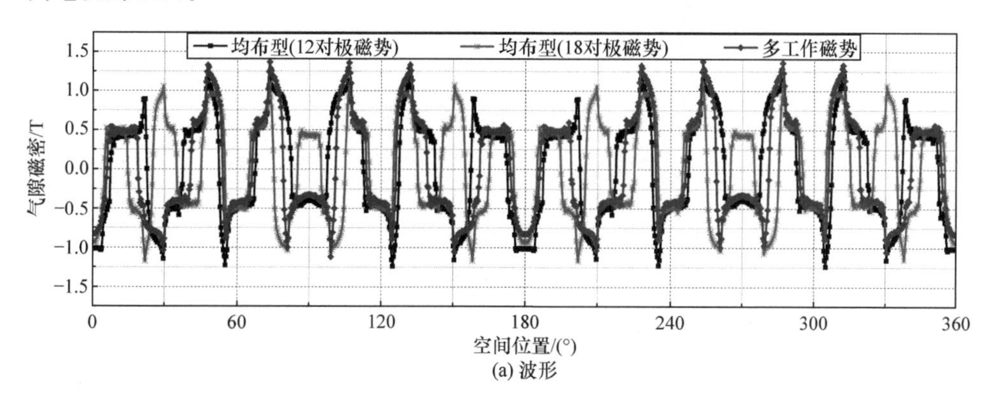

(a) 波形

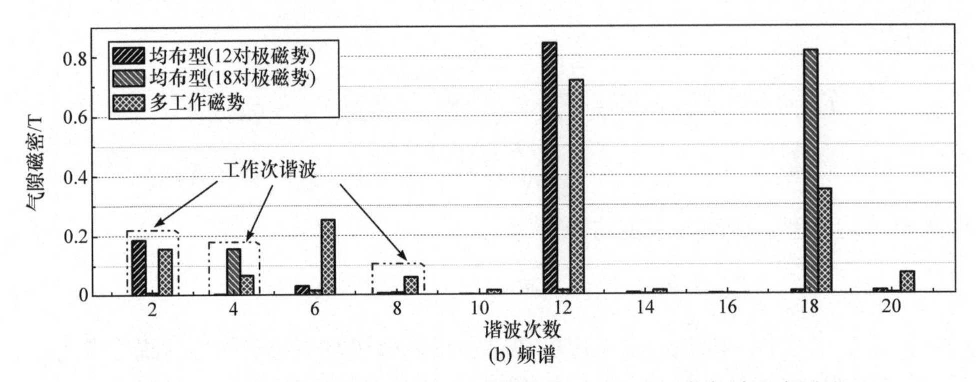

(b) 频谱

图 5.51　多工作磁势与永磁体均布型磁通反向电机空载气隙磁密对比

三者的空载反电势对比如图 5.52 所示。磁动势为 18 对极的永磁体均布型磁通反向电机由于极比较小，反电势基波最低；多工作磁势磁通反向电机反电势基波仅高出 12 对极永磁体均布型磁通反向电机 12%，三者电磁转矩对比如图 5.53 所示，多工作磁势磁通反向电机转矩提升不到 10%，其优势并不明显，有待进一步研究。

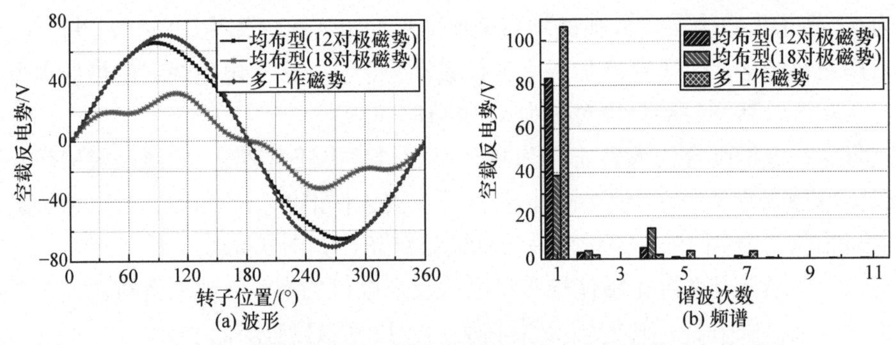

图 5.52　多工作磁势与永磁体均布型磁通反向电机空载反电势对比

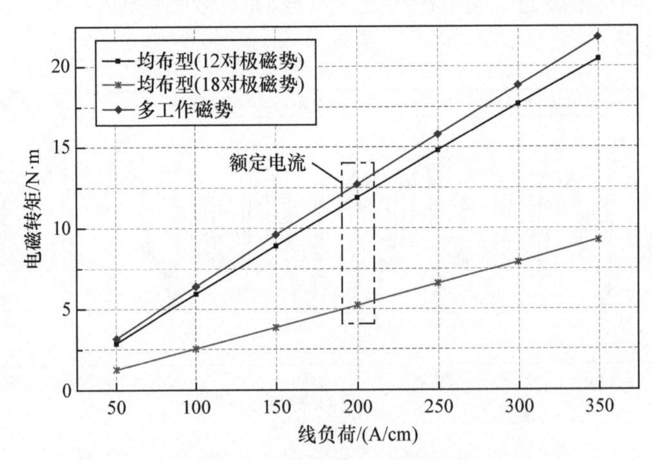

图 5.53　三种电机电磁转矩对比

在 5.2.1 节提到，当磁场调制电机采用交替极励磁结构后，其反电势与转矩反而能有所提升。将多工作磁势永磁体阵列改为交替极结构，其拓扑如图 5.54 所示。与交替极永磁体均布型结构进行进一步对比，上述三种拓扑均改为交替极结构后，相同线负荷下的转矩均有所提升，但是多工作磁势拓扑的性能提升更为明显，高出 12 对极的交替极均布型磁通反向电机 27%，如图 5.55 所示。此外，由于交替极结构显著降低了等效气隙长度，导致电机更容易饱和，所以图中三条转矩-电流特性曲线都很快达到拐点，这也是交替极磁场调制电机的缺陷之一。

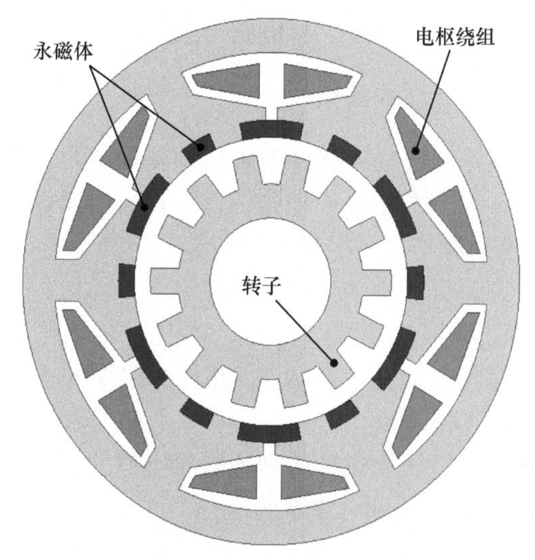

图 5.54　交替极多工作磁势磁通反向电机

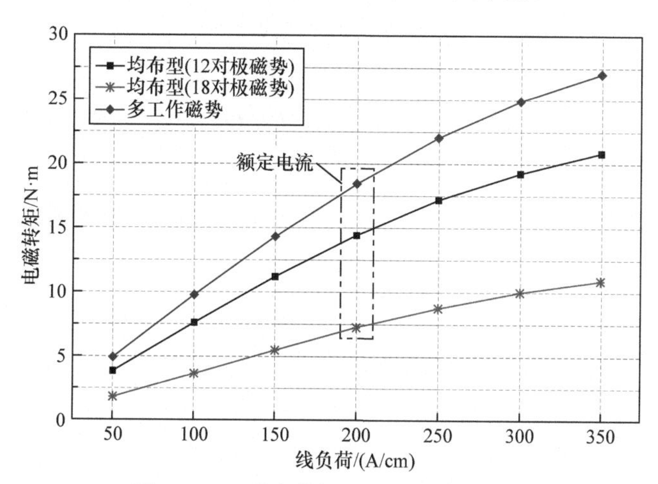

图 5.55　三种交替极电机电磁转矩对比

5.8 双边励磁复合型磁场调制电机

双边励磁复合型磁场调制电机在5.5.6节中已有简单介绍,鉴于其卓越的转矩密度水平，本节将对其可行的拓扑结构、电磁性能特点作进一步分析。需要说明的是，图5.40(a)、(b)与(c)中给出的拓扑具有不同的工作磁场。图5.40(a)、(b)中定子比磁导的基波分量不参与工作，图5.40(c)中则参与工作。由于前一类拓扑等效气隙过大，性能并不优越，本节仅分析后一类拓扑。

5.8.1 工作磁场分析与拓扑结构约束

在5.5.6节中已经对双边励磁复合型磁场调制电机的工作磁动势与比磁导极对数进行了初步分析，为了方便进一步分析，对其极槽配合设定如下约束：

(1) 转子侧工作磁动势与比磁导极对数相等，将其记为 P_r，这是该类电机必须具备的约束；

(2) 定子侧工作磁动势与比磁导均只有一个主要的工作谐波，为了便于构造拓扑，两者极对数相同，也就是 $P_{es1}=P_{er1}$，并将其记作定子极对数 P_s，需要注意它和电枢极对数 P_a 的区别。

在上述约束下，定、转子永磁体阵列均需要类似的交替极结构。此时磁动势与比磁导的轴线互差180°，分别可表示为

$$\begin{aligned} F_{es}(\theta) &= F_{es1}\cos(P_s\theta+\theta_{es}) \\ \lambda_s(\theta) &= \lambda_{s0}+\lambda_{s1}\cos(P_s\theta+\theta_{es}+\pi) \\ F_{er}(\theta,t) &= F_{er1}\cos\left[P_r(\theta-\Omega_r t)+\theta_{er}\right] \\ \lambda_r(\theta,t) &= \lambda_{r0}+\lambda_{r1}\cos\left[P_r(\theta-\Omega_r t)+\theta_{er}+\pi\right] \end{aligned} \tag{5.60}$$

需要注意的是，由于永磁体励磁方向分为沿径向向外和向内两种，可规定其向外充磁时(N极)，式(5.60)中磁动势为正，反之为负。空载气隙磁密可表示为

$$\begin{aligned} B_e(\theta,t) &= \frac{\mu_0}{g}\left[\lambda_{s0}F_{es}(\theta)\lambda_r(\theta,t)+\lambda_{r0}F_{er}(\theta,t)\lambda_s(\theta)\right] \\ &= \frac{\mu_0}{g}\left\{F_{es1}\lambda_{s0}\lambda_{r0}\cos(P_s\theta+\theta_{es})+F_{er1}\lambda_{s0}\lambda_{r0}\cos\left[P_r(\theta-\Omega_r t)+\theta_{er}\right]\right. \\ &\quad \left.+\left(\frac{F_{s1}\lambda_{s0}\lambda_{r1}}{2}+\frac{F_{r1}\lambda_{s1}\lambda_{r0}}{2}\right)\cos\left[(P_r\pm P_s)\theta-P_r\Omega_r t+\theta_{er}\pm\theta_{es}+\pi\right]\right\} \end{aligned} \tag{5.61}$$

根据式(5.61)，双边励磁复合型磁场调制电机中气隙磁场分为4类，第1类磁场的极对数为 P_{es}，保持静止，不参与机电能量转换，在后续分析中可将其忽略。

后 3 类磁场均旋转，且具有相同的电频率。其中，第 2 类为转子产生的非调制磁场，后两类磁场均为调制磁场，极对数分别为 P_r+P_s 和$|P_r-P_s|$。显然，最后一类调制磁场由于极对数最小，具有最高的转矩放大系数，应将其作为电机工作磁场；而第 2、3 类磁场与其构成齿谐波时，同样是工作磁场。不难推出，这三类磁场构成齿谐波的充要条件是 $P_s=nZ_s$。

进一步分析极对数为$|P_r-P_s|$的工作磁场。可以发现，其分别来自定、转子磁势，且为了使两种来源的磁场同相位，F_{es1} 和 F_{er1} 必须同时为正或为负，也就是定、转子上的永磁体具有相同的充磁方向，否则两者产生的调制磁场相互抵消，反而会降低输出转矩。为便于分析，后文中假设永磁体均为 N 极，F_{es1} 和 F_{er1} 同时为正。

接下来对磁动势与比磁导的空间相位进行分析。当 $P_s \neq nZ_s$ 时，仅有调制工作磁场，在确保定转子充磁方向相同后，该磁场的两个来源天生具有相同的空间相位，相应反电势相位也必然相同，因此不需要对定子结构空间相位作进一步约束。然而，当 $P_s=nZ_s$ 时，工作磁场谐波较多。基于式(5.61)可推导得到单个线圈空载反电势表达式为

$$\begin{aligned} e_c(t)=\frac{\mu_0}{g}\pi r_g l_{st}\Omega_r\Big[& 2F_{es1}\lambda_{s0}\lambda_{r0}k_{paP_r}\times\sin(P_r\Omega_r t-\theta_{er})-(F_{es1}\lambda_{s0}\lambda_{r1}+F_{er1}\lambda_{s1}\lambda_{r0})\frac{P_r}{P_a}k_{paP_a} \\ & \times\sin(P_r\Omega_r t-\theta_{er}+\theta_{es})-(F_{es1}\lambda_{s0}\lambda_{r1}+F_{er1}\lambda_{s1}\lambda_{r0})\frac{P_r}{(P_r+P_s)}k_{pa(P_r+P_s)}\times\sin(P_r\Omega_r t-\theta_{er}-\theta_{es})\Big] \end{aligned} \tag{5.62}$$

式中，$P_a=|P_r-P_s|$为电枢绕组极对数。根据式(5.62)，双边励磁复合型磁场调制电机的基波反电势表达式含有 4 项，其中前两项占比较高，为了尽可能增大总反电势幅值，应当让这两项保持同相位。k_{pa} 为电枢绕组短距系数，并附带有极对数。由于 k_{paP_a} 为正且接近于 1，θ_{es} 应当根据其正负来取值：

$$\theta_{es}=\begin{cases}0, & k_{paP_r}<0\\ \pi, & k_{paP_r}>0\end{cases} \tag{5.63}$$

也就是说，当 $k_{paP_r}<0$ 时，磁动势的中心线应当位于线圈轴线的位置；反之，比磁导的中心线位于线圈轴线的位置。

类似于第 4 章关于游标永磁电机和调制与差调制的分析，采用虚拟线圈法，将虚拟线圈跨距 $\theta_{es}=\pi/Z_s$ 代入短距系数公式，即可得

$$\theta_{es}=\begin{cases}0, & \sin\left(P_r\dfrac{\pi}{Z_s}\right)<0\\ \pi, & \sin\left(P_r\dfrac{\pi}{Z_s}\right)>0\end{cases} \tag{5.64}$$

需要注意的是，式(5.64)中 θ_{es} 的意义与式(5.63)中不同，其代表定子磁动势轴线与虚拟线圈轴线(即齿中心线)的夹角(电角度)。下面借助式(5.64)，进一步判断定子磁动势和比磁导与齿的相对位置关系。

根据双边励磁复合型磁场调制电机的极槽配合关系，有 $nZ_s=P_r \pm P_a$，代入式(5.64)，推导可得

$$\theta_{es}=\begin{cases}0, & n\text{为偶数且取+号 或 }n\text{为奇数且取}-\text{号}\\ \pi, & n\text{为奇数且取+号 或 }n\text{为偶数且取}-\text{号}\end{cases} \tag{5.65}$$

式(5.65)中一种最为常见的情况是 $n=1$，此时类似于游标永磁电机，可将取“+”号的极槽配合定义为和调制，反之定义为差调制。在和调制情况下，齿中心线需要是比磁导中心线，反之两者应互差 180°。对于游标永磁电机，根据其拓扑特点，定子齿中心线即为比磁导中心线，根据上述结论，为了使调制与非调制磁场分量产生的反电势同相，必须采用和调制的极槽配合，采用差调制必然导致两者反相。

5.8.2 可行的定子拓扑

双边励磁复合型磁场调制电机的转子结构固定为交替极，定子虽然也满足磁动势、比磁导极对数相同，但其拓扑仍存在多样性，因此，本小节将主要讨论合适的定子拓扑结构。定子在轭、齿与槽内结构均固定，可变部分为靠近气隙的薄层，如图 5.56(a)齿部下方区域所示。从拓扑构造的角度而言，该区域各处材料有三种可能性，即永磁体、铁心和槽口部分对应的空气，不同的拓扑对应不同的分配方式。

假设空气占比非常小，可忽略，图 5.56 下方区域基本由永磁体和铁心组成交替极结构。当 $P_s=Z_s$ 时，最简单的做法是将定子齿直接作为交替极的铁心，永磁体放置于槽口，如图 5.56(b)所示。这种拓扑的问题在于永磁体上方无铁轭形成回路，降低了定子磁场的磁负荷。为解决该问题，可将径向充磁的永磁体替换为 Halbach 阵列的永磁体，如图 5.56(c)所示，而完整拓扑也在图 5.40(c)中给出[26]。上述拓扑虽然在电磁性能上最优，但是永磁体的固定较为复杂，尤其是采用 Halbach 阵列后，槽口需要放置多块磁钢，更难于制造。因此，可采用另一思路，即为图 5.56(b)中的永磁体加上轭部，如图 5.56(d)所示，该拓扑下齿顶部加宽，形成类似半闭口槽结构，再将槽口少量无轭部分的永磁体去掉。该拓扑性能上不及 Halbach 阵列结构，但加工相对简单。

上述三种拓扑中，比磁导中心线均在定子齿部，因此适用于和调制的极槽配合。对于差调制的极槽配合，可将图 5.56(b)的拓扑平移半个齿距，将永磁体移到齿中心，并在交替极铁心中间去掉一小部分作为槽口，如图 5.56(e)所示，该拓扑的定子比磁导中心线位于槽口。

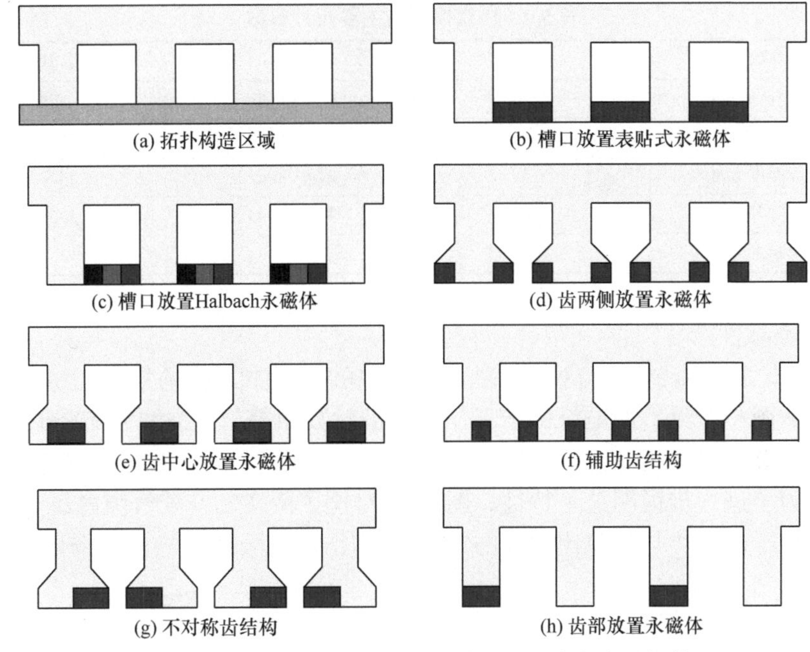

图 5.56　双边励磁复合型磁场调制电机可行的定子拓扑

当 $P_s=nZ_s$ 时，由于交替极铁心数量是定子齿数的倍数，定子形成辅助齿结构，永磁体交替排布于辅助齿中间，如图 5.56(f)所示。

上述结构中，定子极对数 P_s 均为定子齿数的倍数。与之相反，图 5.56(g)给出了一种新拓扑，其中定子极对数 P_s 为齿数的一半，可视为将相应极对数的交替极励磁结构拼接到定子齿表面形成，最终一个齿下的一半区域被永磁体占据，另一半被铁心占据。为了确保极对数为 $Z_s/2$，一个齿下永磁体位置靠左，其相邻齿下永磁体位置靠右。从另一角度看，该拓扑即为交替极磁通反向电机的定子。

最后讨论槽开口位置气隙较大时的电机拓扑。显然，在这种约束条件下仅有齿部下方少量空间可以放置永磁体和铁心，最终只能形成图 5.56(h)所示的结构，其中永磁体在齿顶交替排布，其极对数 $P_s=Z_s/2$。

5.8.3　定子槽口放置 Halbach 永磁体的双边励磁复合型磁场调制电机电磁性能分析

图 5.56 列出的 7 种拓扑均具备高转矩密度的特点，其中槽口嵌放交替极 Halbach 结构的拓扑虽然加工较为复杂，但其转矩密度在各类双边调制拓扑中优势明显，因此将其作为示例，进一步揭示这类电机的电磁性能特点，使读者对这类电机形成更为深入的认识。为了对比，选取表贴式游标永磁电机作为参照，两者均采用定子 12 槽、转子 11 对极、绕组 1 对极，即极比 11:1 的极槽配合。两者的主要尺寸参数亦相同，如表 5.9 所示。

表 5.9　仿真模型的主要尺寸参数

参数	取值	参数	取值
定子外径/mm	124	槽数/极数	12/22
定子内径/mm	74.4	极弧系数	0.9
气隙厚度/mm	0.5	槽深/mm	14.8
永磁体厚度/mm	3	槽开口/mm	13.6
叠片长度/mm	70		

1) 空载性能

表贴式游标永磁电机与双边励磁复合型磁场调制电机的磁场分布对比如图 5.57 所示。从图中可见，两电机由于工作磁场极对数相等，磁力线分布类似，但双边励磁复合型磁场调制电机的定、转子侧均放置了永磁体，电机内部磁场有所提升。为了进一步说明这一特性，图 5.58 对比了两者的空载气隙磁场。首先，两者的转子磁动势与气隙比磁导的常数项作用会产生 11 对极的磁场谐波，根据

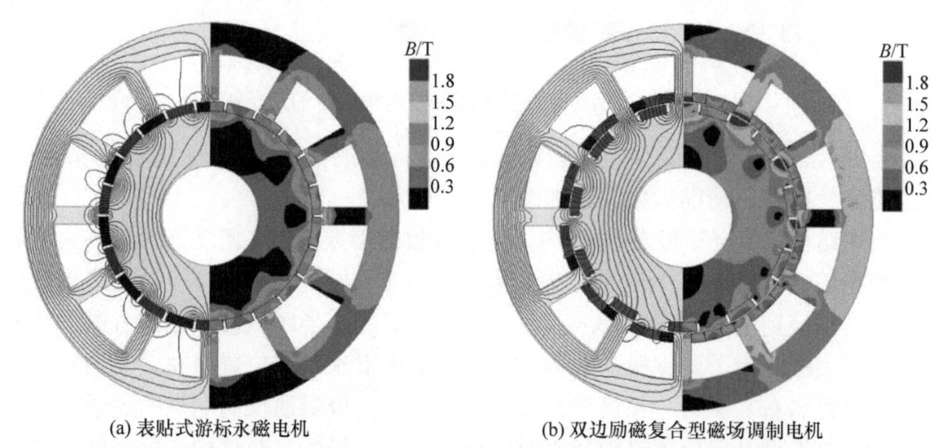

(a) 表贴式游标永磁电机　(b) 双边励磁复合型磁场调制电机

图 5.57　表贴式游标永磁电机与双边励磁复合型磁场调制电机磁场分布对比

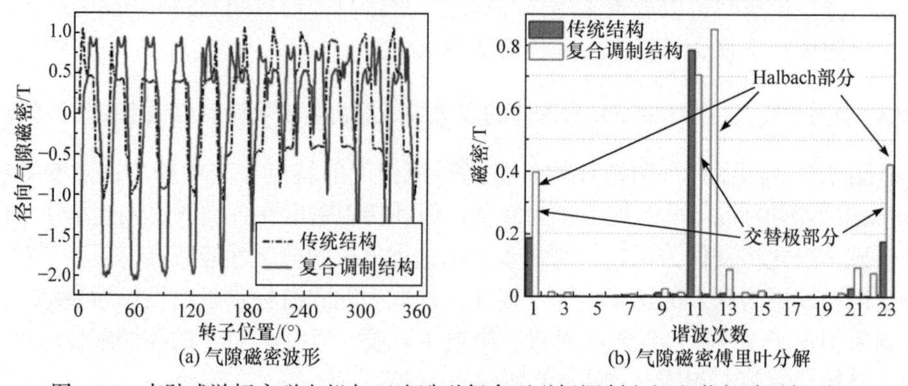

(a) 气隙磁密波形　(b) 气隙磁密傅里叶分解

图 5.58　表贴式游标永磁电机与双边励磁复合型磁场调制电机空载气隙磁场对比

前面的介绍，该磁场作为 1 对极磁场的齿谐波同样可以和绕组交链。其次，定、转子上的永磁体由于磁场调制效应均会产生 1 对极的工作磁场基波，且两侧均为交替极结构，该工作磁场相较于常规的表贴式游标及磁通反向电机不会降低，甚至可能得到增强。因此该成分可达到表贴式游标永磁电机 2 倍以上，即 0.4T 的水平。

图 5.59 给出了双边励磁复合型磁场调制电机的空载反电势波形。根据前文介绍，该电机可视为一台转子励磁的交替极游标永磁电机和定子励磁的交替极磁通反向电机的集成，因此分别将定、转子侧的永磁体去除，仿真得到空载反电势后进行叠加。从图中可见，首先磁通反向电机部分所贡献的反电势略低于交替极游标永磁电机部分，这是由于后者具有额外的 11 对极工作磁场；其次，由于电机空载时饱和程度不高，实际电机空载反电势基本等于两者之和。

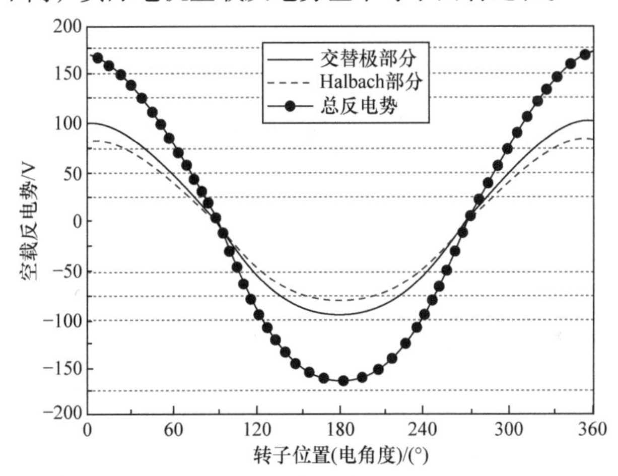

图 5.59　双边励磁复合型磁场调制电机的空载反电势波形

图 5.60 对两者的空载反电势波形进行了对比。双边励磁复合型磁场调制电机的反电势幅值约为游标永磁电机的两倍，这是由于交替极游标永磁电机的反电势

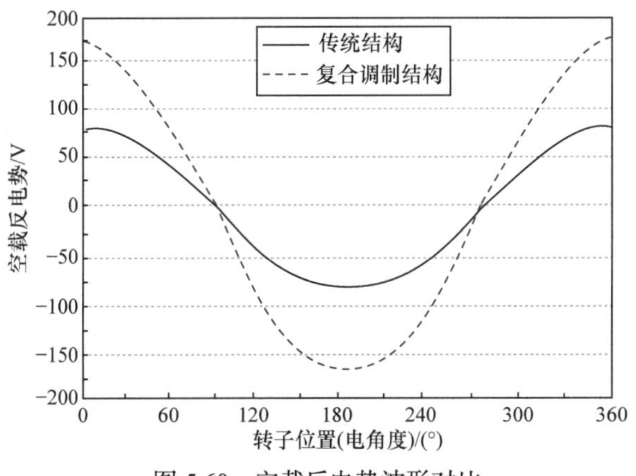

图 5.60　空载反电势波形对比

本身略高于表贴式结构，而根据图 5.59，磁通反向电机部分的反电势略低，两者叠加后合成的反电势大约为常规拓扑的两倍，可见双边励磁复合型磁场调制电机的性能优势十分明显。

下面来分析该电机的齿槽转矩。研究发现，其反电势、齿槽转矩与永磁体宽度和高度密切相关，图 5.61 和式(5.66)给出了部分尺寸参数的定义。

$$k_{\mathrm{m}}=\frac{\theta_{\mathrm{radial}}}{\theta_{\mathrm{total}}} \tag{5.66}$$

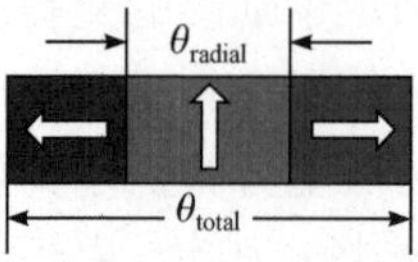

图 5.61　Halbach 永磁体结构示意图

根据图 5.61，k_{m}代表 Halbach 永磁体的中间径向充磁部分占整块永磁体的比例。根据图 5.62，在 k_{m}=40%时，电机的反电势达到最大，齿槽转矩达到最小，因此对于这类电机，该尺寸是个较好的优化值。图 5.63 比较

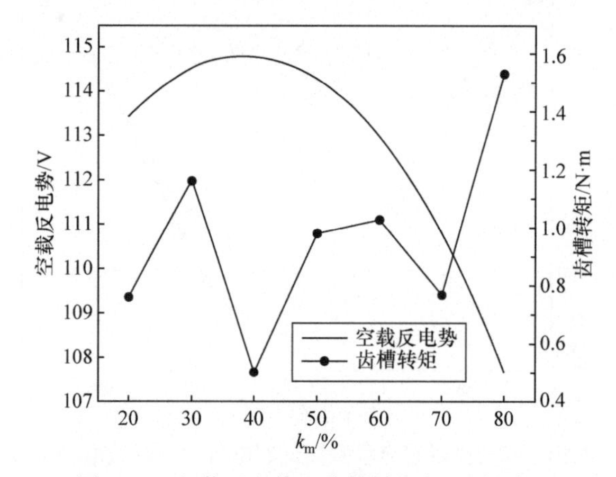

图 5.62　空载反电势和齿槽转矩与 k_{m} 的关系

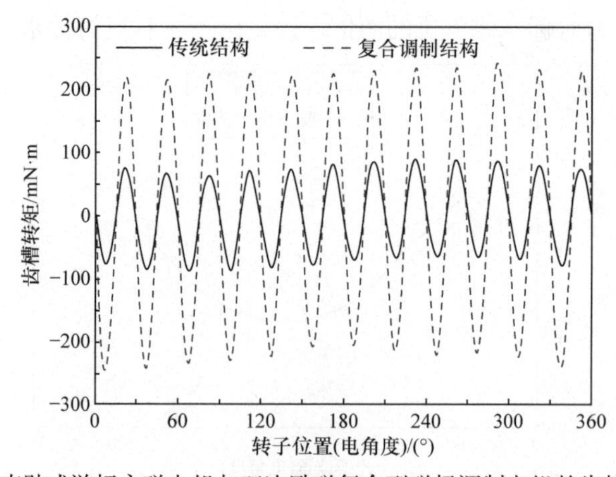

图 5.63　表贴式游标永磁电机与双边励磁复合型磁场调制电机的齿槽转矩对比

了此时表贴式游标永磁电机与双边励磁复合型磁场调制电机的齿槽转矩。根据前文分析，表贴式游标永磁电机由于其独特的极槽配合，定子槽数与转子极数的最小公倍数较大，从而齿槽转矩较小。虽然双边励磁复合型磁场调制电机的极槽配合与表贴式游标永磁电机完全一样，即两者的齿槽转矩频率相同，但其一方面采用交替极结构，齿槽转矩本身较高；另一方面除了存在定、转子永磁体分别作用时产生的齿槽转矩成分外，还存在两部分永磁体相互作用产生的新的齿槽转矩成分，因此最终该电机的齿槽转矩是表贴式游标永磁电机的两倍。

2) 负载特性

无论是表贴式游标永磁电机还是双边励磁复合型磁场调制电机，两者均不存在明显的凸极效应，可认为它们的 d、q 轴电感分别相同，因此在控制上采用 I_d=0 的策略可获得最大的输出转矩。需要注意的是，Halbach 永磁体会占据一定的槽面积，因此需要在铜耗不变的前提下对其厚度进行优化，从而获得较优的输出转矩和较小的转矩波动。根据图 5.64，当 h_m=4.4mm 时电机的输出转矩达到最大，转矩波动达到最小，因此将其作为优化值进行后续研究。

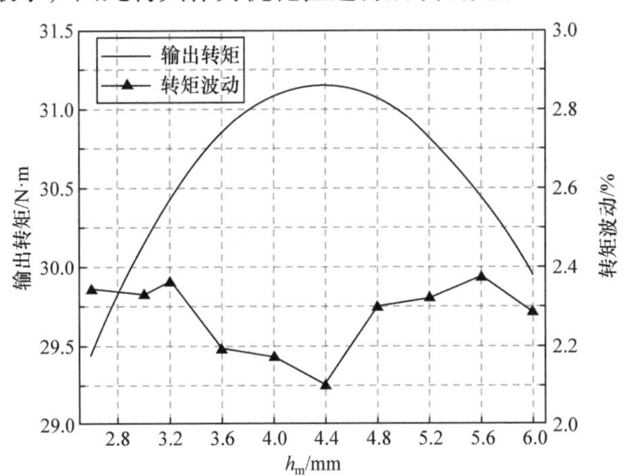

图 5.64　输出转矩和转矩波动与 h_m 的关系

图 5.65 比较了表贴式游标永磁电机与双边励磁复合型磁场调制电机的转矩特性，可见在参数最优时，后者的输出转矩可高出前者 60%。此时双边励磁复合型磁场调制电机的转矩波动仍然较大，达到 2.1%。为进一步降低转矩波动，可通过给转子结构设置倒角的方式进行优化，如图 5.66 所示。在设置倒角后，电机输出转矩降低 10%，但其转矩波动下降至 1.8%。相比于表贴式游标永磁电机，双边励磁复合型磁场调制电机的转矩波动较大，这一方面源于较高的齿槽转矩，另一方面是采用双边交替极结构引入了更多的反电势谐波。图 5.67 进一步对比了两种电机在不同输入电流下的转矩波动情况，可见在各种运行工况下，双边励磁复合型磁场调制电机的转矩波动均高于表贴式游标永磁电机。

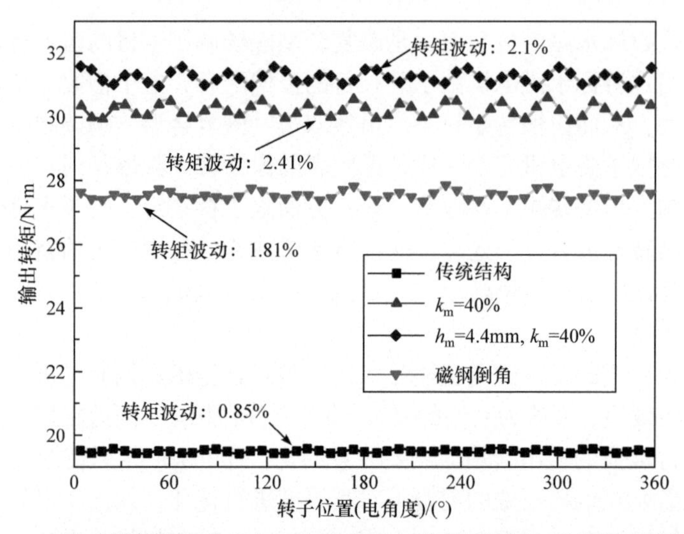

图 5.65　表贴式游标永磁电机与双边励磁复合型磁场调制电机的输出转矩对比

图 5.66　转子设置倒角

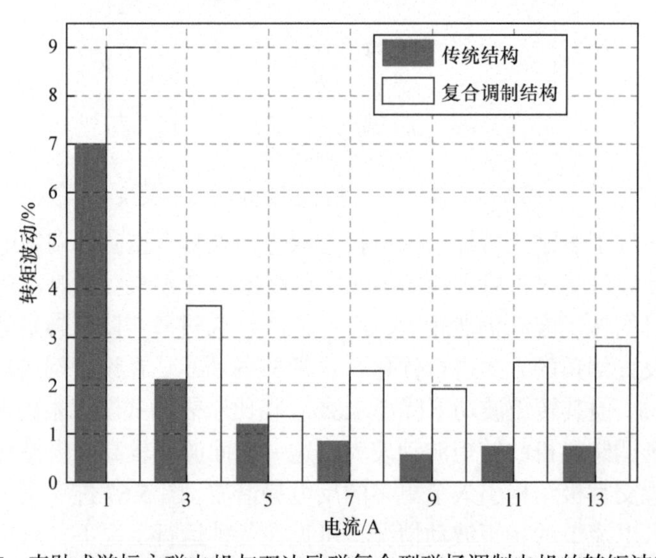

图 5.67　表贴式游标永磁电机与双边励磁复合型磁场调制电机的转矩波动对比

图 5.68 比较了常规游标永磁电机与双边励磁复合型磁场调制电机负载下的转矩-电流特性曲线。根据图 5.60，双边励磁复合型磁场调制电机的反电势为表贴式游标永磁电机的两倍，而在电流较小时，转矩与反电势成正比，因此低负荷下双边励磁复合型磁场调制电机具有两倍的转矩优势。然而，在电流持续增大时，双边励磁复合型磁场调制电机更快进入饱和区域。造成该现象有两个原因，首先双边励磁复合型磁场调制电机在空载下本身具有更高的磁密水平，其次该拓扑采用交替极结构，对电枢磁场来说等效气隙较小，因此电枢反应强，电感较大。相比于表贴式游标永磁电机，易饱和的特性使其在高负载运行时的转矩优势减弱，例如当电流 I=13A 时，双边励磁复合型磁场调制电机的转矩仅高出约 34%，远低于反电势 100%的增幅。

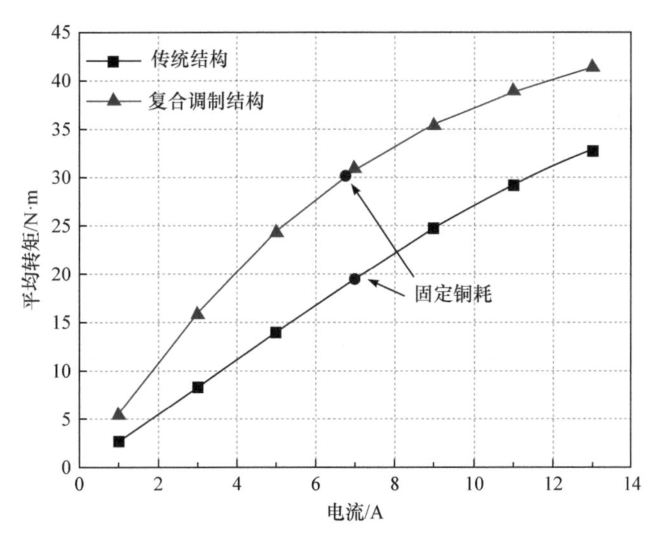

图 5.68　常规游标永磁电机与双边励磁复合型磁场调制电机负载下的转矩-电流特性对比

5.9　本 章 小 结

本章以电磁性能提升的思路和方法为主线，介绍了各类高性能磁场调制电机拓扑。由于磁场调制电机大多具有多个工作谐波，其性能提升可分为两种技术路线，即提升单一工作磁场的幅值和增加工作磁场的数量。针对第一种技术路线，分为增强励磁性能、增强调制性能与增强电枢性能三种思路。针对第二种技术路线，建立磁场调制复合理论，推导了磁场调制电机内部的 8 组工作磁场，并将复合方式分为组内集成与组间集成两种思路：针对第一种思路，介绍了多工作比磁导与多工作磁势两种新型磁场调制电机类型；针对第二种思路，讨论了 8 组工作磁场两两复合后形成的拓扑方案。通过上述过程，本章形成了一套完备的磁场调制电机性能提升方法体系。

(1) 改变永磁体排布方式，是增强励磁的直接方法。不同于常规永磁电机，交替极磁场调制电机由于削弱了磁位波动，在永磁体用量降低的同时，提升了反电势与输出转矩；各类内置式结构是在常规永磁电机中提升输出转矩的最常见方法。然而磁场调制电机存在磁障效应，必须为少极磁场构建额外回路，据此本章介绍了交替连接桥切向励磁游标永磁电机、爪极切向励磁游标永磁电机等多种拓扑。

(2) 增强磁场调制电机的调制性能较为困难，只能采用在槽口添加超导材料以达到磁屏蔽的效果，这一方法目前不具备实际工程可行性。然而，这种基于理想模型的研究可以揭示磁场调制电机的转矩密度、功率因数等外特性与气隙比磁导等内在参数之间的影响规律，对于进一步提升磁场调制电机电磁性能具有理论指导意义。

(3) 增强电枢性能，即解决磁场调制电机极比增加时转矩密度增大与线圈端部加长之间的矛盾。本章介绍了径向、轴向磁通等多种环形绕组游标永磁电机拓扑，这些拓扑既缩短了绕组端部，又可最多增大 100%转矩密度。

(4) 多工作比磁导游标永磁电机采用辅助齿结构，其量化研究较为困难。本章采用基于虚拟气隙的分析方法，发现采用不等齿距结构后新增了大量比磁导谐波，此外部分原有的比磁导相位偏移 180°。在比磁导影响下，该电机产生大量额外的转矩成分，且原来的部分负转矩分量因比磁导相位偏移而变为正转矩，最终输出转矩提升 20%以上。

(5) 多工作磁势磁通反向电机的永磁体排布可基于磁动势叠加的方法构造，为确保各工作磁动势谐波均可贡献正转矩，其极对数与相位需要满足一定选取原则，这部分内容在书中有详细介绍。此外，本章推导出这类电机具备接近 60%的转矩提升潜力。然而，目前表贴式多工作磁势磁通反向电机相较于表贴式永磁体均布型电机只能提升约 10%的反电势与转矩，并未完全发挥其转矩潜力。相比之下，交替极多工作磁势磁通反向电机的反电势能提升 20%以上，效果显著。

(6) 双边励磁复合型磁场调制电机可视为定子永磁与转子永磁型磁场调制电机的集成，且两部分的励磁均必须为交替极结构。本章讨论了不同极槽配合下电机的工作磁场，当定子励磁极对数不是齿数的整数倍时，仅有两部分极对数相同的调制磁场作为工作谐波，此时只需定、转子永磁体励磁方向相同即可确保工作磁场同相位；当定子励磁极对数为齿数的整数倍时，转子产生的非调制磁场也可作为工作谐波，此时根据和调制与差调制的区别，定子磁势与比磁导具有不同的相位选取规则。本章进一步介绍了这类电机可能的定子拓扑结构，并选择其中较优的槽口嵌 Halbach 永磁体的拓扑进行了详细介绍，这类电机的空载反电势相较于表贴式游标永磁电机提升 1 倍，自然冷却下转矩提升 60%以上。

参考文献

[1] Li D W, Qu R H, Li J. Topologies and analysis of flux-modulation machines[C]. IEEE Energy Conversion Congress and Exposition, Montreal, 2015: 2153-2160.

[2] 李大伟. 磁场调制永磁电机研究[D]. 武汉: 华中科技大学, 2015.

[3] Cheng M, Han P, Hua W. General airgap field modulation theory for electrical machines[J]. IEEE Transactions on Industrial Electronics, 2017, 64(8): 6063-6074.

[4] Zhou Y, Shi C J, Li D W, et al. A novel consequent-pole modular-mover linear permanent magnet vernier machine for thrust ripple and cost reduction[J]. IEEE Transactions on Industry Applications, 2021, 57(6): 5841-5850.

[5] Li D W, Qu R H, Li J, et al. Consequent-pole toroidal-winding outer-rotor Vernier permanent-magnet machines[J]. IEEE Transactions on Industry Applications, 2015, 51(6): 4470-4481.

[6] Gao Y T, Qu R H, Li D W, et al. Consequent-pole flux-reversal permanent-magnet machine for electric vehicle propulsion[J]. IEEE Transactions on Applied Superconductivity, 2016, 26(4): 1-5.

[7] Zou T J, Li D W, Qu R H, et al. Performance comparison of surface and spoke-type flux-modulation machines with different pole ratios[J]. IEEE Transactions on Magnetics, 2017, 53(6): 1-5.

[8] Kim K, Lipo T. Analysis of a PM vernier motor with spoke structure[J]. IEEE Transactions on Industry Applications, 2016, 52(1): 217-225.

[9] Ren X, Li D W, Qu R H, et al. Investigation of spoke array permanent magnet vernier machine with alternate flux bridges[J]. IEEE Transactions on Energy Conversion, 2018, 33(4): 2112-2121.

[10] 任翔. 多机电端口电机研究[D]. 武汉: 华中科技大学, 2019.

[11] Gao Y T, Li D W, Qu R H, et al. Analysis of a novel consequent-pole flux switching permanent magnet machine with flux bridges in stator core[J]. IEEE Transactions on Energy Conversion, 2018, 33(4): 2153-2162.

[12] Zhang Y Z, Li D W, Yan P, et al. A high torque density claw pole permanent-magnets vernier machine[J]. IEEE Journal of Emerging and Selected Topics in Power Electronics, 2022, 10(2): 1756-1765.

[13] Li D W, Qu R H, Lipo T. High-power-factor vernier permanent-magnet machines[J]. IEEE Transactions on Industry Applications, 2014, 50(6): 3664-3674.

[14] Li D W, Qu R H, Xu W,et al. Design process of dual-stator, spoke-array vernier permanent magnet machines[J]. IEEE Transactions on Industry Applications, 2015, 51(4): 2972-2983.

[15] Zhao Y, Li D W, Lin M X, et al. Investigation of line-start permanent magnet vernier machine with different rotor topologies[J]. IEEE Journal of Emerging and Selected Topics in Power Electronics, 2022, 10(3): 2859-2870.

[16] 程颐. 大型双定子超导磁场调制风力发电机关键技术研究[D]. 武汉: 华中科技大学, 2021.

[17] Zou T J, Li D W, Qu R H, et al. Analysis of a dual-rotor, toroidal-winding, axial-flux vernier permanent magnet machine[J]. IEEE Transactions on Industry Applications, 2017, 55(3): 1920-1930.

[18] 谢康福. 基于电磁复合和永磁电机理论与拓扑研究[D]. 武汉: 华中科技大学, 2020.
[19] Zou T J, Li D W, Qu R H, et al. Advanced high torque density PM vernier machine with multiple working harmonics[J]. IEEE Transactions on Industry Applications, 2017, 53(6): 5295-5304.
[20] Zhu Z Q, Chen J T, Pang Y, et al. Analysis of a novel multi-tooth flux-switching PM brushless AC machine for high torque direct-drive applications[J]. IEEE Transactions on Magnetics, 2008, 44(11): 4313-4316.
[21] Min W, Chen J T, Zhu Z Q, et al. Optimization and comparison of novel E-core and C-core linear switched flux PM machines[J]. IEEE Transactions on Magnetics, 2011, 47(8): 2134-2141.
[22] Chen C R, Ren X, Li D W, et al. Torque performance enhancement of flux-switching permanent magnet machines with dual sets of magnet arrangements[J]. IEEE Transactions on Transportation Electrification, 2021,7(4): 2623-2634.
[23] Gao Y T, Qu R H, Li D W, et al. A novel dual-stator vernier permanent magnet machine[J]. IEEE Transactions on Magnetics, 2017, 53(11): 1-5.
[24] Fang L, Li D W, Ren X, et al. A novel permanent magnet vernier machine with coding-shaped tooth[J]. IEEE Transactions on Industrial Electronics, 2022, 69(6): 6058-6068.
[25] Zou T J, Li D W, Chen C R, et al. A multiple working harmonic PM vernier machine with enhanced flux-modulation effect[J]. IEEE Transactions on Magnetics, 2018, 54(11): 1-5.
[26] Xie K F, Li D W, Qu R H, et al. A novel permanent magnet vernier machine with halbach array magnets in stator slot opening[J]. IEEE Transactions on Magnetics, 2017, 53(6): 1-5.

第 6 章　磁场调制电机发展总结与未来展望

以上各章对磁场调制电机的基础理论、性能特点和拓扑结构进行了详细介绍。从中可以看出，经过多年的发展，磁场调制电机已经成为电机领域极具特色的研究方向，涌现出一系列与常规电机性能迥异的新型电机。本章站在电机学科的高度，对磁场调制电机的历史发展过程和总体研究脉络进行梳理，在此基础上进一步探讨磁场调制电机未来的研究热点。

6.1　磁场调制电机的历史发展过程

磁场调制电机的历史发展可以归结于三个阶段。第一阶段，人们发现了电机领域的一些调制现象；第二阶段，学术界开始研发基于调制原理工作的电机；第三阶段，拓扑统一理论的提出，标志着这一研究领域的形成。

1) 电机内的调制现象

在第 1 章中，已经介绍过“调制”一词在历史上和电机没有任何关系。无论在无线电还是电力电子领域，调制都是指将原始信号按照某种规则加载到载波上的过程，且调制后的信号应该能够保留原始信号信息。然而，在对电机进行分析的过程中，学者们发现了一些异曲同工的现象。例如，Heller 和 Hamata 分析了异步电机在开槽作用下的气隙磁场，并指出气隙比磁导谐波的作用使得磁动势产生额外的磁场谐波[1]。就其物理本质而言，这一过程就是一种调制，其中磁动势可视为原始信号，比磁导视为载波，它们按照乘积的规则进行变换，最终形成气隙磁密信号。我国电机领域著名专家汤蕴璆发现，在 48/8 整数槽绕组永磁电机中，空载反电势中的 11 次谐波远大于理论计算值，这是因为 11 次谐波(44 对极)被比磁导基波调制产生 4 对极少极磁场，其由于极比放大效应产生幅值很高的反电势谐波[2]。这些现象不禁使人思考，电机能否基于这一效应工作？

2) 磁场调制电机的早期研究

21 世纪前，学术界对于磁场调制仍在初步认识阶段，但人们已经发现某些新型电机原理上具有“调制”的影子。例如，早期学者基于同步磁阻电机的运行原理——最小磁阻原理来理解新型游标磁阻电机，但后者通过定子磁阻作用于转子磁阻从而产生了一个新的低极磁阻成分，该成分才是实际工作磁阻[3]；开关磁链电机也叫作磁通切换电机，该名称的由来正是电机转子磁阻对于主磁通的走向起到了调制作用[4]；美国 Lipo 教授发现游标永磁电机就是气隙比磁导对于磁动势的调制效果实现了转矩的大幅提升[5]。这些研究形成了“磁场调制”的雏形，但在调制的立场上分析，各电机具有不同的“原始信号”与“载波”，并没有实现原理上的统一。

3) 磁场调制电机领域的形成

2014 年左右，有学者研究发现，所有基于“调制”进行工作的电机，其工作原理归根结底是不均匀气隙产生的比磁导(载波)对励磁磁动势(原始信号)的调制，最终产生气隙磁密(已调信号)的过程[6-8]。因此，可以将这些以相同原理工作的电机统称为磁场调制电机，实现了原理的统一。再从结构上加以考量，磁场调制的过程得以实现的前提是电机内必须有产生励磁磁动势和不均匀比磁导的部分，以及能够与气隙磁场交链的电枢绕组。综上，磁场调制电机必然包含励磁、调制和电枢三个基本单元，这种“三单元”结构也成为磁场调制电机的统一基本模型。再进一步，既然这类电机基本模型是相同的，它们必然具备类似的性能特征。首先，非恒定比磁导调制磁动势产生丰富的气隙磁场谐波，因此电机具有较大的铁耗；其次，转矩表达式具有极比放大系数，这赋予了磁场调制电机高转矩密度的潜力；最后，较强的电枢反应也使得这类电机具有易饱和、功率因数低的弊端。上述原理、结构、性能的统一，标志着磁场调制电机发展为电机学科的特色方向。

4) 磁场调制对于电机学的发展与促进作用

上述磁场调制电机领域的形成对于传统电机理论起到了一定的颠覆性作用，主要体现在结构和转矩能力两个方面。在结构上，传统电机学认为一台电机的励磁单元极对数必须与电枢单元相同，且转速也必须与电枢主磁场相同，否则无法实现机电能量转换。然而，磁场调制电机无疑打破了这一约束。根据前述章节的介绍，磁场调制电机的励磁单元极对数往往远高于电枢极对数，转速反而远远低于主电枢磁场。但仔细思考，可以发现如果将励磁与调制单元视为一个整体，那么它产生磁场的极对数与转速仍然和电枢主磁场一致，与传统电机学实现了统一。因此，磁场调制电机实际上提供了一种间接励磁的可能性，即励磁单元产生的磁动势需要经过转换，转换后的磁场才是真正的励磁磁场，这也为电机拓扑的构建引入了新的自由度。

在转矩能力上，传统电机学认为电机转矩受到电磁负荷的约束。这一看法实际上有其深刻的物理意义。根据电磁力定律，电机转矩本质上可视为通流导体在磁场中受力而产生，那么它必然受限于电流大小(即电负荷)和磁场大小(即磁负荷)。这样来看电磁负荷的约束似乎是铁律，磁场调制电机是如何打破这一约束的呢？道理在于，这条铁律实际上只约束了电枢单元转矩，但通常电机只含有励磁与电枢单元，根据牛顿第三定律，两者转矩相等。然而，磁场调制电机还存在调制单元这个附加部分，此时无论是将励磁单元还是调制单元作为输出，转子转矩都等于其他两单元转矩之和。因此，电机转子转矩才可能打破电枢单元本身转矩的约束。当然，所谓“打破”并不是说转矩完全不受限，可以无限增加。本书分析表明，磁场调制电机的转矩表达式中新增了极比放大系数，但仍受限于电磁负荷大小。

6.2　磁场调制电机研究现状

磁场调制理论的出现标志着磁场调制电机作为一个特色领域，迈入了新的研究阶段，为近年研究提供了极大的指引。由于本书前述章节已对其展开了详细的介绍，此处只做简要的归纳。

(1) 理论研究。基于统一的磁场调制电机基本模型，考虑励磁单元类型以及各单元旋转/静止的可能情况，可以衍生出各种磁场调制电机类型，这一工作在本书表 3.1 中进行了归纳，从中可看出，目前学术界提出的各种“奇异”电机大多可归类于磁场调制电机族。有学者也利用磁场调制原理，对磁通反向[9]、电励磁游标磁阻[10]等电机重新进行了分析，推导了其性能解析表达式，深刻解释了齿槽转矩、平均转矩等物理特性。

(2) 拓扑研究。既然磁场调制电机具有转矩放大的特性，那么如何在基本模型的基础上进一步发挥其优势，高转矩密度拓扑就自然成为研究热点之一。基于三单元结构进行思考，要么增加某个(或某几个)单元的能力，从而形成了励磁、调制、电枢三类增强型拓扑；要么一台电机引入更多的三单元结构，从而形成各种复合电机拓扑。这些内容在第 5 章有详细介绍，此处只说明这些研究是拓扑统一理论引导的必然结果。

(3) 缺陷补偿。根据三单元模型的研究结果，磁场调制电机具有磁场谐波丰富，铁耗偏大、电枢反应强，易饱和，功率因数低、电枢极对数少，端部长的固有缺陷。为了弥补这些缺陷，学者们在电机拓扑、优化设计、控制三个方面开展了研究工作。在拓扑方面，双定子切向励磁结构[11]和低极比结构[12]先后被提出。前者作为一种励磁增强型拓扑，在提升输出转矩的同时增加了电机功率因数；后者虽然转矩能力稍弱，但具有功率因数高、过载能力强、端部短等一系列优点。在优化设计方面，学者们提出了兼顾电机转矩密度与功率因数的优化方法[13]。在控制方面，就如何通过分配交直轴电流，来实现功率因数提升和铁心饱和抑制[14]，以及如何考虑饱和带来的电感非线性变化和交直轴饱和等问题[15]，积累了丰富的研究成果。

6.3　磁场调制电机未来的研究方向

从20世纪60年代开始至今，磁场调制电机经过半个多世纪的发展，展现出勃勃生机，尤其是磁场调制理论的提出，指导了该领域大量研究工作，至今仍不断有新拓扑、新原理、新方法被提出。然而，一个领域要不断向前发展，有勇气去打破现有的体系架构是非常重要的。打破的目的不是破坏，而是继承与发扬。下面是本书就如何超越目前磁场调制领域研究的一些思考。

1) 调制理论的再发展

"调制"原本是信号处理领域的术语，只是由于研究发现某些电机磁场的产生过程与调制较为类似，所以借用了这一术语，将调制的范围进行了扩展。但这一历史进程提示，既然磁场存在调制，别的场是否存在类似的现象？通过一定的思考可以发现，首先，在电场中电压信号施加在不均匀气隙两侧时，产生电场的过程就和磁动势产生磁场的过程一致，甚至于"磁动势"这一概念都是"电动势"的对偶，因此电场的调制现象必然存在；此外，在对电机振动的分析中，当径向力波施加在不均匀气隙上时，会导致铁心变形与力波本身的形状不等，因此力场中亦存在调制。如果将这一概念进一步扩展，不禁要问其他的物理场，如温度场、流体场等，是否也存在调制？调制是否是场的一种普适现象？上述调制概念的再发展有望成为研究的突破口，其意义甚至远超磁场调制电机本身。

2) 磁场调制电机拓扑研发方法

本书第5章详细介绍了各种高性能磁场调制电机拓扑，这些拓扑都可以视为在三单元基本模型的基础上研发出的。表面上看，现有方法已经完全解决了拓扑研发问题，甚至可以利用磁动势与比磁导的运动/静止情况，设想各种可能的电机类型，如表6.1所示。表中不仅包含了目前已有的各类常规电机与磁场调制电机，还有一系列尚未发现的组合形式。目前人们尚未发现这些组合形式对应的具体电机结构，但作为一套理论体系，可以指引人们沿着该方向进一步探索，填满表中的空白区域。

既然三单元理论与拓扑演变体系如此之完善，为什么还要将拓扑研发视为未来的研究方向呢？原因在于，三单元模型是通过总结并抽象而成的一个基本结构。所谓总结，是将现有的一些成果归纳整理到同一框架下，其本质上并不完全是为了发现新结构。目前在其基础上提出了一些新拓扑，但仔细思考，无论是表3.1还是图5.1的工作，仍然是已知单元模块结构的排列组合。例如，为了增加励磁，将切向励磁结构用于磁场调制电机，但这样做的前提是人们已经知道存在切向励磁结构，有了相关经验才能做这样的组合。因此，现有方法所能做到的极限，就是把已知的单元结构组合方式找全。随着发现的拓扑越来越多，其指导性意义无疑越来越弱。

表 6.1　根据工作磁动势/比磁导类型的磁场调制电机拓扑分类

磁动势与比磁导分类	单静止磁动势	单运动磁动势	多静止磁动势	多运动磁动势	静止+运动磁动势
单静止比磁导	直流电机	异步/同步电机	未知	定子调制型磁齿轮复合电机	未知
单运动比磁导	永磁体均布型磁通反向电机/单极电机	磁齿轮电机	定子多工作磁动势型磁场调制电机	磁力齿轮无级变速器/无刷双机电端口电机	磁齿轮复合电机/定转子永磁双机电端口电机
多静止比磁导	未知	游标永磁电机	未知	磁齿轮复合游标电机	未知
多运动比磁导	转子比磁导复合磁通反向电机	转子比磁导复合双机电端口电机	未知	双调制永磁无刷双转子电机	未知
静止+运动比磁导	未知	定转子比磁导复合双机械端口电机	未知	未知	双调制型永磁电机/双调制型磁齿轮复合电机

因此，在拓扑构造的层面，对于磁场调制电机需要有一种新的理论视角，其目的是思考目前的三单元结构，以及各单元具体拓扑是如何一步步从无到有形成的？这一过程中给它们施加了什么样的约束条件？将这些约束条件去掉，有望形成全新的单元及电机拓扑方案，这些新拓扑的形成不依赖于经验，仅从理性角度推演如何能使其具有更优的性能，因此更符合磁场调制的物理本性。

3) 功率因数提升

虽然磁场调制电机在转矩输出上具备极比放大的特性，拥有高转矩密度的潜力，但这类电机仍存在一定的不足。其中，转子多极、铁耗大等缺陷可通过限制其应用于中低速领域来解决，但功率因数低却是其本质缺陷。根据 4.5 节的分析，该问题不仅体现为控制器容量的增加，系统重量、体积、成本的提升，还有高负荷下输出转矩的不足，无法发挥转矩密度高的理论优势。对于大型发电机，低功率因数导致电网无功增加。综上，功率因数低是制约磁场调制电机应用的核心问题，也是该领域最为迫切的研究方向。目前，磁场调制电机功率因数的提升分为两种技术路线。一种是通过控制器层面的研究，利用电容器无功补偿，或者优化驱动电路拓扑，降低管子承受的电压。然而，这种措施仅能改善电端口功率因数，无法解决高负荷下饱和问题。另一种是电机本体研究，即设计上通过优化的方式尽可能达到功率因数上限，并设计较宽的铁心磁路降低饱和影响，或者研究低极比拓扑等。这些措施能够改善磁场调制电机的机电外特性，但本质上均只是工程意义的折中，即通过限制磁场调制电机转矩密度来抑制功率因数的降低，无法解决本质问题。

从电枢磁场的角度分析，磁场调制电机之所以具有转矩放大效应，是由于其电枢极对数低，磁动势幅值大，通过调制能够产生较大的工作电枢磁场。然而，这势必会产生非调制的谐波磁场，这也是功率因数低的主要原因。因此，磁场调制电机的高转矩密度和低功率因数本质上是一体两面的关系。要从根本上解决功率因数低的问题，必须研发新的调制原理。

6.4　磁场调制电机的应用前景

作为一类新型电机，磁场调制电机目前仍处于理论研究阶段，实用技术尚未成熟。本节结合磁场调制电机特性，探讨这类电机未来的应用前景。由第 3、4 章分析结果可知，磁场调制电机可分为三类，第一类电机的结构与外特性类似于常规电机，但具有较高的转矩密度潜力，如游标永磁电机、横向磁通电机、游标磁阻电机等；第二类电机虽然在转矩上无明显优势，但其转子结构简单，适用于某些特定场合，如定子永磁型电机和定子电励磁电机；第三类电机具有独特的功能，如无刷双机电端口电机和无刷双馈电机。下面分别分析三类电机的应用潜力。

1) 游标永磁电机和横向磁通电机

上述两类电机是具有高转矩密度的新型永磁电机，其极对数均较高，适用于中低速场合；由于磁场调制电机电枢反应强，过载能力不足，更适用于冷却条件受限的场合。

随着交通电气化的逐渐深入，各类交通工具对于电机的需求不断增加，目前电动汽车是市场上较为火热的产业。值得一提的是，目前磁场调制电机并不适用于常规电动汽车驱动电机，这是由于这类电机转速往往非常高，且采用水冷或油冷，电机电负荷较高，这两点都不利于磁场调制电机发挥性能优势。而部分大卡和特种装甲车等为了提升推力采用轮毂电机驱动，转速较低，对电机转矩密度要求高，这两类电机的性能恰好与之匹配。为了提升高负荷下的转矩性能，应当采用极比低于 5 的极槽配合方案。电动自行车是低端市场的轮毂电机大户，且受到结构与成本的约束，不具备强冷却条件，因此可以考虑极比在 5 以上的游标永磁电机。横向磁通电机转矩密度更高，但其机械结构复杂，不适用于轮毂电机，作为大型船舶推进电机在重量与体积方面则具有极强的优势。

伺服电机是机床等加工装备的核心零部件，电机的转矩密度影响系统响应速度，齿槽转矩与转矩波动影响加工精度。游标永磁电机转矩密度高、齿槽转矩与转矩波动低的优点恰好与之契合，因此在中低速伺服加工领域具备很好的应用前景。此外，伺服电机很多采用自然冷却，回避了游标永磁电机高负载下输出能力弱的缺陷。除了加工装备外，机器人关节驱动以及各类作动器都需要用到伺服电机，游标永磁电机在这些领域同样具备良好的应用潜力。

除了上述两大领域外，在各类低速、大转矩的应用场合，如风力发电、矿山机械等，采用游标永磁电机有望在相同转矩下大幅降低重量体积，可显著减少大型装备加工、装配、运输等环节的成本，值得进一步探索。但需要注意到，大型电机电负荷往往较高，如何保障对应工况下的功率因数和转矩输出能力有待进一步研究。

2) 游标磁阻电机

相较于同步磁阻电机，游标磁阻电机拥有更高的转矩密度，但依然不及永磁电机，因此适用于对成本要求较为严苛的低端场合，用于替代常规无永磁电机。但游标磁阻电机功率因数低，控制器容量偏大，只适用于小功率场合。在21世纪前，这类电机在点钞机、传真机等小型设备中已经少量应用。

3) 定子电励磁电机

利用磁场调制效应，将同步电机励磁单元转移至定子侧，避免旋转励磁的缺陷，是极大的技术进步。然而，由于调制系数和比磁导函数幅值的限制，定子电励磁电机的转矩密度不及常规同步电机。所以，定子电励磁电机能否取代同步电机，取决于相同输出转矩下，该电机的重量和体积能否低于常规同步电机与额外励磁装置之和。电励磁同步电机在许多领域作为不同容量的发电机使用，为了实现无刷励磁，通常需要额外的副励磁机与主励磁机。对于容量较大的机组，如火力、水力发电厂等的电机，与其配套的励磁机容量、重量和体积远小于发电机本身，定子电励磁电机的有效部分转矩密度不足，虽然可以省去励磁机，但无法弥补这部分损失，因此不能取代大容量发电机。在小容量发电场合，如近年随着航空电气化兴起的飞机起动-发电系统，其两台励磁机重量占系统总重就高达50%，省去励磁装置将带来极大的性能提升，因此定子电励磁电机在该领域有较好的应用前景。

4) 定子永磁型电机

相较于定子电励磁电机，定子永磁型电机的地位略显尴尬。由于永磁电机本身不具有旋转励磁问题，且定子永磁型电机的转矩密度相较于常规永磁电机没有明显提升，所以定子永磁型电机的最大优势在于转子结构简单坚固，适合高速运行。然而，磁场调制电机的转子极对数往往较高，这与高速工况本身相违背，目前定子永磁型的旋转电机并没有很适用的场合。

若将定子永磁型电机拉直，变为初级永磁型直线电机，则拥有了巨大的应用潜力。对于直线电机，尤其是轨道交通等长行程领域，运动的初级长度往往远低于静止的次级长度。由于电枢绕组需要放置在初级，对于常规永磁电机拓扑，永磁体需要放置在较长的次级，极大地提升了成本。初级永磁型直线电机的定子由硅钢片组成，无论是加工还是维护成本相较于永磁体都要低得多，具备很强的竞争力。

5) 功能型磁场调制电机

磁场调制无刷双机电端口电机与磁阻式无刷双馈电机在外特性上完全不同于常规电机，其应用领域相对确定。前者作为无级变速装置适用于车辆、舰船等混合动力系统，后者适用于变速恒频风力发电。因此，这两类电机可称为功能型磁场调制电机。然而，这两类电机的某些特性与其应用领域并不匹配。混合动力系统中，输入端内燃机转速较高，输出端车轮转速较低，而在磁场调制无刷双机电端口电机中，作为两个机械端口的励磁与调制单元极对数均较大，无法与内燃机侧直连，必须利用机械齿轮箱，从而增加了整体重量与体积。而作为一种磁场调制电机，磁阻式无刷双馈电机的功率因数不足，导致发出大量无功功率，增加输电损耗，同样是亟须解决的问题。

参 考 文 献

[1] Heller B, Hamata V. 异步电机中谐波磁场的作用[M]. 章名涛, 译. 北京: 机械工业出版社, 1980.

[2] 汤蕴璆. 电机学[M]. 北京: 机械工业出版社, 2014.

[3] 励鹤鸣, 励庆孚. 电磁减速式电动机[M]. 北京: 机械工业出版社, 1982.

[4] Rauch S, Johnson L. Design principles of flux-switch alternators[J]. AIEE Transaction on Power Apparatus and Systems, Part III, 1955, 74(3): 1261-1268.

[5] Toba A, Lipo T. Novel dual-excitation permanent magnet vernier machine[C]. IEEE Thirty-Fourth IAS Annual Meeting, Phoenix, 1999: 2539-2544.

[6] Zhu Z Q, Evans D. Overview of recent advances in innovative electrical machines — With particular reference to magnetically geared switched flux machines[C]. 17th International Conference on Electrical Machines and Systems, Hangzhou, 2014: 1-10.

[7] Li D W, Qu R H, Li J. Topologies and analysis of flux-modulation machines[C]. IEEE Energy Conversion Congress and Exposition, Montreal, 2015: 2153-2160.

[8] Cheng M, Han P, Hua W. General airgap field modulation theory for electrical machines[J]. IEEE Transactions on Industrial Electronics, 2017, 64(8): 6063-6074.

[9] Gao Y T, Qu R H, Li D W, et al. Torque performance analysis of three-phase flux reversal machines[J]. IEEE Transactions on Industry Applications, 2017, 53(3): 2110-2119.

[10] Jia S F, Qu R H, Li J, et al. Principles of stator DC winding excited vernier reluctance machines[J] IEEE Transactions on Energy Conversion, 2016, 31(3): 935-946.

[11] Li D W, Qu R H, Lipo T. High-power-factor vernier permanent-magnet machines[J]. IEEE Transactions on Industry Applications, 2014, 50(6): 3664-3674.

[12] Li D W, Zou T J, Qu R H, et al. Analysis of fractional-slot concentrated winding PM vernier machines with regular open-slot stators[J]. IEEE Transactions on Industry Applications, 2018,

54(2): 1320-1330.

[13] Wu D Y, Xiang Z X, Zhu X Y, et al. Optimization design of power factor for an in-wheel vernier PM machine from the perspective of air-gap harmonic modulation[J]. IEEE Transactions on Industrial Electronics, 2021, 68(10): 9265-9276.

[14] Yu Z X, Kong W B, Li D W, et al. Power factor analysis and maximum power factor control strategy for six-phase DC-biased vernier reluctance machines[J]. IEEE Transactions on Industry Applications, 2019, 55(5): 4643-4652.

[15] Zou T J, Han X, Jiang D, et al. Inductance evaluation and sensorless control of a concentrated winding PM vernier machine[J]. IEEE Transactions on Industry Applications, 2018, 54(3): 2175-2184.